基于阶比跟踪和数据融合的柴油机故障诊断方法

李志宁 刘 敏 范红波 程利军 著

国防工业出版社
·北京·

内 容 简 介

本书针对车辆柴油机在线故障诊断问题，在深入分析柴油机瞬时转速、振动、噪声信号的产生机理和变化规律的基础上，研究了瞬时转速的精确计算方法、变速工况的阶比跟踪滤波、变采样率变采样阶比的阶比跟踪、无转速计阶比跟踪及阶比提取等信号处理算法，利用阶比跟踪、时频分析、共振解调及改进的极限学习机等算法，实现了柴油机单一和复合故障的在线诊断。

针对单一技术手段诊断精度受限的问题，以数据融合理论为基础，以瞬时转速和缸盖振动信号为数据支撑，以独立变分模态分解、同步提取广义S变换、特征挖掘、机器学习、集成学习等方法为手段，深入研究了缸盖振动信号多域多类型特征提取及降维方法、故障分类模型、多分类模型决策层融合诊断算法，建立了多层融合分析的故障诊断模型，为提升柴油机故障诊断精度提供了新的理论方法和技术途径。

本书不仅可为从事柴油发动机使用、维修、研制的人员提供借鉴和帮助，也可作为高等院校车辆工程、载运工具运用工程等学科专业的研究生的教材或参考书。

图书在版编目(CIP)数据

基于阶比跟踪和数据融合的柴油机故障诊断方法 /
李志宁等著. -- 北京：国防工业出版社，2025.3.
ISBN 978 - 7 - 118 - 13227 - 4

Ⅰ. TK428

中国国家版本馆 CIP 数据核字第 2025M47T58 号

※

国防工业出版社出版发行
（北京市海淀区紫竹院南路23号　邮政编码100048）
北京凌奇印刷有限责任公司印刷
新华书店经售

*

开本 710×1000　1/16　插页 1　印张 18¾　字数 345 千字
2025 年 3 月第 1 版第 1 次印刷　印数 1—1300 册　定价 158.00 元

（本书如有印装错误，我社负责调换）

国防书店：(010)88540777　　书店传真：(010)88540776
发行业务：(010)88540717　　发行传真：(010)88540762

前 言

柴油机作为各类大型机械设备的动力源,在军事装备、工程机械、重型汽车、船舶等领域应用广泛。然而,由于柴油机结构和工况复杂、工作环境恶劣,导致故障频发,若不能及时发现并排除其故障则易造成设备损伤或失效。特别是在军事领域,柴油机作为自行火炮、坦克和装甲车等地面机动平台的动力"心脏",其工作状态直接决定武器装备的作战效能。因此,对柴油机进行状态监测与故障诊断,以确保其性能稳定且工作正常,对于维护各类军用机动平台正常遂行战斗任务具有重大意义。本书以军用柴油机的状态监测与故障诊断应用需求为背景,通过理论推导、仿真分析和试验验证的手段,重点研究了阶比跟踪、数据融合技术及其在柴油机故障诊断领域的应用方法,内容共10章。

第1章:国内外研究现状。首先介绍了柴油机故障诊断方法的研究现状,其次阐述了阶比跟踪技术的内涵、发展,最后总结了数据融合的核心技术及其在机械设备故障诊断中的应用。

第2章:发动机瞬时转速的精确计算及其应用。本章系统地总结了瞬时转速测试中所涉及的瞬时转速软件计算法和硬件计算法,指出了两种方法各自的适用范围与条件,得到了基于瞬时转速信号角域波动特征和阶次特征分析的柴油机故障检测与定位方法。

第3章:发动机振动噪声信号的阶比跟踪算法。本章在阐述阶比分析概念、角域采样定理、阶比分析与频域分析的相关物理量及单位的基础上,分析了发动机各传感器信号的时频及阶比分布,提出了变采样率、变采样阶比的阶比跟踪算法和基于瞬时频率估计的无转速计阶比跟踪算法。

第4章:发动机振动噪声信号的阶比滤波及阶比提取。本章针对阶比混叠、阶比分量提取及多轴阶比跟踪等问题,提出了基于实值离散Gabor变换的阶比跟踪滤波算法和基于实值离散Gabor变换和Vold-Kalman跟踪滤波器的时变滤波算法;利用仿真、实测信号对比了两种算法的有效性,研究了其对不同应用环境的适用性。

第5章:阶比跟踪在曲轴及连杆轴承故障诊断中的应用。本章重点介绍了如何利用阶比跟踪及共振解调等技术对柴油机振动信号进行处理及故障特征提取,以及将其应用于柴油机曲轴及连杆轴承故障诊断的方法。

第6章:基于阶比跟踪与 ELM 的复合故障在线诊断。本章以失火及配气相位类故障诊断为背景,分析了缸盖振动信号产生机理及在线监测中不同工况缸盖振动信号的变化规律;结合磁电式转速和外卡油压传感器信号,应用阶比跟踪及共振解调技术,提出了故障特征值的整周期分段提取法;利用 ELM 算法实现了柴油机复合故障的快速在线诊断。

第7章:缸盖振动信号的自适应多尺度时频分解及特征提取方法。本章提出了独立变分模态分解方法,基于频谱循环相干系数进行信号边界延拓,并利用多尺度核独立成分分析对延拓后信号进行多尺度时频分解,分离出了有效故障特征频带分量;针对缸盖振动信号的非线性特性,提出了基于复合多尺度模糊熵偏均值与双标度分形维数的多尺度非线性动力学特征参数提取方法,构造了稳定性好且辨识度高的故障特征数据集,可用于柴油机故障诊断。

第8章:缸盖振动信号的图像特征提取方法。本章研究了缸盖振动信号的对称极坐标变换图像生成、降噪方法,以及该图像特征的提取方法;所提出的同步提取广义 S 变换算法,可将信号能量聚集到瞬时频率脊线上,解决了现有时频变换方法的时频聚集性和分辨率较低的问题;提出了基于二维非负矩阵分解与增强中心对称局部二值模式的图像特征提取方法,构建了基于缸盖振动信号二维图像形状和纹理特征的柴油机故障特征数据集。

第9章:多域多类型故障特征数据集融合分类方法。本章提出了基于量子粒子群优化的核极限学习机分类模型,提升了 KELM 的学习速度和柴油机故障分类精度;提出了增量半监督稀疏核极限机,采用基于样本有效信息度量的样本稀疏化策略和改进的增量建模方法,建立了在线学习和柴油机故障在线诊断模型,为提升柴油机故障诊断准确率奠定了基础。

第10章:基于 LLTSA 特征降维与 DSmT 决策层融合的故障诊断方法研究。本章提出了自适应半监督 LLTSA 算法,利用该方法对原始高维故障特征数据集进行维数约简,得到具有较高分类精度的低维特征集,以提高柴油机故障诊断速度与精度;将 DSmT 引入柴油机故障诊断过程,通过对多源多模型互冲突的诊断结果进行融合决策,得到置信度更高的一致性结论,从而提高柴油机故障诊断准确率。

全书围绕军用柴油机的状态监测与不解体故障诊断应用需求,以柴油机瞬时转速和振动信号为主要分析对象,通过理论推导、仿真分析和试验验证的方式,深入细致地研究了阶比跟踪和数据融合技术在柴油机故障诊断中的应用方法,提出了一系列的信号处理方法和故障诊断模型,为实现军用柴油机的健康管理与精确化保障提供了理论指导和技术支撑。

本书能够付诸出版，首先感谢陆军工程大学张英堂教授、北方发动机研究所赵春生高级工程师对本书所涉及的研究工作提出的宝贵意见，以及对本书部分试验工作的指导和参与。

特别感谢赵国星编辑及各位编审人员为本书出版所做的各项工作。最后感谢国防工业出版社和陆军工程大学为本书出版所提供的支持和帮助。

作者

2024 年 10 月

目 录

第1章　国内外研究现状 … 1
1.1　研究背景及意义 … 1
1.2　柴油机故障诊断方法研究现状 … 3
1.2.1　柴油机故障统计与分类 … 3
1.2.2　瞬时转速信号在柴油机故障诊断中的应用 … 4
1.2.3　缸盖振动信号在柴油机故障诊断中的应用 … 5
1.2.4　声学信号在柴油机故障诊断中的应用 … 7
1.3　阶比跟踪技术研究 … 8
1.3.1　模拟阶比跟踪技术 … 9
1.3.2　计算阶比跟踪技术 … 10
1.3.3　无转速计阶比跟踪技术 … 11
1.3.4　阶比提取技术 … 12
1.4　基于数据融合的机械故障诊断方法 … 12
1.4.1　信号降噪及预处理方法 … 13
1.4.2　故障特征提取方法 … 15
1.4.3　故障特征降维方法 … 20
1.4.4　故障特征分类方法 … 21
1.4.5　决策层融合诊断方法 … 23

第2章　发动机瞬时转速的精确计算及其应用 … 25
2.1　引言 … 25
2.2　瞬时转速软件计算法 … 26
2.2.1　瞬时转速软件计算原理 … 26
2.2.2　瞬时转速计算算法实现 … 27
2.3　瞬时转速信号角域滤波处理及计算误差分析 … 30
2.3.1　匀加速工况角域滤波方法对比仿真分析 … 30
2.3.2　波动加速工况角域滤波方法对比仿真分析 … 35
2.4　基于高频时钟计数的瞬时转速硬件计算法 … 39

  2.4.1 高频时钟计数原理及误差分析 39
  2.4.2 高频时钟计数电路设计与误差分析 41
 2.5 某型八缸柴油机瞬时转速信号测试与分析 43
  2.5.1 测试系统搭建 43
  2.5.2 瞬时转速信号角域波形分析 46
  2.5.3 瞬时转速信号阶次谱分析 47
  2.5.4 基于阶次域滤波的瞬时转速信号分离与提取 48
 2.6 基于瞬时转速的多缸柴油机故障检测方法 51
  2.6.1 瞬时转速信号阶次特征提取方法 51
  2.6.2 瞬时转速信号角域波动特征提取方法 52
  2.6.3 柴油机故障检测实验 54
 2.7 基于瞬时转速的某型柴油机故障检测软件开发 59
 2.8 本章小结 61

第3章 发动机振动噪声信号的阶比跟踪算法 62

 3.1 引言 62
 3.2 阶比分析原理 62
  3.2.1 阶比分析的定义 62
  3.2.2 角域采样定理 66
  3.2.3 频域分析与阶比分析对比 67
 3.3 变采样率变采样阶比的阶比跟踪算法研究 68
  3.3.1 发动机在线监测信号特点分析 68
  3.3.2 发动机状态在线监测系统结构 73
  3.3.3 变采样率变采样阶比的阶比跟踪实现方法 73
  3.3.4 发动机变速工况实测信号阶比分析 77
 3.4 基于瞬时频率估计的无转速计阶比跟踪研究 80
  3.4.1 瞬时频率的定义 80
  3.4.2 单分量和多分量信号 80
  3.4.3 瞬时频率估计 82
  3.4.4 基于瞬时频率估计的无转速计阶比跟踪算法研究 84
  3.4.5 加速状态无转速计的阶比分析仿真研究 86
  3.4.6 波动变速状态无转速计的阶比分析仿真研究 90
  3.4.7 无转速计的阶比分析实验研究 94
 3.5 本章小结 96

第4章 发动机振动噪声信号的阶比滤波及阶比提取 ·············· 98

- 4.1 引言 ·············· 98
- 4.2 基于实值离散 Gabor 变换的阶比滤波及阶比提取 ·············· 99
  - 4.2.1 实值离散 Gabor 变换原理 ·············· 99
  - 4.2.2 阶比跟踪滤波及阶比提取原理 ·············· 99
  - 4.2.3 基于实值离散 Gabor 变换的阶比跟踪滤波及阶比提取 ·············· 100
  - 4.2.4 阶比跟踪滤波仿真分析 ·············· 102
  - 4.2.5 加速状态阶比提取仿真分析 ·············· 105
- 4.3 基于 Vold – Kalman 滤波的阶比跟踪研究 ·············· 107
  - 4.3.1 Vold – Kalman 跟踪滤波 ·············· 107
  - 4.3.2 Vold – Kalman 滤波器阶比分量求解算法 ·············· 109
  - 4.3.3 加速状态 Vold – Kalman 跟踪滤波仿真分析 ·············· 111
- 4.4 交叉阶比信号跟踪滤波仿真对比研究 ·············· 113
  - 4.4.1 基于 Gabor 变换法的交叉阶比提取 ·············· 115
  - 4.4.2 基于 Vold – Kalman 跟踪滤波的交叉阶比提取 ·············· 115
- 4.5 临近阶比信号跟踪滤波仿真对比研究 ·············· 116
  - 4.5.1 基于 Gabor 变换法的临近阶比提取 ·············· 117
  - 4.5.2 基于 Vold – Kalman 跟踪滤波的临近阶比提取 ·············· 119
- 4.6 发动机临近阶比信号跟踪滤波实验对比 ·············· 120
  - 4.6.1 基于 Gabor 变换法的临近阶比提取 ·············· 122
  - 4.6.2 基于 Vold – Kalman 跟踪滤波的临近阶比提取 ·············· 124
- 4.7 本章小结 ·············· 126

第5章 阶比跟踪在曲轴及连杆轴承故障诊断中的应用 ·············· 127

- 5.1 引言 ·············· 127
- 5.2 试验系统相关设置 ·············· 128
- 5.3 基于时频分析及阶比跟踪的曲轴轴承故障诊断研究 ·············· 128
  - 5.3.1 加速工况振动信号的时频分析及阶比跟踪 ·············· 129
  - 5.3.2 匀速工况振动信号的时频分析及阶比跟踪 ·············· 131
  - 5.3.3 故障特征提取及故障诊断研究 ·············· 134
- 5.4 基于共振解调及阶比跟踪的连杆轴承故障诊断研究 ·············· 137
  - 5.4.1 振动信号共振解调 ·············· 137
  - 5.4.2 加速工况振动信号的时频分析 ·············· 138
  - 5.4.3 阶比跟踪及共振解调仿真分析 ·············· 142
  - 5.4.4 故障特征提取及故障诊断研究 ·············· 144

5.5 本章小结 ·········· 145

第 6 章 基于阶比跟踪与 ELM 的复合故障在线诊断 ·········· 147
6.1 引言 ·········· 147
6.2 试验系统相关设置 ·········· 148
6.3 缸盖振动信号分析及故障特征提取 ·········· 149
 6.3.1 缸盖振动信号的产生机理 ·········· 149
 6.3.2 匀速及变速工况缸盖振动信号分析及信号处理 ·········· 151
 6.3.3 匀速及变速工况缸盖振动信号特征值提取 ·········· 153
6.4 缸盖振动信号实测特征值分析 ·········· 155
 6.4.1 失火故障诊断特征值分析 ·········· 155
 6.4.2 配气相位类故障诊断特征值分析 ·········· 157
6.5 极限学习机及其改进算法研究 ·········· 161
 6.5.1 极限学习机 ·········· 161
 6.5.2 正则极限学习机 ·········· 163
 6.5.3 并行在线正则极限学习机 ·········· 164
6.6 基于 POS‑RELM 的发动机复合故障在线诊断研究 ·········· 165
 6.6.1 故障诊断特征值选择及归一化处理 ·········· 165
 6.6.2 多类故障在线诊断准确率交叉检验 ·········· 166
6.7 本章小结 ·········· 169

第 7 章 缸盖振动信号的自适应多尺度时频分解及特征提取方法 ·········· 171
7.1 引言 ·········· 171
7.2 柴油机缸盖振动信号特性分析 ·········· 172
 7.2.1 缸盖振动信号的激振力分析 ·········· 172
 7.2.2 缸盖振动信号的时频特性分析 ·········· 173
7.3 柴油机故障模拟实验 ·········· 175
 7.3.1 实验工况设置 ·········· 175
 7.3.2 实验系统搭建 ·········· 175
 7.3.3 缸盖振动信号采集与降噪 ·········· 177
7.4 基于独立变分模态分解的缸盖振动信号多尺度时频分解 ·········· 181
 7.4.1 变分模态分解的基本原理 ·········· 181
 7.4.2 基于频谱循环相干系数的信号边界延拓方法 ·········· 183
 7.4.3 多尺度核独立成分分析 ·········· 184
 7.4.4 仿真信号分析 ·········· 186
 7.4.5 缸盖振动信号分析 ·········· 191

- 7.5 缸盖振动信号统计学特征参数提取 · 196
- 7.6 基于 IVMD 的缸盖振动信号非线性动力学特征提取 · 198
  - 7.6.1 复合多尺度模糊熵偏均值 · 199
  - 7.6.2 双标度分形维数 · 200
  - 7.6.3 缸盖振动信号的 CMFEPM 特征参数提取 · 201
  - 7.6.4 缸盖振动信号的双标度分形维数特征提取 · 204
- 7.7 本章小结 · 207

第8章 缸盖振动信号的图像特征提取方法 · 209
- 8.1 引言 · 209
- 8.2 基于对称极坐标变换的图像形状特征提取方法 · 210
  - 8.2.1 对称极坐标变换的基本原理 · 210
  - 8.2.2 基于数学形态学滤波的图像降噪方法 · 211
  - 8.2.3 图像形状特征参数提取 · 212
  - 8.2.4 缸盖振动信号的对称极坐标图像分析 · 213
  - 8.2.5 缸盖振动信号对称极坐标图像形状特征参数提取 · 217
- 8.3 基于同步提取广义 S 变换的振动信号时频分析 · 219
  - 8.3.1 广义 S 变换理论 · 219
  - 8.3.2 同步提取广义 S 变换理论 · 220
  - 8.3.3 仿真信号分析 · 223
  - 8.3.4 柴油机缸盖信号的 SEGST 时频分析 · 226
- 8.4 基于二维非负矩阵分解的缸盖振动信号时频特征提取 · 229
  - 8.4.1 非负矩阵分解 · 229
  - 8.4.2 二维非负矩阵分解 · 230
  - 8.4.3 基于 2DNMF 的缸盖振动信号时频特征提取 · 230
- 8.5 基于增强 CSLBP 的缸盖振动信号时频谱纹理特征提取 · 233
  - 8.5.1 中心对称局部二值模式 · 233
  - 8.5.2 增强 CSLBP 算法 · 235
  - 8.5.3 缸盖振动信号的 ECSLBP 纹理谱特征提取 · 235
- 8.6 本章小结 · 237

第9章 多域多类型故障特征数据集融合分类方法 · 239
- 9.1 引言 · 239
- 9.2 基于量子粒子群优化的核极限学习机分类方法研究 · 240
  - 9.2.1 核极限学习机的基本原理 · 240
  - 9.2.2 基于量子粒子群优化的核极限学习机 · 241

9.2.3 标准数据库分类实验 ……………………………………………… 242
9.2.4 柴油机故障特征分类实验 …………………………………………… 244
9.3 增量半监督稀疏核极限学习机的在线建模方法研究 …………………… 245
9.3.1 基于 Tri-training 算法的样本预标记 ………………………………… 246
9.3.2 基于样本信息度量在线更新稀疏测量矩阵 ………………………… 247
9.3.3 ISSKELM 的核权重矩阵在线更新 …………………………………… 249
9.4 基于 ISSKELM 的柴油机故障在线诊断实验 …………………………… 251
9.5 本章小结 …………………………………………………………………… 255

第 10 章 基于 LLTSA 特征降维与 DSmT 决策层融合的故障诊断方法研究 ……………………………………………………………… 256

10.1 引言 ………………………………………………………………………… 256
10.2 自适应半监督线性局部切空间排列 ……………………………………… 257
10.2.1 LLTSA 的基本原理 …………………………………………………… 257
10.2.2 基于局部聚集系数的邻域参数自适应调整 ………………………… 259
10.2.3 半监督学习算法设计 ………………………………………………… 260
10.2.4 基于 ASLLTSA 的柴油机故障特征降维 …………………………… 260
10.3 基于 DSmT 决策层融合的故障诊断方法研究 ………………………… 262
10.3.1 DSmT 证据理论 ……………………………………………………… 262
10.3.2 结构功能差异性初级分类器构造方法 …………………………… 264
10.3.3 分类器的广义基本信度分配函数计算方法 ……………………… 264
10.4 基于 DSmT 决策层融合的柴油机故障诊断实验 ……………………… 265
10.4.1 UCI 数据库分类实验 ………………………………………………… 265
10.4.2 柴油机故障诊断实验 ………………………………………………… 268
10.5 本章小结 …………………………………………………………………… 269

参考文献 ……………………………………………………………………… 270

第1章　国内外研究现状

1.1　研究背景及意义

柴油机作为各类大型机械设备的动力来源,在军事装备、工程机械、重型汽车、船舶等领域应用广泛。然而,由于柴油机结构和工况复杂、工作环境恶劣,导致故障频发,若不能及时发现并排除其故障,则易造成设备损伤或失效。特别是在军事领域,柴油机作为自行火炮、坦克和装甲车等军用大型地面机动平台的动力"心脏",其工作性能直接决定武器装备的作战效能。因此,对柴油机进行状态监测与故障诊断,以确保其性能稳定且工作正常,对于维护各类军用大型地面机动平台正常遂行战斗任务具有重大意义。

柴油机故障具有类型多、分布广和层次复杂的特点。经统计研究发现,某型自行火炮底盘系统柴油机喷油器及燃油系统故障和进、排气门等配气机构故障约占所有故障的38.9%,曲轴及连杆轴承故障约占9%[1]。喷油器及燃油系统故障和进、排气门故障主要发生于柴油机气缸内部,直接影响气缸燃烧状态,进而导致气缸功率不足甚至失火,最终破坏柴油机的动力性能。柴油机曲轴及连杆轴承如果存在装配不良、保养不当和超负荷运行等问题,则容易过度磨损,严重时会造成粘瓦、烧轴等恶性事故。因此,对喷油器、气门、轴承等部件故障进行及时检测与诊断对于维护柴油机正常工作具有极为重要的意义。然而,由于柴油机结构密封,零部件故障复杂且隐蔽性强,故障诊断难度较大。所以,喷油器、气门、轴承故障诊断问题一直是柴油机故障诊断领域的研究重点和难点。为保证柴油机结构功能的完整性,基于瞬时转速、振动及噪声信号分析的不解体测试与诊断方法是目前最常用和最有效的柴油机故障诊断方法。众多学者对相关方法进行了广泛而深入的研究,并取得了丰富的研究成果。但目前尚存在以下难点和不足。

(1)瞬时转速信号测试方面:目前的瞬时转速测试方法主要研究和应用对象为缸数少、功率低的小型柴油机,对于自行火炮、坦克等军用大型地面机动平台的8缸或12缸的多缸、大功率柴油机,由于其瞬时转速波形复杂,现有方法测试精度不足,无法获取准确的瞬时转速信号。对于多缸、大功率柴油机的瞬时转速精确测试与分析方法,以及利用其特征进行气缸故障检测与定位的方法,目前尚无较为系统的相关研究内容和成果。

(2)缸盖振动时频分析处理方面:常用的时频分解方法普遍存在端点效应和模态混叠问题,对多分量混叠的缸盖振动信号的分解精度不足。常用的时频变换方法均存在一定程度的能量泄露、频谱涂抹和时频分辨率较低的问题,对缸盖振动信号中各频带分量的辨别能力和特征刻画能力有待提高。因此,需要对现有方法进行改进和优化,以进一步增强信号时频分析效果,降低故障特征提取难度。

(3)缸盖振动信号特征提取方面:缸盖振动信号具有非线性、非平稳、多频带混叠和强背景噪声的复杂特性,有效的故障信息往往被覆盖。特别是进气门、排气门、喷油器等零部件故障相对轻微,故障特征不明显,如何选取有效参数并设计相应算法以提取区分度高的特征,是实现故障诊断的重点和难点。

(4)柴油机振动噪声信号角域特征信息提取方面:柴油机运行过程中产生的振动、噪声等信号表现出既具有与工作循环相关的周期性特性,又具有非平稳时变和冲击特性,是一种非常复杂的具有角域周期特征的非平稳时变信号,利用普通的时域或频域分析方法进行分析很难获得理想的效果。针对这一问题,阶比跟踪作为一种旋转机械变速工况下振动噪声信号测量与分析的技术逐步受到人们的重视。然而,对于发动机这种复杂的旋转往复式机械来说,阶比跟踪技术在应用中遇到的一些具体问题还需进行探索与完善。

(5)故障特征分类方法方面:基于支持向量机(SVM)、核极限学习机等机器学习算法的智能分类模型均面临参数优化建模的问题。目前,离线分类模型的研究较多,而更符合工程实际需求的在线分类模型的研究相对较少。在线建模过程中由于样本累积和重复学习引起的计算量庞大和建模效率低的问题,往往很难得到有效解决。

(6)数据融合分析方面:鉴于柴油机气缸故障的复杂性,少数特征参数往往无法获取较高的故障诊断精度。数据融合技术通过对多源数据进行多层次、多角度的融合分析,充分利用异类数据间的差异性与互补性,得到置信度更高的一致性结论。将数据融合思想引入柴油机故障诊断过程可以有效提高故障诊断准确率,相关的多层融合诊断策略有待进一步研究和完善。

因此,本书针对柴油机喷油器、气门、轴承故障诊断问题开展研究。以数据融合理论为基础,以阶次跟踪、独立变分模态分解、同步提取广义 S 变换、特征挖掘、机器学习、集成学习等方法为手段,深入研究柴油机瞬时转速信号精确测试与处理方法、变速工况的阶比跟踪滤波方法、变采样率变采样阶比的阶比跟踪方法、缸盖振动信号多域多类型特征提取及降维方法、故障分类模型离线与在线建模方法、多分类模型决策层融合诊断方法,建立对多域多类型故障特征数据集进行多层融合分析的故障诊断模型,最终实现了柴油机故障诊断,并提高诊断效率和准确率。本书将解决柴油机瞬时转速信号的精确测试与分析问题,进一步丰富和发展振动信号时频分析、特征提取及降维的理论方法,为实现柴油机故障诊断提供新思路和新技术途径,为建立基于数据融合的柴油机故障诊断系统提供理论基础与技术支撑。本书具有较大的理论研究和工程应用价值,对提高柴油机维修保障能力,降低柴油机维护保养成本,保障作战装备战斗力生成具有重大意义。

1.2 柴油机故障诊断方法研究现状

1.2.1 柴油机故障统计与分类

柴油机的组成结构如图 1-1(a) 所示。由于结构复杂,柴油机故障具有类型多、分布广和层次复杂的特点。按照故障发生部位的不同对柴油机各类故障进行了分类统计,得到各子系统的故障发生率,如图 1-1(b) 所示。由图可知,进、排气系统,燃油供给系统的故障发生率较高。

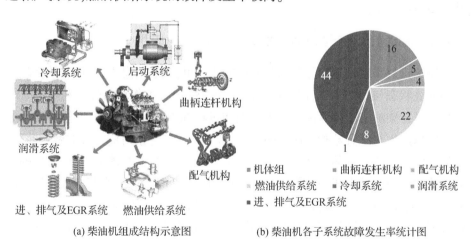

(a) 柴油机组成结构示意图　　(b) 柴油机各子系统故障发生率统计图

图 1-1　柴油机组成结构及其故障发生率示意图

为进一步统计分析柴油机的具体故障模式及各类故障的发生率,本书对某型柴油机发生若干次停机故障时的具体故障模式及其发生率进行了分类统计,结果如表 1-1 所列[1]。

表 1-1 柴油机各类故障发生率统计数据

故障类型	故障率/%	故障类型	故障率/%
喷油器及燃油系统故障	27.0	漏气故障	3.2
漏水及漏油故障	17.0	破坏与破裂故障	2.5
进、排气门故障	11.9	调速器齿轮故障	1.9
轴承故障	9.0	齿轮与驱动机构故障	1.9
活塞组件故障	8.6	机座故障	0.9
润滑油泄露故障	5.2	曲轴故障	0.2
燃油泄漏故障	3.5	其他故障	7.2

由表 1-1 的数据可知，喷油器及燃油系统故障和进、排气门故障发生率高达 38.9%，曲轴及连杆轴承故障约占 9%。由于柴油机结构具有密封性，所以为保证其结构功能的完整性，目前最常用且最有效的故障诊断方法是基于瞬时转速、振动和噪声信号的不解体测试与诊断方法。众多学者对该领域的相关方法进行了广泛而深入的研究，并取得了丰富的研究成果，本章对相关方法的研究现状总结概述如下。

1.2.2 瞬时转速信号在柴油机故障诊断中的应用

柴油机的瞬时转速信号测试与处理方法简单，状态信息丰富，可有效反映气缸内燃烧状态与功率大小，评估各气缸的动力性能与工作均匀性。利用瞬时转速信号进行柴油机故障诊断的基本原理和过程如下[2]：柴油机单工作循环内的瞬时转速产生与气缸数相同次数的波动，各波动波形分别对应各气缸做功冲程，其波动幅值反映气缸的做功能力。正常工况下，各气缸做功能力相近，对应的瞬时转速波动幅度基本相同，瞬时转速整体波形波动平稳均匀；当某气缸发生故障时，由于该气缸功率下降，其做功冲程内的瞬时转速波动幅度减小，瞬时转速整体波形失稳，信号的时域和频域特征均会发生相应变化，据此可检测气缸故障，并确定故障气缸位置。

瞬时转速信号的精确测试、计算与分析是利用该信号进行柴油机故障诊断基础与关键。按照计数方式的不同，瞬时转速测试方法可以划分为软件计数法（高频时域采样法）和硬件计数法（高频时钟计数法）[3]。软件计数法是利用对传感器输出信号的时域采样序列进行插值计算过零点时刻的方法计算瞬时转速。该方法测试手段简单、计算方法成熟、测试成本较低,但是计算误差较大、测试精度不高,适用于瞬时转速波形相对简单的缸数少、功率低的小型柴油机[4]。目前,软件计数法的研究较多,且均以直接应用为主,实现了 3 缸机、4 缸机等小型柴油机瞬时转速的准确测试,为利用瞬时转速信号进行故障诊断奠定了基础。

经研究发现,对于 6 缸以上的缸数较多柴油机,软件计数法的测试精度不足,难以得到准确的瞬时转速信号[5]。特别是对于军用大型地面机动平台的 8 缸或 12 缸大功率电控柴油机而言,由于其瞬时转速波形比较复杂,软件计数法无法获取其完整准确的瞬时转速波形[6]。硬件计数法利用高频计数器直接获取脉冲时间序列进而计算瞬时转速,其测试精度较高,可以满足多缸、大功率柴油机瞬时转速精确测试要求。但是,由于瞬时转速硬件计数法对硬件计数电路的抗干扰性和脉冲计数精度要求高,开发难度较大,相关研究较少。特别是针对 8 缸或 12 缸军用大功率柴油机瞬时转速精确测试问题,目前尚无相关研究方法和成果。

针对瞬时转速信号分析处理与特征提取问题,国内外学者开展了广泛的研究,提出了一系列方法,主要包括时域分析法、频域分析法、谐次分析法、相关分析法、复杂度分析法等。通过提取瞬时转速时域波形的波动特征可以对柴油机气缸故障进行检测与定位。文献[7]利用瞬时转速波动率波形的峰值、谷值、峰-谷值、谐波值作为特征参数发动机气缸故障进行诊断与定位。文献[8]在频域内研究瞬时转速波动特性,利用瞬时转速信号中的 1 倍基频和 2 倍基频分量的幅值变化检测电控柴油机的各缸工作不均匀性。Chang 和 Hu[9]提出利用瞬时转速峰谷值和谐波幅值对发动机的失火故障进行诊断。文献[10]利用基于瞬时转速信号的单谐次相位分析方法,利用故障谐次幅值与相位实现柴油机单缸故障检测与定位。文献[5]在单谐次分析的基础上,提出了多谐次相位分析方法及相应的故障诊断规则,对柴油机气缸失火、喷油器和气门部件故障进行检测,并确定故障缸位置。文献[11]通过提取瞬时转速信号的复杂度特征实现柴油机气缸失火故障诊断。文献[12]对瞬时转速信号进行双谱分析,然后计算双谱幅值与相位特征参数实现发动机气缸故障诊断与定位。

综上所述,瞬时转速信号在柴油机故障诊断中的应用研究成果较多,但是主要应用对象为缸数少、功率低的小型柴油机,对于多缸、大功率柴油机的瞬时转速精确测试、分析和处理方法的研究相对较少,是目前该领域尚待解决的重要问题。

1.2.3 缸盖振动信号在柴油机故障诊断中的应用

柴油机缸盖振动信号中含有大量反映进、排气门和喷油器工作过程与状态的特征信息,并且信号测试方法简单,分析处理技术成熟,在柴油机气缸故障诊断中应用广泛且效果良好[13]。然而,由于缸盖系统振源丰富且信号传递路径复杂,使得缸盖振动信号具有非线性、非平稳、多频带混叠和强背景噪声的复杂特性,有效的故障信息往往被覆盖,导致信号分析处理和特征提取的难度较大。针对上述问题,国内外众多学者开展了大量深入研究,并提出了一系列解决方法。

在信号降噪及预处理方面,主要方法包括数字滤波、奇异值分解、小波分解和自适应多尺度时频分解等方法。文献[13]对缸盖振动信号的产生机理与时频分布特性进行了详细分析,从而根据信号有效分量与噪声干扰在时频能量分布上的差异,提出基于奇异值差分谱的信号降噪方法,去除了信号中的大部分干扰噪声。贾继德等[14]对时域缸盖振动信号进行等角度重采样后,利用连续小波变换提取信号中的有效频带并重构得到降噪后的有效信号。张继洲[15]对缸盖振动信号进行小波分析,并利用小波系数软阈值方法对缸盖振动信号进行降噪,取得了较好的效果。贾翔宇等[16]通过对等角度重采样的缸盖振动信号进行广义S变换,去除了干扰噪声并增强了有效振动冲击分量。文献[17-18]分别利用局部均值分解与局部特征尺度分解方法将缸盖振动信号分解为多分频带分量,然后根据互相关准则选取有效分量重构有效信号,从而实现信号降噪。姚家驰等[19]对缸盖振动信号进行变分模态分解后选取有效分量进行独立成分分析,去除干扰噪声的同时分离出相互独立的各振源分量。

在信号特征提取方面,按照分析域的不同可将特征参数划分为时域特征、频域特征和时频域特征,按照分析空间的不同可以划分为一维时间序列特征和二维图像特征。文献[3]详细分析了柴油机时域与频域特征参数的提取方法,利用均值、标准差、峭度、偏斜度等时域统计特征参数,以及频域最大幅值、最大幅值对应频率、频带能量等频域统计特征参数,对柴油机失火、气门间隙异常、供油提前角异常等故障进行诊断。胡志勇等[20]在角域内对缸盖振动信号的时域能量分布按曲轴转角进行分割后组成特征矢量实现柴油机气门异常故障诊断。费红姿等[21]利用经验模态分解将缸盖振动信号分解为多个分量后提取三维Hilbert谱特征,实现发动机气门类故障诊断。文献[22-23]分别将一维缸盖振动信号转换为递归图与灰度图,并利用局部二值模式提取图像纹理特征,对柴油机失火故障、气门间隙异常故障进行诊断。文献[24-25]提取缸盖振动信号的小波包频带相对能量作为柴油机气门间隙异常故障诊断特征参数。王鑫[26]对小波变换时频谱进行二次图像分割计算图像特征参数对柴油机气阀间隙异常故障进行分类诊断。牟伟杰等[27]利用非负矩阵分解方法提取缸盖振动信号的伪魏格纳分布时频图的图像特征参数,实现了8种不同气门间隙异常故障诊断。沈虹等[28]对缸盖振动信号Gabor变换时频图进行极坐标增强得到振动冲击特征更明显的时频谱,然后提取时频谱的能量特征对柴油机气门、轴承等故障进行诊断。文献[29]利用非负矩阵分解提取缸盖振动信号的伪魏格纳分布时频谱的图像特征参数,得到较高的柴油机气门间隙异常故障诊断精度。岳应娟等[30]对比研究了短时傅里叶变换、连续小波变换、伪魏格纳分布、平滑伪魏格纳分布等时频分析方法的盖振动信号时频图的生成效果,并对改进魏格纳时频图进行二维非负矩阵分解得到图像特征参数,实现了柴油机气门间隙异常故障诊断。与时频变换的图像生成方法不同,文献[31-32]利用对称极坐标变换将一维缸盖振动转换为镜面对称雪花图像,进而提取图像的形状特征参数,对柴油机气缸失火、气门间隙异常、喷油器异常等气缸故障进行诊断。

综上所述,关于缸盖振动信号分析处理与特征提取方法的研究成果比较丰富,其主要分为基于一维时间序列分析和基于二维图像处理的故障特征提取方法。在一维时间序列处理方面,需要解决缸盖振动信号的多尺度时频分解的端点效应、模态混叠问题以及故障特征频带分量的分离问题。在二维图像处理方面,需要解决传统时频变换方法因能量泄露导致的频谱涂抹和时频分辨率较低的问题。本书将利用信号分析处理方面的新技术、新方法进一步提高缸盖振动信号时频分解精度和时频谱的能量聚集性与分辨率,通过分离出更准确的故障特征频带分量和构造时频聚集性更高的时频谱,进而获取分类性能更好的故障特征参数,建立基于一维时间序列和二维图形处理的多域多类型故障特征数据集,为提高柴油机故障诊断准确率提供支撑。

1.2.4 声学信号在柴油机故障诊断中的应用

机器声学信号是由于在机器工作中的不平衡运动使机器发生振动所产生的。虽然机器响声与机器振动密切相关,但机器响声所包含的振动频率及信号特征不同于机器振动信号,而且两者的处理方法也不同。机器噪声给出了反映机器行为的另一种信息。异响诊断就是在此基础上发展起来的一种新的故障诊断技术。

清华大学的吕琛和宋希庚利用 Adaline 自适应单元进行去除噪声干扰来达到对柴油机工作时异响的分析[33]。宁波港集团油港轮驳有限公司的潘晓平和王式挺对船舶柴油机气门、齿轮箱、拉缸及增压器等异响进行了分析与排除[34]。重庆大学的王攀对发动机活塞拍击噪声进行了研究[35]。装甲兵工程学院的安钢等对基于爆发噪声及排气噪声的坦克柴油机失火及各缸工作不均匀性故障进行了研究[36-40]。军械工程学院的王洪刚等[41]和李才良[42-45]等将模糊 C 均值算法和 ART-2 神经网络等算法应用于基于声学信号的自行火炮发动机故障诊断中。

天津大学的郝志勇等利用小波变换等技术对内燃机表面辐射噪声及燃烧噪声等进行了研究[46-48],华中科技大学的廖长武和郭文勇分析了柴油机的低频排气噪声规律[49],福建农林大学的黄志强研究了小型柴油机声信号采集、样本信号分析等功能模块的开发[50]。中国船舶重工集团公司上海711研究所的韩彦民对基于噪声的柴油机状态检测进行了研究[51],福州大学的任志英采用改进的松散型小波神经网络对典型的发动机常见故障进行了诊断[52]。

加拿大金斯顿Queen大学的Weidong Li等利用自组织神经网络和柴油机噪声对柴油机进行了状态检测,在一定程度上也说明了利用发动机声信号进行状态监测与故障诊断的可行性[53]。澳大利亚Monash大学的Fog等利用声信号进行了排气门和喷油器等故障诊断[54]。英国Oxford大学的Friis-Hausen等有效鉴定了船用柴油发动机排气门漏气和失火故障,并利用声信号的均方根值(r.m.s)区分了排气门漏气的严重程度[55]。

目前,基于振动与噪声信号的柴油发动机故障诊断研究大多都停留在稳态或特定工况非稳态阶段,其主要原因是发动机在线监测中转速任意变化产生的非稳态信号利用普通方法进行分析具有较大的难度。而阶比跟踪作为一种旋转机械变速工况下振动噪声信号测量与分析的技术,非常适合于分析与转速相关的非稳态信号。

1.3 阶比跟踪技术研究

阶比跟踪技术早在20世纪50年代就已经出现[56],随着计算机等新技术的发展,近期又出现了新一轮的研究热潮。阶比分析技术通过恒定的角增量重采样技术将时域里与转速相关的非稳态信号转变为角域里的伪稳态信号,即将时域里等间隔分布的数据转换为角域里等角度分布的数据,使其能更好地反映与转速相关的振动信息。

对于转速变化的机械,该方法的优点是显而易见的。由于它是按转角位置分配采样间隔的,所以剔除了转速变化对频谱图的影响。另外,其随转速升高而提高采样频率的特性也保证了对振动幅值测量的精确性。因为转速越高,振动波形的变化越剧烈,这时提高采样频率就加密了采样点,从而避免了振动波形中一些尖点的丢失。实现阶比跟踪测振的关键在于如何实现机械转速的实时跟踪,并随之调整采样频率。

目前,带有旋转机械特征分析功能的仪器及软件有资料可查的有丹麦B&K公司PULSE 3560C系列7702型阶比分析软件和7703型Vold-Kalman阶比跟踪滤波软件;美国NI公司的旋转机械的噪声和振动信号专用分析仪(LabVIEW

Order Analysis Toolset);美国 ATA Engineer 公司的 IMAT + Signal 软件;比利时 LMS Engineering Innovation 公司的 LMS Test Lab 软件。这些产品由于其需要与高性能的计算机系统相连、专用的软件系统必须与其昂贵的硬件产品配套使用、核心技术保密等特点,无法适应车用发动机在线监测时车内空间狭小、程序需要在资源有限的嵌入式系统运行及需要二次开发等特点。同时,其昂贵的价格往往已达到普通车辆价格的几倍,因此直接购买并不能解决车用发动机在线监测的问题。

目前,常用的阶比跟踪方法主要可分为模拟阶比跟踪法、计算阶比跟踪法、无转速计的阶比跟踪法、阶比提取法等几大类。

1.3.1 模拟阶比跟踪技术

阶比跟踪技术最初采用模拟阶比跟踪法来实现,其实质是通过外部触发脉冲来控制等角度采样。模拟阶比跟踪法按照硬件装置不同可分为光电编码式和转速脉冲式两种。

1. 基于光电脉冲角度编码盘的模拟阶比跟踪

光电编码式模拟阶比跟踪技术原理如图 1 - 2 所示,其最大特点是实时性好,目前在工程中仍有应用。这种模拟阶比跟踪系统通过光电脉冲角度编码盘产生外部触发脉冲,通过采样频率合成器和模拟跟踪滤波器等硬件来实现等角度采样。一般情况是由光电脉冲角度编码盘产生两个连续的转速脉冲来估计轴的转速。再通过该转速计算对振动信号的采样速率,并且在下一个转速脉冲间隔期间也采用这个采样速率。这样的话采样速率实际上是滞后了两转。如果在旋转机械的转速平稳或者角加速度不大的情况下,这种方法可以较好地进行同步采样。但是,在旋转机械的转速变化波动大、角加速度较大的情况下,采样速率两转的滞后就会造成较大的误差,采样精度也会显著降低。另外,光电脉冲编码盘是这种模拟式阶比跟踪技术的必备设备,其安装也会因各种旋转机械的结构而受到限制,因此这种模拟式阶比跟踪技术的适用性将大打折扣[57-58]。

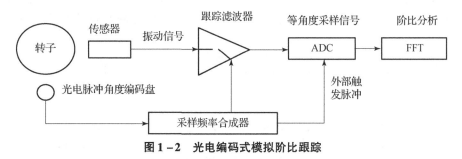

图 1 - 2 光电编码式模拟阶比跟踪

2. 基于转速脉冲的模拟阶比跟踪技术

光电脉冲角度编码盘的模拟式阶比跟踪虽然实时性好,但是光电脉冲角度编码器常常因旋转机械的结构原因而无法安装,导致光电脉冲角度编码盘的模拟式阶比跟踪技术适用性受到很大的限制。迫于使阶比跟踪技术的适用性更好的需要,采用转速脉冲的模拟式阶比跟踪技术就诞生了。这是一种非接触式测量的模拟阶比跟踪技术,其实现原理如图1-2所示。转子每一转就产生一个鉴相脉冲,该脉冲被送入锁相倍频电路,锁相倍频电路将转速脉冲 n 倍频,从而实现每转提供 n 个外部触发脉冲来控制模/数转换器(ADC)对原始振动信号进行角域采样。这在理论上是假定转子系统在每一转的转动中是恒定的,同时锁相倍频电路根据转速脉冲间的间隔时间来控制一个可变截止频率的抗混叠跟踪滤波器[59-61]。

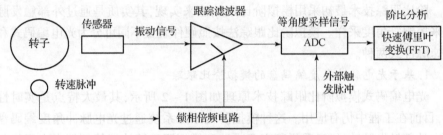

图1-3 转速脉冲模拟式阶比跟踪

模拟阶比跟踪技术的问题在于:需要专门的编码器、跟踪抗频混滤波器和比例合成器等复杂而昂贵的设备,而且对于某些应用场合还存在编码器的安装问题,故阻碍了其使用和发展。计算阶比跟踪(Computed Order Tracking,COT)法在成本和使用上较传统方法大为简化,并可产生相同或更好的精度。

1.3.2 计算阶比跟踪技术

图1-4所示为计算阶比跟踪算法原理,同步采集发动机振动信号与磁电式转速传感器信号后,利用转速信号对振动信号进行数字阶比抗混叠滤波,然后结合磁电式转速传感器产生的鉴相脉冲信号,利用计算阶比跟踪算法对阶比抗混

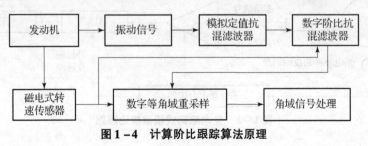

图1-4 计算阶比跟踪算法原理

滤波后的振动信号进行等角域重采样[62-63],最后对角域信号进行处理或分析。目前,国内外主要采用的仍然是计算阶比跟踪法,该方法通过数值计算方法实现信号重采样,具有成本低、传感器安装方便等优点。

1997年,K. R. FYFE 等对计算阶次跟踪进行了详细的介绍,并对采用不同的插值方法所得到的结果进行了对比[64-65]。1998年,美国的 Jason Richard Blough 对阶次跟踪技术与传统的频谱分析方法进行了对比,并应用于旋转机械,取得了较好的结果[66]。澳大利亚 New South Wales 大学的 J. ANTONI 等利用时频分析、包络分析及基于角域采样的循环谱等算法对发动机振动信号进行分析和处理,对喷油提前角异常、失火及敲缸等故障进行了在线监测[67-68]。

上海理工大学的朱继梅教授对阶比跟踪算法进行了详细的分析[69]。大连理工大学的吕琛等提出了采用 DSP 电路和插值算法的阶比分析算法[70-71]。空军工程大学的吴剑等利用基于样条插值的计算阶比跟踪算法对航空发动机的振动信号进行了分析[72]。浙江大学的孔庆鹏等利用利用分段最小二乘拟合的瞬时频率估计算法减小了由于丢失和额外的转速计脉冲造成的误差[73]。郑州大学的韩捷等将阶比双谱用于旋转机械的故障诊断[74]。

重庆大学的秦树人等对旋转机械非平稳信号的时频分析及阶比分析进行了研究,利用虚拟仪器技术开发了旋转机械特征分析仪[75-77],利用分段重叠零相位滤波法对角域重采样前的数据进行了数字阶比跟踪滤波[78-79]。

军械工程学院的康海英等对齿轮箱变速变载工况的非平稳振动信号进行了基于非线性拟合的阶比分析算法研究[68,80]。对旋转机械启动阶段的振动信号利用阶比跟踪算法进行了分析[75,81]。对非稳态信号计算阶比分析时的重采样率进行了研究[82]。

1.3.3 无转速计阶比跟踪技术

基于瞬时频率估计的阶比分析方法不需要转速信号,但对于发动机振动噪声信号来说,由于阶比成分中往往又混着大量的非阶比成分,因此瞬时频率估计算法是其研究的难点。

重庆大学的郭瑜等利用短时傅里叶变换谱峰值估计法对无转速计阶比跟踪算法进行了研究[83],利用基于瞬时频率估计及时频滤波的方法对阶比分量进行了提取[84]。哈尔滨工业大学的刘洋等利用 Haar 小波变换来提取瞬时频率信号用于阶比谱的分析[85],分析了利用瞬时频率的拟合曲线来求取鉴相时标的多种曲线拟合方法[86]。湖南大学的刘坚等提出了基于线调频小波路径追踪瞬时频率估计的阶比跟踪故障诊断方法[87]。

1.3.4 阶比提取技术

基于 Vold – Kalman 滤波的阶比跟踪法和基于 Gabor 变换的阶比跟踪法是可以进行波形重构的阶比跟踪算法。

南京航空航天大学的赵晓平等对旋转机械阶比分析和软件实现进行了研究,提出了基于 Viterbi 算法的 Gabor 阶比跟踪技术[88]和基于瞬时频率估计的 Vold – Kalman 阶比跟踪技术[89]。重庆大学的郭瑜等将独立分量分析用于Gabor 和 Vold – Kalman 阶比提取中的解耦及阶比交叠噪声消除[90-91]。浙江大学的孔庆鹏等利用最小二乘自适应滤波算法对飞机发动机加速过程中的阶比信号进行了提取[92]。

台湾国立中央大学的潘敏俊等对阶比提取算法及其应用进行了研究[93-96]。国立清华大学的白明宪等将专家系统、最小二乘算法及 Kalman 滤波器等算法应用于阶比提取及阶比分析中[97-103]。

美国 Michigan Technological 大学的 J. R. BLOUGH 将时变离散傅里叶变换(TVDFT)应用于阶比提取[104]。南非 Pretoria 大学的 C. J. Stander 和 P. S. Heyns 利用阶比跟踪算法对变载工况下齿轮箱的监测进行了研究[105]。捷克 Ostrava 科技大学的 J. Tuma 对 Vold – Kalman 滤波器在故障诊断中的应用及滤波器带宽的设置进行了研究[106-107]。

综上所述,阶比跟踪技术在旋转机械非平稳信号分析和故障诊断方面得到了广泛的应用,但对于发动机这种复杂的旋转往复式机械来说,阶比跟踪技术在应用中遇到的一些具体问题还需进行探索与完善。例如,发动机各传感器信号频率成分相差较大,但在故障诊断中常需要同步采样;如何在较低采样率时也能得到较高的瞬时转速计算精度;如何从发动机运转过程中产生的振动信号中精确地提取各种冲击信号、阶比信号及稳态信号。

1.4 基于数据融合的机械故障诊断方法

数据融合技术是通过对多源异构数据进行多层次、多角度、多维度的融合分析,充分利用各类数据之间的差异性与互补性,提取新的更有价值的信息,实现对识别目标的一致性解释,最终得到置信度更高的决策结论。数据融合技术在目标探测与跟踪[108]、雷达数据分析与飞行控制[109]、图像分析与处理[110]、地理环境信息监测与气象预报[111]、医用辅助诊疗系统[112]、机械故障诊断[113]等众多领域得到了广泛的应用。

数据融合技术在上述各个领域的应用研究均取得了长足发展和丰富的研究

成果。由于本书针对以数据融合技术为手段的柴油机故障诊断问题进行研究,所以本节主要对数据融合技术在机械故障诊断领域的应用研究现状进行总结概述,从而为本书的研究内容和目标提供参考与指导。数据融合分析方法按照融合深度可以划分为数据层融合、特征层融合与决策层融合三个层次。数据层融合对未经任何预处理的传感器输出的原始数据进行综合分析得到决策结论。该层融合分析方法信息损失较少,但是计算量大、实时性和抗干扰能力较差,极易引入较大误差。因此,在实际的机械故障诊断工程应用中,多采用"特征层+决策层"的两层融合分析框架[114],其融合诊断过程包括信号降噪及预处理、故障特征提取与降维、故障模式识别与分类、多分类结果决策层融合诊断。根据本书的研究内容和范畴,本节将从机械振动信号降噪及预处理、特征提取与降维、故障模式识别与分类、决策层融合诊断等方面对国内外的研究现状进行总结概述。

1.4.1 信号降噪及预处理方法

机械振动信号中含有最丰富的微弱和细节故障特征信息,在机械故障诊断中应用广泛且效果良好。由于机械设备工作环境恶劣和振动信号产生与传递路径复杂,导致现场采集的机械振动信号中含有大量的干扰噪声,相对微弱的故障特征信息往往被覆盖,因此在进行特征提取等操作之前需要首先对信号进行降噪及预处理。机械振动信号为非线性、非平稳信号,常用的信号降噪方法主要包括奇异值分解、小波分解、稀疏分解、形态学滤波、盲源分离和自适应多尺度时频分解等方法。国内外众多学者对上述方法进行了广泛研究,并取得了大量研究成果。

(1) 奇异值分解。奇异值分解降噪是根据含噪声混合信号中有效信号与干扰噪声之间的能量分布差异,选取有效奇异值重构得到降噪后的原信号[115]。张晓涛和李伟光[116]利用奇异值差分谱选取有效奇异值进行信号重构,从而消除了轴承振动信号中的干扰噪声。陈越等[117]提出在重构相空间内比较信号与噪声统计特征的方法选取奇异值进行重构,实现振动信号降噪。文献[118]根据信号奇异值分解矩阵各奇异值的能量比重选取奇异值重构阶数,实现了信号降噪。

(2) 小波分解。小波分解降噪的原理是对信号进行小波分解之后,根据特定阈值选取有效小波系数进行信号重构,去除干扰噪声的同时保留有用信号。王向红等[119]利用小波包软阈值降噪方法实现了声发射信号的降噪。众多学者通过优化小波基函数参数提出自适应小波阈值降噪方法,在去除信号的干扰噪声同时增强了有用信号[120-121]。Qiu[122]利用 Thselect 函数自适应选取阈值确定有效小波系数进行信号重构,实现了信号降噪,并提高了算法的自适应性。沈微等[123]利用时频聚集性更好的同步压缩小波变换对信号进行分解后选取有效分量进行重构,实现了轴承振动信号降噪。

(3)稀疏分解。基于稀疏分解的信号降噪方法是对信号进行稀疏分解后,按照一定规则选取有效字典原子对信号进行重构。熊继平等[124]通过构造多信号的联合稀疏频谱矩阵,并利用迭代寻优法与谱减法重构稀疏信号,从而实现了信号降噪。王大为和王召巴[125]提出利用量子粒子群算法对信号超完备字典目标函数进行寻优,从而确定最优原子进行信号重构,实现了强背景噪声下微弱信号的降噪。张文清等[126]针对匹配追踪算法的降噪效果受限与原子本身的问题,提出了时域流形与匹配追踪相结合的信号稀疏分解与重构算法,增强了轴承振动信号的降噪效果。

(4)形态学滤波。形态学滤波降噪方法是对信号进行数学形态学变换之后选取表征信号主要形状特征的局部成分进行信号重构,以达到去除噪声,提取有用信号的目的。Li 和 Liang[127]提出了基于插值算法的连续形态结构元素构造方法,并根据谱峭度准则选取最优的结构元素进行信号重构,得到了有用信号并消除了干扰噪声。文献[128 - 129]为解决固定尺度的形态学结构自适应性差,提取的结构信息不完整的问题,提出了结构元素尺度自适应调节的形态学滤波方法,提高了算法的自适应性和降噪能力。文献[130 - 131]均利用将粒子群算法引入形态学结构元素的选取过程,建立了自适应选取最优结构元素的多尺度形态学滤波器,实现了滚动轴承振动信号的降噪。

(5)盲源分离。基于盲源分离的信号降噪方法是在源信号与混叠通道数均未知的情况下基于信号的统计特征恢复并分离各源信号的方法,其可以消除信号中的噪声干扰,分离出有用信号分量。盲源分离的主要方法包括主成分分析、核主成分分析、独立成分分析、核独立成分分析、最小卷积熵等[118,132]。陆建涛等[133]利用粒子群算法提出了改进的盲源分离算法,实现了振动信号降噪。文献[134]利用改进的核主成分分析对发动机缸盖振动信号进行分解后,根据互相关准则选取有效分量重构得到降噪后的振动信号。文献[9]等结合经验模态分解与核独立成分分析提出了改进的单通道盲源分离算法,提高了算法的信号降噪效果。

(6)自适应多角度时频分解。基于自适应多尺度时频分解的信号降噪方法是利用时频分解方法将信号分解为不同频带分量,然后根据一定规则选取有效分量对信号进行重构,从而得到有效信号,并剔除干扰噪声。常用的信号自适应多尺度时频分解方法包括经验模态分解(Empirical Mode Decomposition, EMD)[135]、局部均值分解(Local Mean Decomposition, LMD)[136]、局部特征尺度分解(Localcharac-teristic-scale Decomposition, LCD)[137]、固有时间尺度分解(Intrinsic Time Decomposition, ITD)[138]、变分模态分解(Variational Mode Decomposition, VMD)[139]。文献[140-141]分别提出了基于集合经验模态分解与奇异值分解、小波半软阈值分解相结合的信号降噪方法,去除噪声的同时,保留了有用振动冲击信号分量。武哲等[142]对信号进行局部均值分解后对各分量进行形态学滤波,实现了信号降噪。文献[141]分别利用固有时间尺度分解将振动信号分解为多个分量,然后根据峭度准则选取有效分量进行信号重构,得到了降噪后的有用信号。黄维新等[123]首先利用变分模态分解将振动信号分解为多个频带分量,然后根据各分量与原信号的互相关系数选取有效分量进行独立成分分析得到相互独立的有用信号,最后进行信号重构实现信号降噪。

1.4.2 故障特征提取方法

机械振动信号特征提取是实现故障诊断的关键环节,直接影响故障诊断准确率。基于现代信号处理、数学统计学、信息论、图像处理等技术手段,国内外学者提出了大量机械振动信号特征提取方法。通过总结分析,本书将振动信号特征参数按照分析维度划分为一维时间序列特征和二维图像特征,按照分析域可划分为时域特征、频域特征和时频域特征。

1.4.2.1 一维时间序列特征提取方法

机械振动信号本质上是一维时间序列,利用不同的信号处理方法提取时间序列的各类特征数据可以有效实现机械故障诊断。按照分析域,可将一维时间序列特征参数划分为时域特征、频域特征和时频域特征。

1. 时域特征提取方法

时域特征提取方法通过对振动信号时域波形进行分析处理,计算相应特征参数,从而提取故障特征信息的信号处理方法。时域特征参数主要包括时域统计特征参数和非线性动力学特征参数。

(1)时域统计特征参数:通过对信号数据进行数学统计分析和计算得到的数学统计学指标。其主要包括峰值、均值、峰-峰值、均方根值、方差、峭度、裕度、偏斜度、波形指标、峰值指标、脉冲指标、偏态指标和裕度指标等。上述特征参数具有计算简单快速、直观形象、实用性强的特点,在故障特征提取中应用广泛且算法成熟[143-144]。但是,由于上述特征参数易受噪声干扰而稳定性较差,削弱了其特征表现能力。因此,在实际应用中,时域统计特征参数通常与其他特征参数组合使用,构成联合故障特征向量进行故障诊断。

(2)非线性动力学特征参数:针对振动信号的非线性统计特性提出的特征提取方法,其利用信息熵和分形维数等非线性动力学参数度量振动信号的随机性、自相似性、非线性度、不规则度和复杂度特征。信息熵主要包括近似熵、样本熵、模糊熵和多尺度熵等[145-146]。分形维数主要包括盒维数、关联维数、信息维数等[147-148]。为提高非线性动力学参数的特征表达能力，众多学者基于基本的信息熵和分形维数参数，提出了众多的改进算法。郑近德等[149]将多尺度熵算法引入模糊熵计算过程，提出了多尺度模糊熵(Multiscale Fuzzy Entropy,MFE)，并将其应用于滚动轴承故障诊断，提高了故障诊断准确率。针对 MFE 的熵值突变问题，Zheng 等[150]提出了复合多尺度模糊熵(Composite Multiscale Fuzzy Entropy,CMFE)算法，将同一时间尺度下所有粗粒化序列的模糊熵均值作为该尺度下的模糊熵值，很好地抑制了由于时间序列变短而导致模糊熵值突变的问题。Wu 等[151]基于复合多尺度熵的概念提出了改进的复合多尺度熵计算方法，提高了计算精度。Zheng 等[152]提出了基于 Sigmoid 函数的改进 CMFE 算法，进一步提高了特征参数的分类能力，获得了较高的轴承故障诊断精度。众多学者将局部均值分解、变分模态分解等自适应多尺度时频分解方法与上述信息熵特征参数相结合，通过计算原信号中有效频带分量的信息熵特征参数，构造了具有良好分类能力的特征向量，实现了机械故障诊断[153,154]。

按照计算方法，分形维数可以划分为单分形维数与多重分形维数。单分形维数计算方法是通过对"分析尺度-波动函数"的双对数曲线进行线性拟合后计算拟合直线的斜率得到单分形维数，常用的单分形维数计算方法包括盒计数法[155]、去趋势波动分析[156]和形态学覆盖法[157]。众多学者将现代信号处理方法与分形维数计算方法相结合，提出了大量改进算法。林近山和陈前[158]研究发现单分形维数具有双标度特性，提出了基于去趋势波动分析的双标度分形维数计算方法，并将其应用于齿轮箱故障诊断，提高了故障诊断准确率。Wang 等[159]利用集合经验模态分解将发动机缸盖振动信号分解为多个分量后计算其盒维数，实现了发动机故障诊断。局部特征尺度分解、局部均值分解与形态学覆盖法相结合的分形维数计算方法，进一步提高了算法的可靠性与稳定性[160-161]。多重分形维数可以有效表征信号的整体趋势特征和局部细节特征[162]。多重分形维数与多重分形谱广泛应用于轴承、齿轮、柴油机等振动信号的特征提取过程，可较好地刻画信号固有的分形特征，得到了较高的故障诊断精度[156,163-164]。大量研究表明，单分形维数具有计算速度快、特征简单实用的优点。但是计算误差较大，易丢失信号的细节特征信息，适用于对简单信号进行特征提取。多重分形维数的特征表征能力更强，但是计算方法相对复杂，适用于精度要求较高的复杂信号特征计算[165]。

2. 频域特征提取方法

频域特征参数是利用基于傅里叶变换的各种频域分析方法计算得到的频域

内特征数据。其主要计算方法包括频谱分析、功率谱分析、倒谱分析、高阶谱分析和包络谱分析等[97]。频谱分析与功率谱分析是利用傅里叶变换得到信号的幅频谱后计算相关特征参数。其主要特征参数包括频域内最大幅值、故障特征频率、最大幅值对应的频率、频域能量等数学统计学参数。通过计算信号幅频谱和功率谱的故障特征频率、频带能量值等特征参数可以有效对轴承、齿轮、发动机等机械进行故障诊断[166-167]。倒谱分析通过对功率谱函数的对数进行傅里叶变换提高了信号频谱的能量聚集性。唐贵基等[168]对滚动轴承振动信号进行倒谱编辑预白化后,提取故障特征幅值的能量比作为特征参数实现了轴承故障诊断。高阶谱中包含信号的频率和相位信息,具有更强的特征表征能力。高阶双谱[169]、高阶相干谱[170]和高阶累积量切片谱[171]等分析方法在机械故障特征提取中得到了广泛的应用。包络谱分析是通过对信号的频谱进行包络解调提取故障特征频率的方法。该方法主要用于轴承和齿轮等具有故障特征频率的机械振动信号的特征提取过程,根据故障特征频率可以有效区分各类不同故障[172-173]。上述频域特征参数具有算法简单、噪声鲁棒性强的优点,但是容易丢失时域特征信息。

3. 时频域特征提取方法

时频域特征提取方法是通过对信号进行时频分析得到时频域内的联合分布特征。现有的时频分析方法可以分为传统时频分析方法与自适应时频分析方法。传统的时频分析方法包括短时傅里叶变换(Short-Time Fourier Transform, STFT)、连续小波变换(Continuous Wavelet Transform, CWT)、Gobor 变换、魏格纳分布、S 变换(S-Transform, ST)、广义 S 变换(Generalized S-Transformation, GST)、同步压缩变换(Synchrosqueezed Wavelet Transform, SST)等[174-175],其通过对信号进行时频变换得到其时频谱系数矩阵,然后对该矩阵进行特征提取操作。自适应时频分析方法包括 EMD、LMD、LCD、ITD、VMD 等[176-177],其根据信号的固有特性对信号进行多尺度时频分解得到多个时频尺度不同的信号分量,然后对各分量进行特征提取运算。国内外众多学者对基于上述两类时频分析方法进行了深入研究,并取得了丰富成果。

STFT 具有算法简单、计算速度快的优点。部分学者对信号进行其经 STFT 变换后得到时频分布矩阵,通过计算各频带的能量、信息熵和分形维数等特征参数可实现机械故障诊断[178-179]。与 STFT 相比,CWT 具有更强的多尺度时频分析能力。Li 等[180]通过计算 CWT 时频分析分布矩阵的多尺度斜率特征实现了齿轮箱故障诊断。Kankar 和 Sharma[181]对轴承振动信号进行小波变换后计算其周期性自相关系数用于轴承故障诊断。此外,利用小波变换将信号分解为多个不同频带分量后分别计算各分量的样本熵、模糊熵、分形维数等非线性动力学参数的方法在机械故障诊断中取得了良好的效果[182-183]。S 变换融合了 STFT 与 CWT 的优点,提高了时频分析的能量聚集性和分辨率[105]。王余奎等[184]通过提取液压泵振动信号 ST 时频谱系数矩阵的相对能谱熵作为特征参数实现了液压泵故障诊断。McFadden 等[185]利用 ST 提取轴承振动信号的故障特征频率进行故障诊断。ST 与时域和频域特征参数相结合的特征提取方法在齿轮、轴承、柴油机等机械故障诊断中得到了广泛的应用[106,186]。GST 通过自适应调节 ST 的窗函数大小,进一步提高了 ST 的时频分析能力[187]。众多学者分别提出了时频聚集性更高的改进 GST 方法,并将其用于机械振动信号的时频分析,进而提取 GST 时频系数矩阵的能量熵、相对奇异谱熵、自相关系数等特征参数实现机械故障诊断[185,189]。

自适应多尺度时频分解方法往往与时域或频域特征提取方法组合使用,首先利用 EMD、LMD、LCD、ITD、VMD 等方法将信号分解为多个频带分量,其次按照互相关准则、峭度准则等选取有效分量,进而提取其时频域数学统计学参数、信息熵、分形维数等作为特征参数[189-192]。与直接对原始信号进行特征提取相比,该方法通过对信号进行多尺度时频剖分,可获取更丰富、更准确的故障特征信息,增强了特征参数的分类效果。然而,由于各自适应多尺度时频分解方法均存在一定程度的端点效应与模态混叠,限制了信号分解和特征提取精度的进一步提高。目前,抑制端点效应的最有效手段是对信号进行边界延拓,主要方法包括极值延拓[193]、波形匹配延拓[194]和数据预测延拓[195]。上述方法在 EMD、LMD、LCD、ITD 等方法中均有应用,在一定程度上提高了信号分解精度,进而增强了特征提取效果[196-198]。通过对比分析发现,极值延拓算法简单,但精度较低;数据预测延拓精度较高,但受神经网络、支持向量机等预测模型自身泛化性和参数敏感性影响较大,计算复杂度较高;波形匹配延拓能够同时兼顾信号内部特征和其端点局部变化趋势,延拓精度较高,且算法比较简单,但受匹配指标参数的影响较大[199]。为减小信号分解后各分量间的模态混叠,众多学者将 ICA 与 KICA 引入 LMD、LCD、VMD 等方法的信号分解过程,提取原信号中的独立源信号分量,一定程度上消除了不同时频尺度分量间的模态混叠,进而提取相应特征参数实现机械故障诊断[200-202]。

1.4.2.2 二维图像特征提取方法

与信号的一维时间序列相比,其二维图像中包含更加丰富的特征信息。近年来,众多学者对基于图像处理技术的机械故障诊断方法进行了深入研究,通过将一维信号转换为二维图像,进而利用图像处理技术提取相应的特征参数,实现故障诊断[203-204]。基于信号二维图像的特征提取方法包括二维图像生成和图像特征提取两个步骤。图像生成是将信号从一维时间序列转换为二维图像的过程。常用方法主要包括时频变换、对称极坐标变换等。图像特征提取是计算图像特征参数的过程,常用的图像特征参数包括颜色或灰度统计特征、纹理与边缘特征、形状特征等[205]。

信号时频变换方法主要包括 STFT、CWT、Gabor 变换、S 变换(ST)、广义 S 变换(GST)、同步压缩连续小波变换(Synchrosqueezed Continuous Wavelet Transform,SSCWT)、同步压缩 S 变换(Synchrosqueezed S Transform,SSST)等。国内外众多学者对上述方法在信号图像特征提取中的应用进行了广泛研究。部分学者研究了信号 STFT 时频谱图像的灰度和纹理特征参数提取方法,为利用机械振动信号时频谱图像特征进行故障诊断提供了参考[206]。文献[207]表明 CWT 具有比 STFT 更好的时频分辨率和聚集性。唐曦凌等[208]利用非负矩阵分解提取 CWT 时频谱的低维特征参数,实现了齿轮箱早期故障诊断。任金成等[209]通过提取轴承振动信号 CWT 时频谱灰度图像的纹理特征实现了柴油机连杆轴承故障诊断。由于 ST 的自适应性和时频分辨率优于 CWT,所以在信号时频变换中得到了广泛应用。刘建敏等[210]对齿轮振动信号包络进行 S 变换得到其时频谱图像,并提取图像的灰度共生矩阵及其统计特征作为特征参数对齿轮进行故障诊断,取得了良好的效果。广义 S 变换是 S 变换的最优化算法,可以得到时频分辨率最高的信号时频谱图像。文献[211-212]分别利用脉冲耦合神经网络与二维主成分分析方法提取轴承振动信号的 GST 时频谱图像特征参数,取得了较高的轴承故障诊断准确率。文献[213]指出上述传统时频变换方法均存在不同程度的能量泄露、频谱涂抹和时频分辨率较低的问题,所以其提出了 SSCWT 算法,通过将信号能量聚集到瞬时频率中心,提高了时频谱的能量聚集性和分辨率。近年来,SSCWT 在机械振动信号时频分析中得到了广泛应用,众多学者通过提取信号 SSCWT 时频谱图像的灰度特征、纹理特征和 2DNMF 特征等参数提高了轴承、液压泵、发动机等机械设备的故障诊断准确率[214-216]。黄忠来和张建中[217]将同步压缩思想引入 S 变换,提出了同步压缩 S 变换,并通过仿真信号与地震信号的时频分析证明了 SST 具有比 SSCWT 更高的时频分析能力,为机械振动信号的时频分析提供了新的途径。

对称极坐标变换(Symmetric Polar Coordinate Transform,SPCT)是通过数值计算将一维信号转换为极坐标空间中的镜面对称图像的数学运算,具有计算简单、形象直观的优点[218]。该方法利用图像形状特征表达信号频率特性间的差异,因此可利用机械振动信号对称极坐标变换图像的形状特征参数实现故障诊断。常用的图像形状特征参数主要包括区域面积、区域边界、区域质心、方向角、与区域具有相同标准二阶中心矩的椭圆的长轴长度、短轴长度和离心率等[9]。Wu 和 Chuang[32]详细地研究了 SPCT 方法在柴油机振动信号中的应用,并通过提取区域面积、质心和边界等形状特征参数实现了柴油机气缸单缸失火、双缸失火和气门漏气等故障的分类诊断。张玲玲等[219]通过提取振动信号 SPCT 图像的区域质心和方向角等形状特征参数对柴油机曲轴轴承进行故障诊断。杨诚等[220]将 SPCT 方法用于发动机振声信号分析,通过图像模板匹配法实现了发动机异响故障诊断。许小刚等[221]将待测状态与正常状态下离心机压力的信号 SPCT 图像进行匹配分析,实现了离心机失速故障诊断。上述研究结果表明,SPCT 方法是一种有效的信号图像生成方法,通过提取机械振动信号 SPCT 图像的形状特征参数可有效实现机械故障诊断。

1.4.3 故障特征降维方法

在基于数据融合的机械故障诊断过程中,往往需要在多分析空间内提取多分析域的多类型特征参数构成多域联合故障特征数据集以提高故障诊断精度。多域联合故障特征数据集具有高维度,非线性的特点,其中存在较多冗余、干扰和不敏感特征,限制了故障诊断效率和精度的提高。因此,需要对高维故障特征数据集进行降维处理,以提高故障特征分类能力。目前,常用的特征降维方法包括成分分析方法、线性判别分析(Linear Discriminant Analysis,LDA)和流形学习(Manifold Learning,ML)。

成分分析方法通过对数据中各成分分量进行二阶或高阶统计分析将数据由高维空间映射到低维空间,从而实现特征降维。其主要方法包括主成分分析(Principal Component Analysis,PCA)、核主成分分析(Kernel Principal Component Analysis,KPCA)、独立成分分析(Independent Component Analysis,ICA)、核独立成分分析(Kernel Independent Component Analysis,KICA)。PCA 降维后的各成分分量之间互不相关,在齿轮、轴承、发动机等机械故障特征数据降维中应用广泛且效果良好[222-223]。由于 PCA 的非线性数据处理能力较差,韦祥等[224]将 KPCA 引入机械振动信号特征降维过程,对轴承振动信号的高维分形维数特征集进行降维和二次特征提取,实现了轴承微弱故障诊断。Chen 等[225]利用 KPCA 对发动机缸盖振动信号多尺度模糊熵和分形维数特征集进行降维,有效提高了发动机故障诊断精度。与 PCA、KPCA 相比,ICA 具有更强的统计特性,可以得到线性无关且相互独立的成分分量。牟伟杰等[226]利用 ICA 对柴油机时频图像的形状和纹理特征集合进行降维处理得到低维故障特征数据集,提高了柴油机故障诊断精度。KICA 为 ICA 的核化形式,具有更高的泛化性和稳健性,具有更强的非线性数据处理能力,降维能力更强[227]。

线性判别分析(LDA)是一种有监督的降维方法,基于数据固有特性和样本类别信息选择最佳投影矩阵,将高维数据投影到低维空间,得到类内聚集性和类间离散性最优的低维特征数据集[39]。在样本类别已知的情况下,LDA 的降维效果优于上述成分分析方法。目前,LDA 方法在齿轮、轴承、柴油机、液压泵等机械故障特征降维中均得到了广泛的应用,适应应用结果表明,LDA 降维后的低维特征的故障诊断精度明显高于原始高维特征[228-229]。基于原始的 LDA 算法,众多学者提出了正则化判别分析[230]、核判别分析[231]、半监督判别分析[232]等改进算法,有效解决了具有不同实际需求的各类特征降维问题。

流形学习是一种非线性数据降维方法,通过挖掘高维数据的内在低维本质流形结构特征,实现数据降维。目前,常用的流形学习降维方法包括局部保持投影(Locality Preserving Projection,LPP)、局部线性嵌入(Locally Linear Embedding,LLE)、局部切空间排列(Local Tangent Space Alignment,LTSA)、线性局部切空间排列(Linear Local Tangent Space Alignment,LLTSA)等[233]。在实际应用过程中,上述方法均存在邻域参数固定不变和无监督学习丢失样本类别信息的问题,削弱了算法的降维效果。因此,众多学者相继提出了一系列改进方法。针对邻域参数的自适应调整问题,杨望灿等[234]提出了邻域自适应 LPP 算法,基于邻域数据 Parzen 窗概率密度估计自适应调整 LPP 的邻域参数,提高 LPP 算法的自适应性和降维能力。张志友等[235]提出一种基于局部邻域权重矩阵稀疏化的自适应 LLE 算法,对 Swiss、Helix 等数据集的降维效果良好。佘博等[236]提出了基于局部流形密度的邻域自适应选择算法,并将其应用于 LTSA,提高了其计算速度和降维能力。针对传统的流形学习算法无法有效利用样本标签信息的问题,众多学者将有监督与半监督学习方法引入各流形学习降维模型,并结合邻域参数自适应调整算法,提出了一系列改进算法,比如有监督 LPP[237]、自适应半监督 LPP[238]、自适应半监督 KLLE[239]、增量式监督 LTSA[240]、自适应半监督 LTSA[236]等。综上所述,为提高流形学习降维的效果,必须要解决邻域参数自适应调节和半监督学习问题。本书将以现有研究成果为基础,提出新的自适应半监督流形学习降维方法以进一步增强特征降维效果,提高低维特征的分类能力,进而提高机械故障诊断精度。

1.4.4 故障特征分类方法

在数据融合分析过程中,故障特征分类是在特征融合层对提取的多域联合故障特征参数进行融合分类,从而实现故障诊断。目前,机械故障诊断领域常用的分类方法主要包括专家系统、决策树、人工神经网络、支持向量机、极限学习机等。其中,基于支持向量机(Support Vector Machine,SVM)、极限学习机(Extreme Learning Machine,ELM)等机器学习算法的智能分类方法应用最广泛且效果较好[241]。对于 SVM、ELM 分类模型,按照数据获取方式可以划分为离线学习与在线学习,按照数据类别属性可划分为无监督学习、半监督学习和有监督学习。针对不同分类问题的实际需求,众多学者提出了大量基于 SVM、ELM 的分类模型。

SVM 根据结构风险最小化原则,基于最优超平面实现数据分类,特别是在处理小样本的分类问题时具有明显的优势。传统的 SVM 方法已经在轴承、齿轮箱、柴油机、液压泵、发电机组等常见机械故障诊断领域得到了广泛的应用[242-243]。SVM 的分类效果主要取决于模型的结构参数,即核参数与惩罚系数。为选取最佳的结构参数,建立最优化的 SVM 分类模型,众多学者将遗传算法、免疫算法、蚁群算法、鱼群算法、粒子群算法、社会情感优化算法等计算智能优化算法引入 SVM 的学习过程,通过对两个结构参数进行寻优,最终建立了优化的 SVM 分类模型,对机械故障特征数据进行分类,实现了故障诊断,并提高了故障诊断准确率[244-245]。

ELM[246]是基于传统人工神经网络提出的优化算法,利用解析运算代替迭代运算获得网络结构参数,具有算法简单、计算速度快和分类精度高的优点。现有的 ELM 算法种类繁多,众多学者为提升 ELM 的学习速率和泛化性能提出了一系列改进方法,包括正则化 ELM[247]、对角优化 ELM[248]、最小二乘 ELM[249]和集成优化 ELM[250]等。上述方法应用于轴承、齿轮、柴油机等各类机械的故障诊断,取得了较高的诊断精度。Huang 等[251]针对 ELM 中随机映射导致的网络泛化性和稳定性差的问题,提出了核极限学习机(Kernel Extreme Learning Machine,KELM),并通过实验证明 KELM 的网络泛化性和分类精度优于 ELM。KELM 网络的分类性能主要取决于核参数与惩罚系数两个网络结构参数。众多学者提出了基于遗传算法、粒子群算法、蜂群算法、烟花算法等计算智能优化算法的改进 KELM 方法,有效提高了 KELM 的学习效率和分类精度[252-254]。

目前,关于 SVM、ELM、KELM 分类方法的研究多以离线有监督学习模型为主。但是,在实际的工程应用中,往往难以获取准确、完备的已知故障样本数据,无法通过一次性学习建立高精度的故障分类模型。在设备运行过程中会连续不断地产生大量的未知故障样本数据,其中含有丰富的故障特征信息。通过对少量已知故障样本数据与大量未知故障样本数据的在线学习,可以有效增强故障分类模型的分类性能[255]。因此,基于 SVM、ELM、KELM 的在线半监督分类模型具有更高的工程实用价值,业已成为重要的研究方向。分类模型在线学习过程中需要解决样本在线累积和重复学习引起的计算量庞大、建模效率低下的问题。样本稀疏化与增量建模是解决上述问题的有效途径[256]。样本稀疏化过程包括删除无效旧样本与筛选有效新样本,常用的方法包括滑动时间窗[257]、模糊均值聚类[258]、一致性准则[259]、互相关准则[260]、近似线性独立准则[261]等。增量建模方法在原离线模型基础上对新样本进行学习以实现模型增量更新,从而避免了重复批量学习导致的计算量庞大的问题。Liu 等[262]提出了在线半监督支持向量机。Silmen 和 Beyhan[263]提出了基于滑动时间窗的在线最小二乘支持向量机。张弦和王宏力[264]提出了具有选择与遗忘机理的在线贯序极限学习机。Zhou 和 Wang[265]提出了基于滑动时间窗与 Cholesky 分解增量建模的在线核极限学习机。上述在线学习模型在故障特征分类及预测中取得了一定的应用效果,但是仍存在有效样本筛选方法的自适应性较差,且无效旧样本删除策略存在丢失有效信息的风险问题。

综上所述,关于 SVM、ELM 及其改进算法的故障特征分类方法的研究成果十分丰富,为进一步开展柴油机故障诊断方法研究奠定了基础。但是,由于各分类模型的分类效果均受限于其结构参数,如何进一步提高分类模型的准确率以解决更加复杂的故障诊断问题仍有待深入研究。目前,在线故障诊断方法的研究相对较少,且相关研究成果存在较大改进空间。对在线学习中的样本稀疏化与增量建模策略开展深入研究,以建立快速高效的在线诊断模型,对满足柴油机故障诊断的实际工程需求具有重要意义。

1.4.5 决策层融合诊断方法

决策层融合诊断通过对多个故障诊断模型的局部诊断结果进行综合分析判断,得到置信度更高的一致性结论,从而获得比单诊断模型更高的故障诊断准确率。在机械故障诊断领域,常用的决策层融合诊断方法主要包括贝叶斯网络、模糊推理、D-S 证据理论、DSmT 证据理论等[266]。

(1)贝叶斯网络。贝叶斯网络是以贝叶斯理论为基础的概率统计融合分析方法,具有较强的不确定性信息融合处理能力,在机械故障诊断中得到了广泛应用[267]。传统的贝叶斯网络在柴油机、汽轮机组、风电机组、齿轮箱等机械系统故障诊断中得到了广泛的应用,结果表明基于贝叶斯网络的融合诊断方法可获得较高的故障诊断准确率[268-270]。针对传统贝叶斯网络学习效率较低和易陷入局部最优等问题,众多学者将布谷鸟算法、蚁群算法、鲸鱼算法、蝙蝠算法、细菌觅食算法等智能优化算法引入贝叶斯网络学习过程,提出了一系列改进的贝叶斯网络模型,提高了网络的学习能力和分类效果[271-273]。针对贝叶斯网络动态信息处理能力不足的问题,Zhang 和 Ji[274]提出了基于概率模型优化的动态贝叶斯网络,建立了动态自适应的决策层融合故障诊断系统。

(2)模糊推理。模糊推理是以模糊集理论为基础的非线性不确定性推理方法,在基于决策层融合分析的机械故障诊断中得到了广泛应用[275]。勾铁[276]详细研究了基于模糊推理的决策层融合诊断方法,并将其应用于电机故障诊断,得到了较高的故障诊断精度。Jackson[277]与王古常等[278]分别研究了基于模糊推理的航空发动机故障诊断方法。传统的模糊推理算法中,通常采用人为划分模糊区间的方法,具有随机性和盲目性,增加了计算量,降低了模糊推理准确率。针对上述问题,董炜等[279]提出了基于优化三角均分的模糊区间自适应划分方法,建立了识别率较高的自适应模糊推理系统,并通过故障诊断实验证明了该方法的有效性。刘应吉等[280]采用减法聚类方法自适应地确定模糊推理系统的结构参数,并与神经网络相结合,提出了自适应神经模糊推理系统,实现了柴油机故障诊断。徐晓滨等[281]提出了基于模糊推理与D-S证据理论相结合的融合诊断方法,解决了模糊规则库不完备导致模糊推理准确率较低的问题。

(3) D-S证据理论。D-S证据理论利用不同证据体的基本信度分配函数进行不确定性推理决策,得到高置信度的一致性结论,在决策层数据融合分析中具有显著优势[282]。目前,基于D-S证据理论的决策层融合诊断方法广泛应用于齿轮、轴承、柴油机、发电机等机械故障诊断领域,实际应用结果表明,基于D-S证据理论的故障诊断系统可有效提高机械故障诊断准确[283-285]。经典D-S证据理论可处理不确定性信息,但是无法有效处理高冲突信息,在证据高冲突和模糊的情况下会得出错误的结论。针对该问题,李月等[290]提出了利用模糊成员函数和证据平均距离调整信度分配函数的改进D-S证据理论,并通过故障诊断实验证明了该方法的有效性。胡金海等[284]通过引入置信度非零准则和相似度函数对证据体进行预处理后再进行融合分析,一定程度上解决了D-S证据理论无法处理冲突证据的问题。上述改进方法均是在D-S证据理论框架内的局部修正,效果并不理想。Dezert和Smarandache[286]提出的DSmT证据理论采用新的融合模型与组合规则实现了不确定性信息和高冲突信息的融合分析,有效克服了D-S证据理论的缺陷,在目标探测与跟踪、图像分析处理、机械故障诊断等领域均得到了广泛应用,且应用效果优于D-S证据理论[287-288]。因此,本书将DSmT引入柴油机故障诊断过程,利用DSmT对特征层融合分析得到的不同诊断结论进行的决策层融合诊断,进一步提高柴油机故障诊断准确率。

第 2 章 发动机瞬时转速的精确计算及其应用

2.1 引言

对于发动机在变速工况下非平稳的振动噪声信号,传统的基于时域及频域的分析方法就会基本失效,而基于角域及阶比跟踪的分析方法则能够较好地处理与转速相关的非稳态信号。瞬时转速信号提供的鉴相脉冲无论是在等角域重采样还是各种阶比跟踪算法中往往都是必不可少的,其精度直接影响阶比分析的精度。而且发动机瞬时转速在故障诊断、动力性能检测及各缸工作均匀性的检测与控制等方面也都有重要的作用。因此,对瞬时转速信号进行精确计算具有重要的意义。

按照计算原理,瞬时转速计算方法可以划分为软件计算法(时域采样法)和硬件计算法(高频时钟计数法)。软件计算法利用对传感器输出信号的时域采样序列进行插值计算过零点时刻的方法计算瞬时转速。该方法测试手段简单、计算方法成熟、测试成本较低,但是计算误差较大、测试精度不高,适用于瞬时转速波形相对简单的缸数少、功率低的小型柴油机。对于 6 缸以上的多缸、大功率柴油机,软件计数法难以满足其瞬时转速精确测实要求,而硬件计数法通过高频时钟计数可精确测算其瞬时转速,但需要解决高抗扰硬件计数和高精度脉冲计数电路设计问题。

针对这两种瞬时转速计算方法,本章首先介绍了瞬时转速软件计算法的原理与算法实现,并通过仿真分析,比较了各种瞬时转速计算算法的优劣性;其次针对多缸、大功率柴油机瞬时转速信号精确测试问题,设计开发了基于外触发高频时钟计数的瞬时转速信号精确测试系统,提出了瞬时转速信号分析处理方法,得到了与各缸做功冲程准确对应的瞬时转速波动波形。进而,提出了基于瞬时转速信号角域波动特征和阶次特征分析的柴油机故障检测与定位方法,准确判别气缸功率不足及失火故障,并确定故障缸位置,为进一步诊断喷油器和进、排气门故障奠定基础。

2.2 瞬时转速软件计算法

2.2.1 瞬时转速软件计算原理

瞬时转速测量主要利用光电式、电涡流式和磁电式等传感器来实现。根据计算方法,瞬时转速测量可分为频率法和周期法两种。频率法是通过在规定的检测时间内,检测传感器输出信号整形后脉冲的个数来确定转速[289],周期法是通过测量传感器输出信号一个周期所用时间来确定转速。利用周期法不仅可以计算瞬时转速,还能得到阶比跟踪算法中所用的鉴相脉冲信号。因此,本章采用周期法,即测量发动机飞轮齿圈上相邻两齿通过传感器所经历的时间来计算瞬时转速。

图2-1(a)、(b)所示为同步采样F3L912型三缸柴油机磁电式转速传感器及外卡油压传感器信号在一个工作周期内的波形。图2-1(c)所示为大约10ms时长的磁电式传感器输出信号波形,波形为类正弦波。由磁电式传感器的工作原理可知,类正弦波每个周期对应于飞轮上一个轮齿,因此可得发动机瞬时转速的计算公式为

$$n = \frac{60}{z \times \Delta T} \qquad (2-1)$$

式中:n 为发动机的瞬时转速(r/min);z 为发动机飞轮齿数;ΔT 为飞轮每个齿转过所需要的时间(s)。

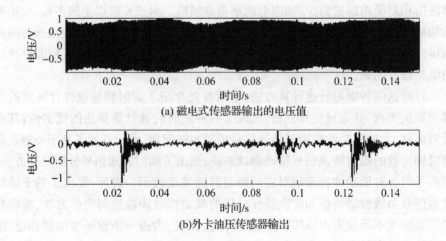

(a) 磁电式传感器输出的电压值

(b) 外卡油压传感器输出

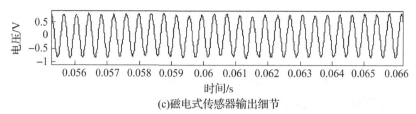

(c)磁电式传感器输出细节

**图 2-1　F3L912 型柴油机一个工作周期内磁电式
转速传感器与油压传感器信号波形**

2.2.2　瞬时转速计算算法实现

利用分析磁电式转速传感器信号过零点的方法来确定飞轮每个齿转过所需要的时间 ΔT，在过零点计算时采用插值算法来提高计算精度，瞬时转速具体计算步骤如下。

1. 反相及过零位置记录

设采集到的磁电式转速传感器信号序列为 s，N 为 s 的采样点数，采样率为 f_s。设 $j=1, k=1$。

若有

$$s(i) \times s(i+1) < 0, \quad i = 1, 2, \cdots, N \qquad (2-2)$$

则令

$$\begin{cases} \text{list}_0(j) = i \\ j = j+1 \end{cases} \qquad (2-3)$$

矢量 list_0 记录了信号 s 反相的序列号，$j-1$ 为矢量 list_0 的元素个数。

同时，若有

$$s(i) = 0, \quad i = 1, 2, \cdots, N \qquad (2-4)$$

则

$$\begin{cases} \text{list}_{\text{zero}}(k) = i \\ k = k+1 \end{cases} \qquad (2-5)$$

矢量 $\text{list}_{\text{zero}}$ 记录了信号 $s=0$ 的序列号，$k-1$ 为矢量 $\text{list}_{\text{zero}}$ 的元素个数。

2. 拉格朗日插值

对上一步记录的反相位置处的传感器信号在过零点位置做拉格朗日线性插值，具体步骤是：将 s 中序号 $\text{list}_0(i)$ 对应的时间和幅值 $\{t[\text{list}_0(i)], s[\text{list}_0(i)]\}$ 与 s 的下一个点 $\{t[\text{list}_0(i)+1], s[\text{list}_0(i)+1]\}$ 连一条直线，求出该直线与时间轴交点的时间值 $t_0(i)$ 作为 s 在该处的过零点时刻：

$$t_0(i) = t[\text{list}_0(i)] - \frac{s[\text{list}_0(i)] \times \{t[\text{list}_0(i)+1] - t[\text{list}_0(i)]\}}{s[\text{list}_0(i)+1] - s[\text{list}_0(i)]}, \quad i=1,2,\cdots,j-1$$

(2-6)

同时令

$$t_{\text{zero}}(i) = t[\text{list}_{\text{zero}}(i)], \quad i=1,2,\cdots,k-1 \quad (2-7)$$

既将 s 中序号 $\text{list}_{\text{zero}}(i)$ 对应过零点 $\{t[\text{list}_{\text{zero}}(i)],0\}$ 的时刻 $t[\text{list}_{\text{zero}}(i)]$ 赋予 $t_{\text{zero}}(i)$。矢量 t_0 与 t_{zero} 组合后重新由小到大排序得到的新矢量 T_0,其表达式为

$$T_0 = \text{sort}^\uparrow (t_0(1), t_0(2), \cdots, t_0(j-1), t_{\text{zero}}(1), t_{\text{zero}}(2), \cdots, t_{\text{zero}}(k-1)) \quad (2-8)$$

式中:$\text{sort}^\uparrow$ 表示对向量元素按升序排列。T_0 即为信号 s 的全部过零点时刻,如图 2-2 所示。

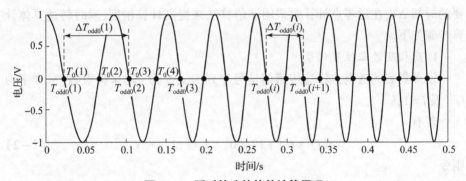

图 2-2 瞬时转速的软件计算原理

3. 边沿定位

由于磁电式传感器的每个齿产生一个周期的类正弦波形(两个过零点),因此将数组 T_0 的元素隔一取一(取出序列号为奇数的元素)得 T_{odd0},T_{odd0} 即为 s 上升沿(或下降沿)过零点的时刻。将 T_{odd0} 依次相减得到数组 ΔT_{odd0},而 ΔT_{odd0} 为一个齿转过的角度($2\pi/z$)产生的,所以设 z 为飞轮的齿数,则柴油机主轴的在 $T_0(i)$ 时刻的瞬时角速度为

$$\omega(i) = \frac{2\pi}{z \times \Delta T_{\text{odd0}}(i)} \quad (2-9)$$

瞬时转速为

$$n(i) = \frac{60\omega(i)}{2\pi} \quad (2-10)$$

瞬时转速的软件计算流程如图 2-3 所示。

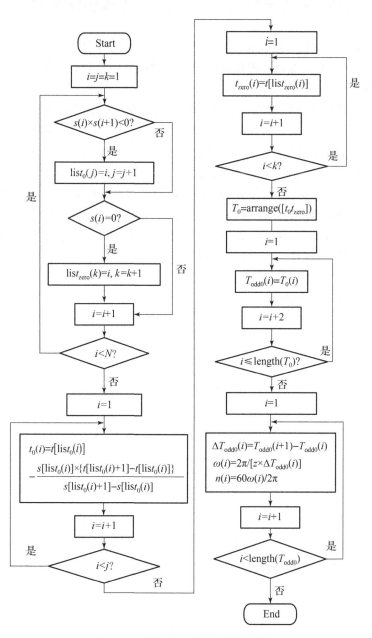

图 2-3 瞬时转速的软件计算流程

2.3 瞬时转速信号角域滤波处理及计算误差分析

2.2 节分析了利用磁电式转速传感器产生的信号来计算瞬时转速的原理及具体实现方法，本节将利用仿真分析方法来对瞬时转速软件计算法的误差进行量化分析。

调频信号是一类典型的非平稳信号。根据频率的调制斜率是直线还是曲线，调频信号可分为线性调频信号和非线性调频信号两大类，而线性调频信号又是非线性调频信号的特例。旋转机械在任意变速工况产生的阶比信号及磁电式转速传感器信号就是典型的调频信号。当主轴转速增减时，相应信号的频率也发生对应的增减。因此，为了分析和提高瞬时转速计算的精度，本章利用调频信号来仿真几种典型变速工况磁电式转速传感器的信号。由于仿真信号的各项参数均是已知的，因此不仅可以分析出 2.2 节的瞬时转速算法在不同情况下的计算精度，而且还可以进一步对比出不同信号处理算法在提高最终计算精度方面的优劣性。

设一般振动方程的表达式为[204,290]

$$s(t) = \text{rect}\left(\frac{t}{T}\right) s_0 \cos\varphi(t) \tag{2-11}$$

信号的解析形式为

$$z(t) = \text{rect}\left(\frac{t}{T}\right) s_0 e^{j\varphi(t)} \tag{2-12}$$

其中

$$\text{rect}\left(\frac{t}{T}\right) = \begin{cases} 1, & 0 \leq t \leq T \\ 0, & 其他 \end{cases} \tag{2-13}$$

$$\varphi(t) = 2\pi \int_0^t f(\tau) d\tau + \varphi_0 \tag{2-14}$$

上述表达式中，s_0 和 $\varphi(t)$ 分别为调频信号的固定幅值和时变相位，$\text{rect}\left(\frac{t}{T}\right)$ 为一个矩形脉冲函数，$f(t)$ 为 t 时刻的瞬时频率。设旋转机械主轴上飞轮齿数为 z，对应的磁电式转速传感器输出信号为 s，则易知信号 s 的瞬时频率 f 与主轴瞬时转速 n 的关系为

$$f(t) = \frac{z \times n(t)}{60} \tag{2-15}$$

2.3.1 匀加速工况角域滤波方法对比仿真分析

信号 $s_1(t)$ 为仿真旋转机械主轴做匀加速运动时磁电式转速传感器的输出

信号，$s_1(t)$的表达式如下：

$$s_1(t) = \text{rect}\left(\frac{t}{T}\right)\cos\left(2\pi\int_0^t f_1(\tau)\,\mathrm{d}\tau\right) \quad (2-16)$$

$$f_1(t) = \frac{z \times n_1(t)}{60} \quad (2-17)$$

$$n_1(t) = A \times t + B \quad (2-18)$$

上述公式中，n_1为主轴的转速，$z = 129$为F3L912型3缸柴油机飞轮的齿数。设定采样频率为$f_s = 65536\text{Hz}$，加速时间T为2s，$A = 1200$，$B = 600$。由式(2-18)易知主轴初始转速为600r/min，末转速为3000r/min。将式(2-17)和式(2-18)代入式(2-16)得

$$s_1(t) = \text{rect}\left(\frac{t}{T}\right)\cos\left(2\pi z\int_0^t \frac{1200 \times \tau + 600}{60}\mathrm{d}\tau\right) = \text{rect}\left(\frac{t}{T}\right)\cos[20\pi z(t^2 + t)]$$

$$(2-19)$$

图2-4所示为利用2.2节的方法直接计算得到的瞬时转速值及其细节，虽然从整体看转速计算较为准确，但放大后可以看到计算的瞬时转速值存在高频的波动，与真实瞬时转速应为一条直线的实际情况不符。这主要是因为虽然过零点计算采用了插值的方法，但还是与真实值存在误差。

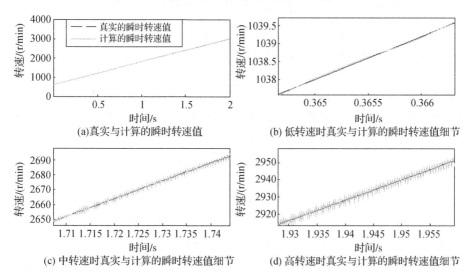

图2-4 仿真信号s_1真实与计算的瞬时转速及其细节

由式(2-17)易知，发动机磁电式传感器输出信号具有较高的频率f_1，且2.2节的计算方法对于信号波形的定位精度要求较高，因此信号也需要有较高的采样频率f_s。设二者的比值β随时间变化的规律为

$$\beta(t) = \frac{f_s(t)}{f_1(t)} = \frac{60 f_s(t)}{z \times n_1(t)} \quad (2-20)$$

利用2.2节方法得出的瞬时转速误差及误差随β变化的规律如图2-5所示。可以看出,β越大,直接计算的瞬时转速精度越高。当β在30附近时,直接计算的瞬时转速误差可以控制在0.05r/min以内。

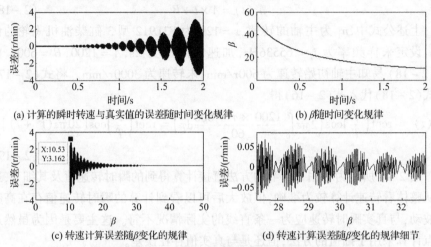

图2-5 仿真信号$s_1(t)$直接计算的瞬时转速误差及误差与β的关系

若取$\beta=30$、$z=129$,旋转机械最高转速为4000r/min,则由式(2-20)易算得采样频率$f_s=258$kHz,即采样频率最低需达到258kHz才能保证直接计算的瞬时转速误差控制在0.05r/min以内。对于阶比跟踪算法而言,转速信号作为鉴相脉冲信号需要与其他通道信号同步采集,而很多通道如振动、油压等所需的采样频率远低于转速传感器通道,若都采用较高的采样率采样,则不仅会造成系统资源严重浪费,而且对硬件电路的要求也非常高。

由图2-4(c)和(d)可以看出:直接计算的瞬时转速相当于真实瞬时转速叠加了一个高频成分。因此,通过一个低通滤波器即可将高频成分去除,从而减小误差,使得在较低的采样率时也能获得较高的瞬时转速计算精度。

图2-6显示了发动机一个工作循环内直接计算的瞬时转速波形,可以看出,发动机由于各缸做功造成的转速波动频率远低于高频成分的频率。因此,对于发动机的瞬时转速计算而言,可通过一个低通滤波器将直接计算的瞬时转速中的高频成分去除,以减小误差。

由2.2节的瞬时转速计算原理可知,直接计算的瞬时转速值是等角度采样的,其角域间隔为$2\pi/z$,因此低通滤波也应是在角域进行的。角域低通滤波是将高阶比成分滤除,而将低阶比成分保留。本章将通过角域零相位FIR滤波[291]及角域小波变换[292-293]的方法来去除高频成分,并对比二者的有效性。

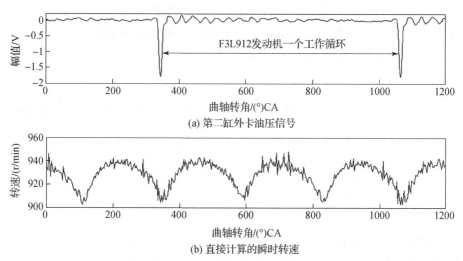

图2-6 发动机直接计算的瞬时转速及同步采集的外卡油压信号

图2-7所示为仿真信号$s_1(t)$直接计算的瞬时转速在角域采用零相位FIR低通滤波及小波低通滤波后的误差对比。其中,小波低通滤波采用DB15小波对直接计算的瞬时转速进行3层分解,对低频系数进行单支重构作为角域滤波后的瞬时转速值。FIR低通滤波采用15阶滤波器,其通带截止阶比O_p为

$$O_p = \frac{O_s}{16} = \frac{z}{16} \qquad (2-21)$$

即通带截止阶比与小波低通滤波的通带截止阶比相同。式(2-21)中,O_s为直接计算瞬时转速信号的采样阶比,即在主轴每转内的采样点数。这里由于主轴每转内有齿数z个采样点,故有$O_s = z$。

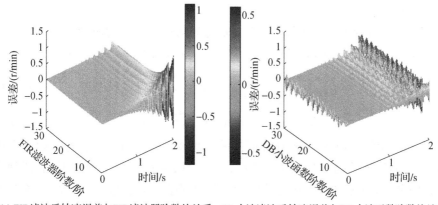

(a) FIR滤波后转速误差与FIR滤波器阶数的关系 (b) 小波滤波后转速误差与DB小波函数阶数的关系

图2-7 FIR滤波与小波滤波后转速误差对比

由图2-5(a)可以看出直接计算的瞬时转速误差最高达±3r/min左右,而由图2-8可以看出两种滤波算法滤波后的瞬时转速误差均在±0.5r/min以内。因此,利用角域低通滤波可大幅提高瞬时转速计算的精度。

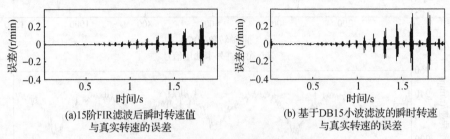

(a)15阶FIR滤波后瞬时转速值与真实转速的误差　　(b)基于DB15小波滤波的瞬时转速与真实转速的误差

图2-8　两种角域滤波算法误差对比

观察图2-5(c)可以看出,直接计算瞬时转速误差最大为3.162r/min,在$\beta=10.53$处取得。而由图2-8(b)可知,小波滤波后误差在±0.5r/min以内。由于β越大,误差越小,因此只需满足$\beta \geqslant 10.53$即可将最终误差控制在±0.5r/min以内。将$\beta \geqslant 10.53, f_s=65536\text{Hz}, z=129$代入式(2-20)得

$$\beta = \frac{60 \times 65536}{129 \times n_1} \geqslant 10.53 \Rightarrow n_1 \leqslant 2895 \qquad (2-22)$$

即在$f_s=65536\text{Hz}, z=129$的情况下,只需满足$n_1 \leqslant 2895\text{r/min}$即可将DB15小波低通滤波后的瞬时转速最终误差控制在±0.5r/min以内。

为比较FIR滤波器阶数及小波函数阶数对滤波效果的影响。将仿真信号$s_1(t)$直接计算的瞬时转速做不同阶数的FIR及小波滤波,两种角域滤波的通带截止阶比O_p仍然设为$z/16$,滤波后的误差变化规律如图2-7所示。可以看出FIR滤波器阶数较高时误差较低,而小波滤波后的误差随DB小波函数阶数的变化较小。

图2-9所示为3~30阶时FIR低通滤波与小波低通滤波后转速均方根误差(Root Mean Square Error,RMSE)及峰值误差(Peak Error,PE)的对比:

$$E_{\text{RMSE}} = \sqrt{\frac{1}{N}\sum_{i=1}^{N}[\text{rpm}(i) - \overline{\text{rpm}(i)}]^2} \qquad (2-23)$$

$$E_{\text{PE}} = \max_{i=1}^{N}(|\text{rpm}(i) - \overline{\text{rpm}(i)}|) \qquad (2-24)$$

式中:rpm为瞬时转速信号的真实值;$\overline{\text{rpm}}$为滤波后的瞬时转速信号。两种方法滤波后瞬时转速的均方根及峰值误差对比如图2-10所示。可以看出,两种滤波方法都能较好地降低直接计算的瞬时转速误差。小波滤波后的E_{RMSE}降为原来的4.9%,E_{PE}降为原来的13.8%。10阶以后,FIR滤波与小波滤波的均方根误差基本相同,但小波滤波的峰值误差稍大。

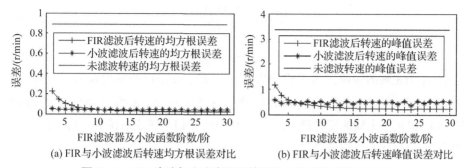

图 2-9 FIR 滤波与小波滤波后转速均方根及峰值误差对比

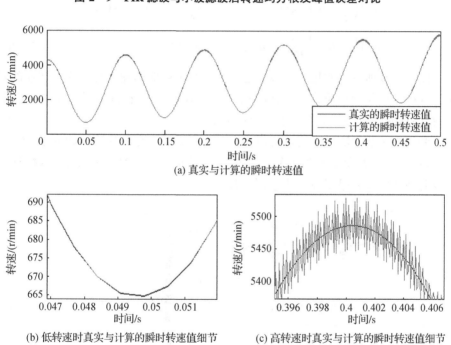

图 2-10 直接计算的瞬时转速与真实值对比

2.3.2 波动加速工况角域滤波方法对比仿真分析

由 2.3.1 节分析知,对于旋转机械匀加速工况来说,角域 FIR 滤波与小波滤波处理后的精度基本相当。车用发动机的瞬时转速无论在匀速或变速运转时都是波动的,这是由其各缸在主轴均匀分布的不同转角处做功造成的。因此,本小节设置信号 $s_2(t)$ 来仿真旋转机械主轴做波动变加速旋转时磁电式传感器的输出信号,$s_2(t)$ 的表达式如下:

$$s_2(t) = \mathrm{rect}\left(\frac{t}{T}\right)\cos\left(2\pi\int_0^t f_2(\tau)\mathrm{d}\tau\right) \qquad (2-25)$$

$$f_2(t) = \frac{z \times n_2(t)}{60} \qquad (2-26)$$

$$n_2(t) = 2\pi \tilde{f} A \cos(2\pi \tilde{f} t) + Bt + C \qquad (2-27)$$

式中:n_2 为主轴的转速;z 为飞轮的齿数,$z = 129$。设采样频率为 65536Hz,加速时间 T 为 2s。$\tilde{f} = 10$ 为转速波动的频率。设 $A = 30$,$2\pi \tilde{f} A$ 为转速波动的振幅,$B = 3000$ 决定了主轴加速的斜率,$C = 2400$ 决定了初始转速的位置。将式(2-26)和式(2-27)代入式(2-25)得

$$\begin{aligned} s_2(t) &= \text{rect}\left(\frac{t}{T}\right)\cos\left(2\pi z \int_0^t \frac{2\pi \tilde{f} A \cos(2\pi \tilde{f} \tau) + B\tau + C}{60} d\tau\right) \\ &= \text{rect}\left(\frac{t}{T}\right)\cos\left[\frac{\pi z}{30}(A\sin(2\pi \tilde{f} t) + 0.5Bt^2 + Ct)\right] \end{aligned} \qquad (2-28)$$

图 2-10 所示为利用 2.2 节算法直接计算的瞬时转速与真实瞬时转速的对比,可以看出,与匀加速旋转仿真信号的计算结果一样:在低速时计算的误差较小,在高速时瞬时转速值叠加了一个高频成分。

利用 2.2 节方法得出的瞬时转速误差及误差随 β 变化的规律如图 2-11 所示。可以看出,β 越大,直接计算的瞬时转速精度越高。当 $\beta < 20$ 后,直接计算的瞬时转速的误差呈指数形式急剧上升。

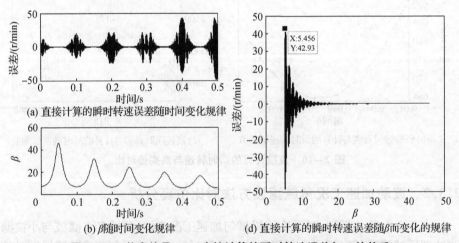

图 2-11 仿真信号 $s_2(t)$ 直接计算的瞬时转速误差与 β 的关系

对仿真信号 $s_2(t)$ 仍采用与仿真信号 $s_1(t)$ 相同的两种角域滤波算法,即零相位 FIR 低通滤波法和小波低通滤波法。两种角域滤波的通带截止阶比 O_p 仍然设为 $z/16$。

图 2-12 所示为仿真信号 $s_2(t)$ 直接计算的瞬时转速在角域采用零相位

FIR 低通滤波及小波低通滤波后的误差对比。其中,小波低通滤波采用 DB15 小波对直接计算的瞬时转速进行 3 层分解,对低频系数进行单支重构作为角域滤波后的瞬时转速值。FIR 低通滤波采用 15 阶滤波器,其通带截止阶比 O_p 仍然设为 $z/16$,即设置与小波低通滤波相同的通带截止阶比。

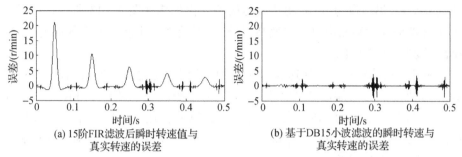

(a) 15阶FIR滤波后瞬时转速值与真实转速的误差

(b) 基于DB15小波滤波的瞬时转速与真实转速的误差

图 2-12 两种角域滤波算法误差对比

结合图 2-12(b) 和图 2-13(a) 可以看出,利用 FIR 滤波器滤波后的瞬时转速误差在 β 较高时反而变得更大。而小波滤波则很好的将误差控制在了 ±5r/min 以内。

观察图 2-12(c) 可以看出,直接计算瞬时转速误差最大为 42.93r/min,在 β = 5.456 处取得。而由图 2-13(b) 可知,DB15 小波滤波后误差在 ±5r/min 以内。由于 β 越大,误差越小,因此只需满足 $\beta \geq 5.456$ 即可将最终误差控制在 ±0.5r/min 以内。将 $\beta \geq 5.456$,$f_s = 65536 \text{Hz}$,$z = 129$ 代入式(2-20)可得

$$\beta = \frac{60 \times 65536}{129 \times n_1} \geq 5.456 \Rightarrow n_1 \leq 5587 \qquad (2-29)$$

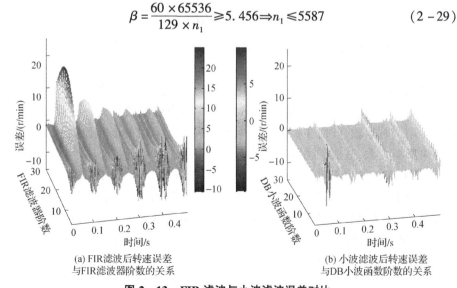

(a) FIR滤波后转速误差与FIR滤波器阶数的关系

(b) 小波滤波后转速误差与DB小波函数阶数的关系

图 2-13 FIR 滤波与小波滤波误差对比

即在 $f_s = 65536\text{Hz}$, $z = 129$ 的情况下,只需满足 $n_1 \leqslant 5587\text{r/min}$ 即可,将 DB15 小波滤波后的瞬时转速最终误差控制在 $\pm 5\text{r/min}$ 以内。

为比较 FIR 滤波器阶数及小波函数阶数对滤波效果的影响。将仿真信号 $s_2(t)$ 直接计算的瞬时转速做不同阶数的 FIR 及小波滤波,两种角域滤波的通带截止阶比 O_p 仍然设为 $z/16$,滤波后的误差变化规律如图 2-13 所示。可以看出,FIR 滤波器阶数较高时误差变高,且整体误差大。小波滤波后的误差随 DB 小波函数阶数的变化较小。

两种方法滤波后瞬时转速的均方根及峰值误差对比如图 2-14 所示。可以看出,小波滤波方法能较稳定地降低直接计算的瞬时转速误差,而 FIR 滤波则在不同阶数时得出的瞬时转速误差相差较大,滤波作用不稳定。小波滤波后的 E_{RMSE} 降为原误差的 4.7%,E_{PE} 降为原来的 9.9%。FIR 滤波虽然对误差也有减小,但仍有较大的误差。

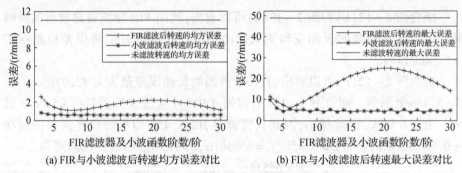

图 2-14 FIR 滤波与小波滤波误差对比

综合分析两种角域滤波方法在匀加速及波动加速仿真信号中对误差的抑制作用,可以得出以下结论。

(1) 在匀加速工况时,FIR 滤波器在阶数较高时才能较好地抑制误差。在波动加速工况时,FIR 滤波器在阶数为 6 时才能与小波滤波获得较为类似的误差抑制作用。阶数较高时,在 β 较大时反而出现了非常大的低频误差。阶数对滤波效果影响太大,造成了滤波效果的不稳定。

(2) 在匀加速及波动加速工况时,小波滤波在 DB 小波函数阶数超过 6 后均能较好地消除转速计算误差,而且滤波效果没有随着 DB 小波函数阶数的变化而大起大落。因此,角域小波低通滤波能更好地解决 2.3 节瞬时转速计算过程中产生的高频振荡误差问题。本书利用瞬时转速软件计算法时将采取 DB15 小波低通滤波算法来实现瞬时转速的角域滤波。

2.4 基于高频时钟计数的瞬时转速硬件计算法

2.4.1 高频时钟计数原理及误差分析

磁电式转速传感器输出电压信号为正弦波信号,该信号经过整形放大之后转换为方波脉冲信号,称为转角脉冲信号。每个脉冲信号对应飞轮启动齿圈上的一个轮齿,其时域宽度为单个轮齿通过传感器所用的时间,角域宽度为飞轮轮齿间隔角,即瞬时转速采样间隔角。瞬时转速高频时钟计数法利用高频晶振电路产生的标准脉冲信号作为计数脉冲对转角脉冲信号进行计数,得到转角信号各脉冲的时间长度序列,即飞轮各轮齿通过传感器所用的时间,进而计算该时间段内的平均转速作为柴油机瞬时转速。高频时钟计数法的计数原理如图2-15所示。

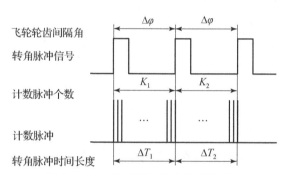

图2-15 高频时钟计数法的计数原理

在图2-15中,设飞轮轮齿间隔角为$\Delta\varphi(\text{rad})$,$\Delta\varphi$内的计数脉冲个数与转角脉冲信号的时间长度分别为$K$与$\Delta T(\text{s})$,晶振频率为$f(\text{Hz})$,则柴油机的瞬时转速$n(\text{r/min})$可表示为

$$n = \frac{30\Delta\varphi}{\pi\Delta T} = \frac{30f\Delta\varphi}{\pi K} \tag{2-30}$$

由式(2-30)可知,瞬时转速的测试误差主要来源于晶振频率f、计数脉冲个数K和飞轮轮齿间隔角$\Delta\varphi$。若将三者的相对误差分别定义为晶振误差δ_f、计数误差δ_K和角度误差$\delta_{\Delta\varphi}$,则瞬时转速的相对测试误差δ_n可表示为

$$\delta_n = \delta_f + \delta_{\Delta\varphi} + \delta_K \tag{2-31}$$

本章所采用的高频晶振计数频率高且性能稳定,δ_f值很小,可忽略不计[2]。角度误差$\delta_{\Delta\varphi}$主要由齿形误差与曲轴扭转振动误差产生。其中,当利用飞轮产生转角脉冲信号时,由于飞轮端的扭振幅值较小,后者可以忽略不计[2]。齿形误

差属于系统误差,主要包括由飞轮齿圈加工与使用磨损等造成的齿距偏差与齿顶间隙偏差。齿距偏差是指分度圆上的实际齿距与公称齿距的偏差,不同加工精度的齿圈均存在一定的齿距偏差和角度误差。而且当齿圈使用磨损时,齿距偏差与角度误差增大。

齿顶间隙是指飞轮轮齿的齿顶与磁电式转速传感器之间的距离,齿顶间隙偏差是由相邻轮齿的齿顶间隙不同而引起的偏差。当传感器输出电压达到某一数值时,放大整形电路产生一个转角脉冲信号,理论上各脉冲信号的角域宽度为飞轮轮齿间隔角 $\Delta\varphi$。但是,由于相邻轮齿的齿顶间隙不同,导致传感器输出电压波形的幅值不同,齿顶间隙越大,电压幅值越小。因此,齿顶间隙偏差导致转角脉冲信号的角域宽度不严格等于 $\Delta\varphi$,从而产生角度误差。齿顶间隙偏差产生的角度误差如图 2-16 所示。

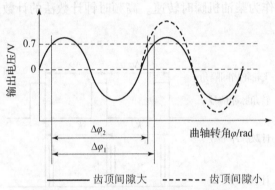

图 2-16 齿顶间隙偏差产生的角度误差

由图 2-16 可知,当第一个轮齿的齿顶间隙大于第二个轮齿时,第一个轮齿对应的转角脉冲信号的角域宽度减小,即 $\Delta\varphi_2 < \Delta\varphi_1$,从而产生角度误差,反之亦然。当利用式(2-30)计算瞬时转速时,认为飞轮轮齿间隔角均匀且恒定为 $\Delta\varphi = 2\pi/z$,z 为飞轮齿数。由于上述角度误差的存在,必然导致产生瞬时转速计算误差。由于角度误差为系统误差无法完全消除,在实际应用中可通过选用加工精度高的飞轮启动齿圈、规范传感器安装等手段尽可能减小角度误差,以提高瞬时转速计算精度。

计数误差 δ_K 是由于转角脉冲信号的时间长度可能不严格等于计数周期的整数倍而产生的量化误差,具体如图 2-17 所示。

由图 2-17 可知,计数脉冲个数的绝对误差为 ±1,则相对计数误差 δ_K 为

$$\delta_K = \frac{1}{K} \times 100\% = \frac{\pi n}{30 f \Delta\varphi} \times 100\% \tag{2-32}$$

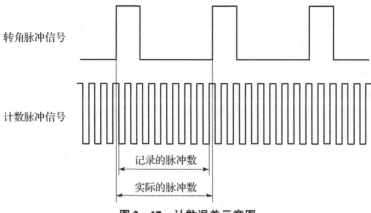

图 2-17　计数误差示意图

由式(2-32)可知，δ_K 与平均转速 n 成正比，与轮齿间隔角 $\Delta\varphi$ 和晶振频率 f 成反比。由于 $\Delta\varphi$ 和 n 是由测试对象和测试工况客观决定的，只有 f 是测试电路开发过程中人为可控的参数，所以可以通过提高测试电路的晶振频率 f 降低计数误差 δ_K。

2.4.2　高频时钟计数电路设计与误差分析

经 2.4.1 节分析可知，瞬时转速高频时钟计数电路的主要误差为时钟脉冲晶振的计数误差。为减小计数误差，选用 20MHz 的高频晶振作为时钟脉冲发生器，设计了基于外触发高频时钟计数的瞬时转速信号测试电路，其基本组成与工作原理如图 2-18 所示。该测试电路主要包括转速信号整形电路、高频晶振电路、计数电路、电荷放大器、SRAM 存储器、微控制器、RS-232/USB 通信接口、LCD 显示器、键盘接口电路等。

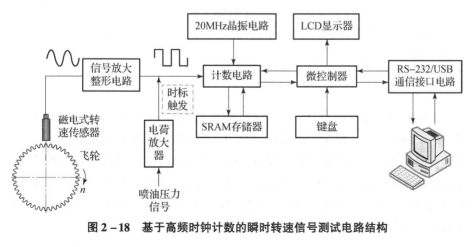

图 2-18　基于高频时钟计数的瞬时转速信号测试电路结构

信号放大整形电路将磁电式转速传感器输出的正弦信号整形放大为方波信号。高频晶振电路的主要部件是20MHz晶体振荡器,为计数电路提供20MHz晶振时基脉冲。计数电路以20MHz的时基脉冲对转角脉冲信号进行连续计数,得到各脉冲的时间长度序列。每个转角脉冲的时间长度为飞轮单个轮齿通过传感器所用的时间,微控制器控制电路的信号测试、计算和数据传输。该测试电路以某气缸的喷油压力信号为时标触发信号,对瞬时转速信号进行触发采样,从而确定所测信号的起始位置对应的气缸序号,以此为基准并结合柴油机各气缸的发火顺序可进一步确定瞬时转速波形与各气缸做功相位的对应关系,为利用瞬时转速波形波动特征进行柴油机气缸故障检测与定位奠定基础。

图2-18所示的测试电路的输入信号为磁电式转速传感器信号与高压油管喷油压力信号,输出为飞轮各轮齿通过传感器所用的时间序列。设采集的长度为N,时间序列为ΔT_i, $i=1,2,\cdots,N$,飞轮齿数为z,将$\Delta\varphi=2\pi/z$代入式(2-30),可得瞬时转速信号n_i为

$$n_i = \frac{60}{z\Delta T_i}, \ i=1,2,\cdots,N \qquad (2-33)$$

由以上分析可知,所得瞬时转速信号为等角度采样信号,每个工作循环内的采样点数相同且均为飞轮齿数,其测试误差主要来源于角度误差和计数误差。角度误差为系统误差,客观决定于测试对象的飞轮齿圈加工精度、磨损程度等系统性因素,与测试电路的性能无关。计数误差为量化误差,主要与测试电路的晶振频率有关。

若将式(2-32)中的计数误差δ_K下的瞬时转速值记为n_δ,则根据式(2-30)可得n_δ为

$$n_\delta = \frac{30f\Delta\varphi}{(1\pm\delta_K)K\pi} \qquad (2-34)$$

则由δ_K引起的瞬时转速绝对偏差为$\Delta n = |n - n_\delta|$,根据式(2-30)和式(2-34)可将$\Delta n$表示为

$$\Delta n = \left|\frac{\delta_K}{1\pm\delta_K}\right|n \qquad (2-35)$$

为说明本章设计的瞬时转速测试电路能否满足多缸、大功率柴油机瞬时转速测试的精度要求。以某型柴油机为例,对该电路的测试误差进行分析。该型柴油机的工作转速范围为800~2200r/min,实验台架输出轴的飞轮齿数为$z=160$,将转速n、轮齿间隔角$\Delta\varphi=2\pi/z$、晶振频率$f=20$MHz代入式(2-32)可得δ_K,然后将δ_K代入式(2-35)即可得Δn。不同转速下的各参数计算结果如表2-1所列。

表 2-1 瞬时转速计算误差

$n/(r/min)$	$\delta_K/\%$	$\Delta n/(r/min)$	$n_\delta/(r/min)$
800	0.0106	0.085	799.915 ~ 800.085
1000	0.0133	0.133	999.867 ~ 1000.0133
1500	0.0200	0.299	1499.701 ~ 1500.299
2200	0.0291	0.640	2199.36 ~ 2200.640

分析表 2-1 中数据可知,在某型柴油机的工作转速范围内,设计的瞬时转速测试电路的计数误差区间为 $0.0106\% \leq \delta_K \leq 0.0291\%$,瞬时转速绝对偏差区间为 $0.085 r/min \leq \Delta n \leq 0.64 r/min$。随着转速的升高,瞬时转速计数误差与绝对偏差均增大,最大值分别为 0.0291% 与 0.640r/min,能够满足瞬时转速测试的精度要求。

2.5 某型八缸柴油机瞬时转速信号测试与分析

2.5.1 测试系统搭建

以某型八缸柴油机为实验研究对象。该型号柴油机的结构模型与实验台架如图 2-19 所示,具体技术参数如表 2-2 所列。该柴油机实验台架输出轴的飞轮齿数为 160。

(a) 某型柴油机结构模型

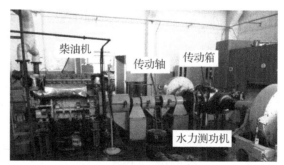
(b) 某型柴油机实验台架

图 2-19 某型柴油机机实验台架

表2-2 柴油机技术参数

类别	参数	类别	参数
柴油机型式	八缸V列、四冲程、水冷、电控	标定功率	588kW
柴油机型号	XXXXXXXXX	标定转速	2200r/min
柴油机尺寸	1410mm×940mm×965mm	最高空载转速	(2350±20)r/min
气缸排列	V型60°	最大扭矩转速	1600r/min
压缩比	13	最大扭矩	2860N·m
进气形式	废气涡轮增压、中冷	燃油消耗率	≤225g/(kW·h)
缸径×行程	150mm×160mm	压缩比	13
气缸编号顺序	自由端起:左排:1-2-3-4 右排:1-2-3-4	气缸发火顺序	左1→右4→左3→右2→左4→右1→左2→右3

本章在某型柴油机实验台架上搭建了图2-20所示的瞬时转速信号测试系统。该系统主要包括磁电式转速传感器、外卡油压传感器、瞬时转速分析仪、工控计算机,可利用喷油压力信号作为触发信号实现瞬时转速信号触发采样。瞬

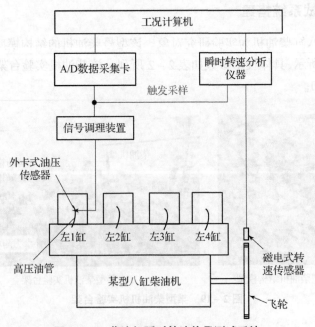

图2-20 柴油机瞬时转速信号测试系统

时转速传感器选用 M16-85 型磁电式转速传感器,将其正对柴油机飞轮轮齿安装在飞轮壳上,如图 2-21(a)所示。喷油压力信号测试时选用 KG7H 型夹持式油压传感器,将其安装在左 1 缸高压油管管路上采集该气缸喷油压力信号,如图 2-21(b)所示。

(a) 磁电式转速传感器　　　　　　　(b) 夹持式油压传感器

图 2-21　传感器安装位置

信号调理装置主要由稳压电源、电荷放大器等组成,对油压信号进行放大后分两路输出至 A/D 数据采集卡与瞬时转速分析仪,同步进行喷油压力信号采集与瞬时转速信号触发采样。瞬时转速分析仪是基于 2.4.2 节中的瞬时转速信号测试电路研制的瞬时转速信号测试分析设备,如图 2-22 所示。其主要由稳压电源、信号调理电路和瞬时转速测试电路组成,通过 USB 接口与计算机进行数据传输,其搭载了良好的人机交互界面,具有较高可操作性和工程实用性。A/D 数据采集卡为 PCI6254 型多通道数据采集卡,具有 32 路模拟输入通道,多通道最高采样频率 1MS/s,采样精度为 16 位,通过 PCI 接口嵌入工控计算机。计算机中搭载了基于 Labwindows/CVI 平台开发的数据采集与分析软件,实现信号测试与分析处理。

(a) 正面外观　　　　　　　　　　(b) 电路模块组成

图 2-22　瞬时转速分析仪

2.5.2 瞬时转速信号角域波形分析

瞬时转速信号测试实验在柴油机平均转速为1000r/min,匀速空载状态下进行。瞬时转速分析仪的数据采样长度设定为16000点。柴油机正常工况下的瞬时转速信号波形如图2-23所示。由于触发采样信号为左1缸喷油压力信号,所以瞬时转速信号的初始采样点处于左1缸压缩冲程后期,进而根据各气缸发火顺序即可确定瞬时转速波形中各波峰对应的气缸序号。已知本实验系统中柴油机飞轮齿数为160,则柴油机每个工作循环的瞬时转速采样点为320,根据采样点数即可确定单工作循环内的瞬时转速波形。

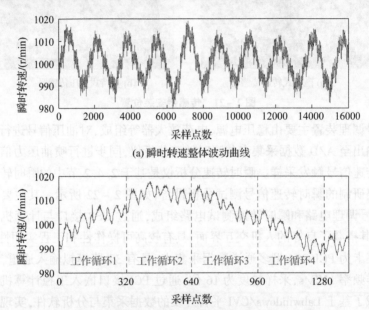

图2-23 柴油机正常工况下的瞬时转速信号波形

电控柴油机的瞬时转速在电子调速系统与曲轴扭振激振力矩的共同作用下产生周期性波动。图2-23(a)所示为瞬时转速信号的整体波形,瞬时转速信号的整体波动规律表现为在平均转速1000r/min上下周期性均匀波动,波动范围在980~1020r/min。这是由于电子调速系统对平均转速的调节机制产生的,反映了瞬时转速的整体变化趋势,其波动周期和强度反映了电子调速系统对转速的调节能力。为观察瞬时转速信号的波动细节特征,截取柴油机4个工作循环内的瞬时转速波动曲线如图2-23(b)所示,由此可见,在瞬时转速整体波动趋势曲线上叠加有高频波动分量。该波动分量在多个工作循环内具有明显的规律性和周期性,而且在每个工作循环内均出现与气缸数相同的 8 次不均匀波动,这是由于柴油机曲轴扭振激振力矩做功产生的瞬时转速波动,各波动波形依次对应柴油机各缸做功冲程,其波动不均匀性反映了各缸做功能力的差异。由上述分析可知,某型电控柴油机的瞬时转速信号中包含电子调速系统产生的低频变化趋势分量与曲轴扭振激振力矩做功产生的高频波动细节分量,本章将前者称为瞬时转速信号电调分量,后者称为瞬时转速信号激振力矩做功分量。

2.5.3 瞬时转速信号阶次谱分析

由 2.5.2 节分析可知,与柴油机气缸工作状态相关的信息包含在瞬时转速信号激振力矩做功分量中,而与电调分量无关。因此,需要从原始瞬时转速信号中去除其电调分量,并分离出反映气缸动力性能的激振力矩做功分量,进而提取该分量的特征参数对柴油机故障进行诊断与定位。由于两个分量的波动频率明显不同,可以通过滤波的方法进行分离。由于瞬时转速信号为等角度采样信号,本章在阶次域内研究信号滤波方法。阶次谱分析通过对等角度采样信号进行傅里叶变换得到其阶次谱,在阶次域内研究信号中各分量的分布特性,进而分离出信号中的不同阶次分量。因此,本章提出瞬时转速信号阶次谱分析方法,设计阶次域滤波器对信号进行阶次滤波,分离瞬时转速信号电调分量与激振力矩做功分量。

设柴油机曲轴飞轮齿数为 z,则柴油机每转内的信号采样点数,即采样阶次 O_s 和采样间隔角 $\Delta\theta$ 之间存在关系为

$$O_s = z = \frac{2\pi}{\Delta\theta} \tag{2-36}$$

以 O_s 为采样阶次,L 为采样长度,采集得到的角域内瞬时转速信号表示为 $\{n_l(\theta)\}_{l=0}^{L}$,对其进行 L 点离散傅里叶变换,可得瞬时转速信号的阶次谱如下:

$$N_m(O) = \sum_{l=0}^{L-1} n_l(\theta) e^{-j\frac{2\pi ml}{L}}, m = 0,1,\cdots,L-1 \tag{2-37}$$

式中:$N_m(O)$ 表示第 m 个阶次谱。

柴油机信号阶次谱分析中,以曲轴旋转一周为基准进行阶次计数。因此,定义曲轴旋转阶次为 1,曲轴旋转阶次的 r 倍称为 r 阶。在阶次域中,瞬时转速信号电调分量为低阶趋势分量,激振力矩做功分量为高阶细节分量。在不同激振力矩作用下,瞬时转速信号激振力矩做功分量中包含不同的阶次成分[3]。在各激振力矩中,气缸内燃烧气体压力力矩作用最强,其产生的阶次成分幅值最大,该成分即为柴油机发火阶次。若四冲程柴油机气缸数为 g,则曲轴每转内气缸

发火次数为 $g/2$,即发火阶次为 $g/2$。对于四冲程柴油机而言,由于其曲轴旋转一圈完成半个工作循环,使得瞬时转速信号激振力矩中出现半次谐波分量,各次分量的阶数分别为 $O=0.5$,1.0,1.5,2.0,…。柴油机各缸工作均匀时,由曲轴扭振激振力矩产生的瞬时转速信号分量的阶次谱中幅值较大的阶次成分主要为发火阶次及其谐波阶次,称为主阶次。

本实验系统中柴油机每转的瞬时转速信号采样点数为 160,即信号采样阶次为 160,采样长度为 16000,根据式(2-37)得到瞬时转速信号的阶次谱如图 2-24 所示。

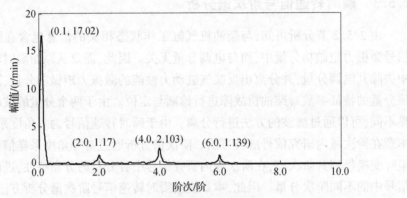

图 2-24　瞬时转速信号阶次谱

由图 2-24 可知,瞬时转速信号阶次谱中幅值较大的主要阶次成分为 0.1 阶、2.0 阶、4.0 阶、6.0 阶。0.1 阶信号为低阶趋势分量,幅值远远大于其他阶次,对应瞬时转速信号电调分量。2.0 阶、4.0 阶和 6.0 阶分别为瞬时转速信号激振力矩做功分量中的不同阶次成分,该分量中的其他阶次成分幅值较小。4.0 阶为八缸柴油机的发火阶次,2.0 阶与 6.0 阶分别为发火阶次的 50% 和 1.5 倍谐波阶次成分。

2.5.4　基于阶次域滤波的瞬时转速信号分离与提取

为充分保留瞬时转速信号激振力矩做功分量中的各阶次成分,本章设计以 0.5 阶为截止阶次的低通滤波器对瞬时转速信号进行低通滤波,得到图 2-25 所示电调分量。瞬时转速信号电调分量反映了柴油机平均转速的变化和波动趋势。

从原始瞬时转速信号中去除电调分量,然后以 0.5 阶和 10 阶为上下截止阶次对剩余信号进行带通滤波,去除信号中的高阶噪声,获得瞬时转速信号激振力矩做功分量。分别截取长度对应 2 个工作循环与 1 个工作循环的瞬时转速信号激振力矩做功分量数据,绘制其波动曲线如图 2-26 所示。

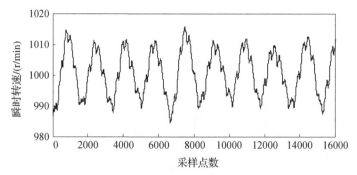

图2-25 瞬时转速信号电调分量波形

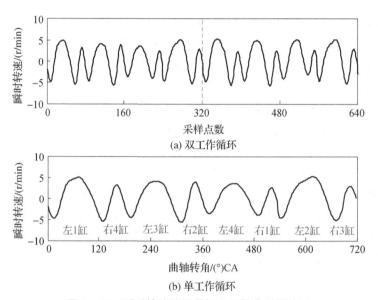

(a) 双工作循环

(b) 单工作循环

图2-26 瞬时转速信号激振力矩做功分量波形

由图2-26可知,利用阶次滤波方法可有效地从混合信号中分离出瞬时转速信号激振力矩做功分量,该分量在柴油机多工作循环内具有良好的周期性,在单工作循环内发生与气缸数相同的8次波动,波动幅度约为±5r/min,分别对应各气缸发火做功相位,由作用于各气缸的激振力矩做功产生。根据各气缸做功相位内的瞬时转速波动特征可以判定气缸的工作状态,进而对柴油机气缸故障进行诊断与定位。

截取20个工作循环内的瞬时转速信号激振力矩做功分量的数据,绘制图2-27所示阶次谱。正常工况下瞬时转速信号激振力矩做功分量的主阶次为2.0阶、4.0阶和6.0阶,即发火阶次及其谐波阶次,其他阶次的幅值较小。

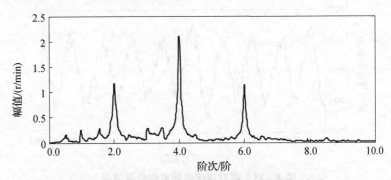

图 2-27 瞬时转速信号激振力矩做功分量阶次谱

为对比说明本章所提瞬时转速测试方法的有效性,在与 2.5.2 节相同的实验条件下利用软件计算法进行瞬时转速测试实验。在柴油机正常工况下,利用 PCI6254 数据采集卡采集磁电式转速传感器输出的正弦波信号,利用左 1 缸喷油压力信号作为触发源进行触发采样,采样频率设置为 50kHz,采样时间为 5s。利用拉格朗日插值法计算瞬时转速,每个正弦波插值计算得到一个转速值,则各转速值之间的角度间隔相同且均为飞轮齿圈的轮齿间隔角。因此,软件计算法得到的瞬时转速也为等角度采样信号,而且单工作循环内的采样点数为 320。得到图 2-28 所示波形。由图 2-14 可知,软件计算法得到的瞬时转速信号的电调波动不明显,单工作循环内的瞬时转速未出现与气缸数相同的 8 次波动。利用 2.5.3 节中的方法对瞬时转速信号进行阶次谱分析和阶次域滤波,得到瞬时转速曲轴激振力矩做功分量角域波形及其阶次谱如图 2-29 所示。由图 2-29 可以看出,软件计数法得到的瞬时转速信号的曲轴激振力矩做功分量角域波形在单工作循环内未出现规则的 8 次波动,其阶次谱的幅值分布规律与理论分析不符,角域和阶次域波形均出现失真,无法用于气缸的故障检测与定位。

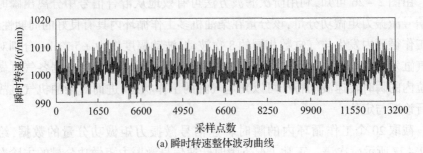

(a) 瞬时转速整体波动曲线

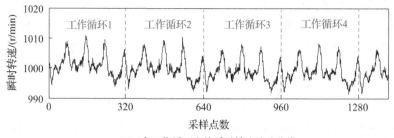

(b) 4个工作循环内的瞬时转速波动曲线

图 2-28 柴油机正常工况下的软件计数瞬时转速信号波形

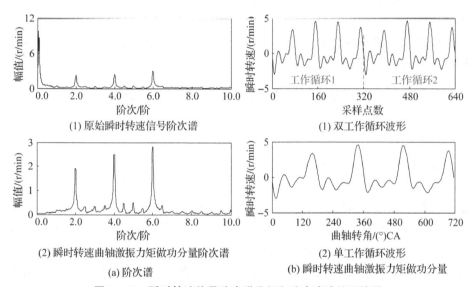

图 2-29 瞬时转速信号阶次谱分析和阶次滤波处理结果

2.6 基于瞬时转速的多缸柴油机故障检测方法

2.6.1 瞬时转速信号阶次特征提取方法

根据柴油机动力学特性,瞬时转速的波动规律主要受气缸内气体压力、活塞连杆机构往复惯性力、摩擦力等复杂周期性曲轴扭振激振力矩的共同影响[6]。柴油机间歇做功与往复运动的特性使得各激振力矩相对于曲轴相位角具有角域周期性。根据傅里叶分析可知,任意复杂周期信号均可分解为一系列简谐波。因此,可利用傅里叶分析将上述复杂的角域周期性激振力矩分解为一系列简谐激振力矩,在阶次域内分别研究不同阶次的各简谐力矩对瞬时转速波动规律的影响。

根据柴油机扭振理论，多缸柴油机的各个气缸上均作用着由多个不同阶次的简谐激振力矩组成的复合力矩。设柴油机气缸数为 g，各缸分别作用 p 个阶次的激振力矩，则所有气缸的激振力矩对曲轴做功产生的扭转角位移矢量和 φ 可以表示为

$$\varphi = \pi \sum_{k=1}^{p} C_k \sum_{i=1}^{g} M_{ki} \alpha_{ki} \sin(k\omega t + \phi_{ki} + k\xi_{1i}) \quad (2-38)$$

式中：C_k 为第 k 阶力矩的阻尼系数；M_{ki} 为第 i 气缸的第 k 阶次激振力矩幅值；α_{ki} 为第 k 阶次激振力矩作用于第 i 气缸的相对振动幅值；ϕ_{ki} 为第 i 缸激振力矩与扭转角位移的相位差；ξ_{1i} 为第 i 缸相对于第 1 缸的发火间隔角；ω 为旋转角频率。

将式(2-38)对时间 t 求导，即可得到柴油机曲轴的扭转角速度 φ' 与瞬时转速 n 分别为

$$\varphi' = \pi\omega \sum_{k=1}^{p} C_k k \sum_{i=1}^{n} M_{ki} \alpha_{ki} \cos(k\omega t + \phi_{ki} + k\xi_{1i}) \quad (2-39)$$

$$n = \frac{60\varphi'}{2\pi} \quad (2-40)$$

式中：φ' 的单位为 rad/s；n 的单位为 r/min。

由式(2-39)和式(2-40)可知，在不同阶次的激振力矩作用下，瞬时转速信号中产生多个不同的阶次分量，各阶次分量的幅值与相位特性取决于作用于各气缸的该阶次激振力矩的幅值与相位、各缸发火顺序与间隔角以及阻尼系数等参数。由于上述参数多为常数，瞬时转速与激振力矩的幅值和相位之间存在确定的函数关系。当柴油机正常工作时，气缸燃爆冲击压力力矩最大，发火阶次及其谐波阶次为主阶次分量，其他阶次分量幅值较小；当气缸发生失火或功率不足故障时，各阶次激振力矩的幅值与相位发生改变，从而导致瞬时转速信号中各阶次分量幅值与相位发生相应变化，根据其变化特征即可诊断柴油机故障[6]。因此，本章提出基于瞬时转速信号阶次特征的柴油机故障检测方法，通过对瞬时转速信号进行傅里叶变换得到其阶次谱，在阶次域内研究各阶次分量的幅值变化规律，进而提取故障特征阶次幅值作为特征参数，进行柴油机故障检测。

2.6.2 瞬时转速信号角域波动特征提取方法

在柴油机单个工作循环中，各气缸依次发火做功，瞬时转速波形产生与气缸数相同次数的波动，依次对应各气缸做功相位。当柴油机正常工作时，各气缸做功能力较强，瞬时转速波形的上升波动幅度较大，不同气缸工作相位内的瞬时转速波形虽存在差异，但差异较小；当某气缸发生故障时，由于该气缸功率下降，导

致其做功相位内的瞬时转速波动幅度减小,瞬时转速波形发生畸变[6]。因此,根据瞬时转速信号波形的波动幅度特征可判定气缸工作状态,并确定故障气缸位置。

通过分析研究,本章提出各气缸做功冲程内的瞬时转速波动值、瞬时转速相对波动率、瞬时转速波形相似度等角域波形特征参数,通过多特征融合分析对柴油机故障进行诊断与定位。

(1) 瞬时转速波动值 Δn_i:柴油机单工作循环内第 i 缸做功冲程内瞬时转速最大值 $n_{i,\max}$ 与最小值 $n_{i,\min}$ 之差,i 表示气缸序号。

$$\Delta n_i = n_{i,\max} - n_{i,\min} \qquad (2-41)$$

柴油机平稳工况下,Δn_i 的大小反映了气缸做功能力的强弱,Δn_i 越大,表示第 i 气缸的做功能力越强。非平稳工况下 Δn_i 易受平均转速和工作载荷变化的影响,因此进一步提出瞬时转速相对波动率特征参数。

(2) 瞬时转速相对波动率 C_i:柴油机单工作循环内第 i 缸的瞬时转速波动值 Δn_i 与工作循环内所有气缸瞬时转速波动平均值的比值。

$$C_i = \frac{g \Delta n_i}{\sum_{j=1}^{g} \Delta n_j} \qquad (2-42)$$

式中:g 为柴油机气缸数;C_i 为无量纲的相对值,消除了柴油机平均转速与工作载荷变化对 Δn_i 的影响。C_i 越大,说明第 i 缸做功能力越强;各气缸的 C_i 值相差越小,说明柴油机各气缸工作均匀性越好。

(3) 瞬时转速波形相似度 ρ_i:柴油机正常工况与待测工况的单工作循环内第 i 缸做功相位内的瞬时转速信号波形的互相关系数。设正常工况与待测工况下第 i 缸工作相位内的瞬时转速信号分别为 $x(t)$ 与 $y(t)$,则两信号的互相关函数可表示为

$$R_{xy}(\tau) = \int_{-\infty}^{+\infty} x(t) y(t+\tau) \mathrm{d}t \qquad (2-43)$$

式中:τ 为 $x(t)$ 与 $y(t)$ 的时差,则两种工况下第 i 缸工作相位内的瞬时转速信号的互相关系数 ρ_i 为

$$\rho_i = \frac{R_{xy}(\tau)}{\sqrt{R_{xx}(0) R_{yy}(0)}} \qquad (2-44)$$

由式(2-44)可知 $\rho_i \in [0,1]$,ρ_i 值的大小表征了正常工况与待测工况下柴油机第 i 缸工作相位内的瞬时转速波形的相似程度。ρ_i 值接近或等于 1 时,表明第 i 缸工作正常;ρ_i 值小于 1 且差值较大时,表明第 i 缸发生故障。

2.6.3 柴油机故障检测实验

柴油机进、排气门故障主要表现为气门间隙异常,当气门间隙过大时,气门开启相位延后,开度减小,导致进气不足。当气门间隙过小时,气门开启相位提前,关闭相位延后,导致气门关闭不严,气缸漏气。所有气门故障均会导致柴油机气缸做功能力下降与功率不足。柴油机喷油器故障主要表现为开启压力异常。开启压力过低会导致燃油雾化不良或喷油器漏油,降低燃烧效率,导致气缸功率下降。喷油器开启压力过高会导致喷油时间缩短,喷油量减少,气缸功率下降。喷油器堵塞不喷油时,直接导致气缸失火[1]。按照喷油器和进、排气门故障的严重程度不同,可以将它们引起的气缸故障划分为气缸失火和功率不足。在某型柴油机上设置了表2-3所列的6种典型工况进行故障模拟实验,实验条件与2.5.2节相同。工况2与工况6均为气缸失火故障,工况3、工况4与工况5为气缸功率不足故障,且均设置在左4缸上。实验中利用塞尺调节气门螺栓设置气门间隙故障,通过调节喷油器开启压力的方式设置喷油器故障,通过喷油器堵塞设置失火故障。

表2-3 柴油机实验工况

序号	工况	进气门间隙/mm	排气门间隙/mm	喷油器开启压力/MPa
工况1	正常工况	0.3	0.5	2.4
工况2	左4缸失火	0.3	0.5	喷油器堵塞
工况3	排气门间隙过大	0.3	0.7	2.4
工况4	喷油器开启压力过小	0.3	0.7	2.0
工况5	喷油器漏油且排气门间隙过小	0.3	0.3	0.1
工况6	左3缸失火	0.3	0.5	喷油器堵塞

2.6.3.1 基于瞬时转速阶次特征的柴油机故障检测

在表2-3所示的6种工况下,分别截取10个工作循环内的瞬时转速信号,利用2.3节中的方法对各工况下的瞬时转速信号进行处理后得到其激振力矩做功分量的阶次谱,如图2-30所示。

分析图2-30可知,当柴油机正常工作时,瞬时转速信号激振力矩做功分量阶次谱中的发火阶次及其谐波阶次分量为幅值较大的主分量,其他阶次分量的幅值均较小。当某气缸发生故障时,该气缸做功功率下降,导致瞬时转速波动失衡,产生低阶分量,阶次谱中的 2.0 阶、4.0 阶、6.0 阶主分量的幅值均略微减小,同时 0.5 阶、1.0 阶和 1.5 阶分量的幅值增大。不同故障工况下,各主阶次分量的减幅相差不大,但各低阶分量的增幅存在一定差别。工况 2 与工况 6 中发生气缸失火故障时,0.5 阶、1.0 阶、1.5 阶次幅值的增量较大。工况 3、工况 4 与工况 5 中的喷油器和进、排气门的故障程度较轻,气缸表现为功率不足,0.5 阶、1.0 阶、1.5 阶次幅值的增量较小,且三种工况的对应阶次幅值相差不大。上述分析结果说明,根据瞬时转速信号激振力矩做功分量阶次谱中的 0.5 阶、1.0 阶和 1.5 阶幅值的大小可以判定气缸发生故障,且可区分失火故障与功率不足故障,但是无法确定喷油器和进、排气门的具体故障类型。

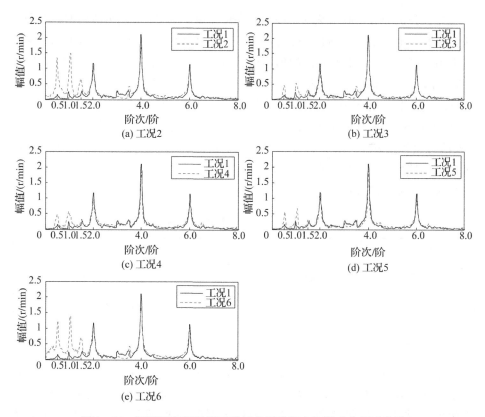

图 2-30 不同工况下的瞬时转速信号激振力矩做功分量阶次谱

在 6 种工况下,分别选取 30 组长度为 10 个工作循环的瞬时转速信号进行阶次谱分析,得到各阶次幅值的平均值如表 2-4 所列。

表2-4 不同工况下的各阶次幅值

工况	0.5	1.0	1.5	2.0	4.0	6.0
1	0.129	0.222	0.273	1.170	2.103	1.137
2	1.338	1.477	0.689	0.966	1.703	0.910
3	0.452	0.533	0.328	0.929	1.871	0.811
4	0.473	0.559	0.296	0.921	1.875	0.873
5	0.518	0.626	0.315	1.073	1.826	0.912
6	1.238	1.388	0.715	0.966	1.703	1.031

综合分析图2-30和表2-4中的数据可知,当柴油机发生故障时,瞬时转速的激振力矩做功分量阶次谱的主阶次分量2.0阶、4.0阶、6.0阶的幅值略微减小,0.5阶、1.0阶、1.5阶的幅值不同程度地增大。当柴油机发生气缸失火故障时(工况2、工况6),0.5阶、1.0阶分量的幅值均增大至1r/min以上,1.5阶分量的幅值增大至0.5r/min以上;当发生气缸功率下降故障时(工况3、工况4、工况5),0.5阶、1.0阶分量的幅值均增大至0.4r/min以上,但低于1r/min,而1.5阶分量幅值基本不变。因此,选择0.5阶、1.0阶、1.5阶为柴油机故障特征阶次,并根据大量实验数据确定各阶次幅值的故障特征阈值,给出表2-5所列的柴油机故障检测规则。

表2-5 柴油机故障检测规则

柴油机工况	0.5阶次幅值	1.0阶次幅值	1.5阶次幅值
正常	≤0.2	≤0.3	≤0.3
气缸功率不足	>0.2且<1.0	>0.3且<1.0	≤0.3
气缸失火	≥1.0	≥1.0	≥0.5

综上所述,根据瞬时转速激振动力矩做功分量的3个故障特征阶次的幅值大小,可以判定柴油机气缸是否发生故障及故障严重程度。但是,仅根据特征阶次幅值无法确定故障缸位置,需要根据瞬时转速角域波动特征进行故障气缸定位。

2.6.3.2 基于瞬时转速角域波动特征的柴油机故障检测与定位

本小节利用2.5.2节提出的瞬时转速信号角域波动特征进行柴油机故障检测与定位。图2-31给出了6种工况下柴油机单工作循环内的瞬时转速激振力矩做功分量信号的波动曲线。其中,根据左 1 缸喷油压力触发信号,确定瞬时转速波动曲线与各气缸做功相位的对应关系。

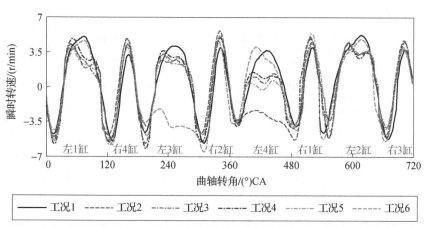

图 2-31 不同工况下单工作循环内的瞬时转速信号激振力矩做功分量波动曲线

由图 2-31 可知,当柴油机某气缸发生故障时,瞬时转速整体波动平稳性变差,说明各缸工作均匀性变差。故障缸做功相位内的瞬时转速波动幅度和峰值均减小,上升沿波形趋于平缓,而且故障越剧烈,波形变化越明显,说明气缸做功能力越差。在 6 种工况下,分别截取 10 个工作循环的瞬时转速激振力矩做功分量信号,根据 2.5.2 节中提出的特征计算方法得到各特征参数平均值如表 2-6 所列。

表 2-6 柴油机瞬时转速信号波形特征参数

工况序号	特征参数	左1缸 ($i=1$)	右4缸 ($i=2$)	左3缸 ($i=3$)	右2缸 ($i=4$)	左4缸 ($i=5$)	右1缸 ($i=6$)	左2缸 ($i=7$)	右3缸 ($i=8$)
1	Δn_i	9.78	8.57	8.79	9.63	8.26	8.85	9.81	9.25
	C_i	1.07	0.94	0.97	1.06	0.91	0.97	1.07	1.02
	ρ_i	1	1	1	1	1	1	1	1
2	Δn_i	9.57	9.65	9.02	10.33	0.95	10.29	9.47	9.50
	C_i	1.11	1.12	1.05	1.20	0.11	1.20	1.10	1.11
	ρ_i	0.923	0.906	0.951	0.896	0.108	0.915	0.957	0.962
3	Δn_i	9.25	9.51	8.86	9.62	5.13	9.26	8.85	8.69
	C_i	1.07	1.20	1.02	1.11	0.59	1.07	1.02	1.01
	ρ_i	0.904	0.895	0.912	0.915	0.539	0.922	0.953	0.960

续表

工况序号	特征参数	左1缸 ($i=1$)	右4缸 ($i=2$)	左3缸 ($i=3$)	右2缸 ($i=4$)	左4缸 ($i=5$)	右1缸 ($i=6$)	左2缸 ($i=7$)	右3缸 ($i=8$)
4	Δn_i	10.59	9.76	9.87	10.49	5.47	9.08	9.57	9.53
4	C_i	1.14	1.05	1.06	1.13	0.59	0.98	1.03	1.03
4	ρ_i	0.925	0.916	0.920	0.909	0.568	0.917	0.955	0.963
5	Δn_i	9.38	10.59	8.08	9.91	4.97	9.48	8.97	8.58
5	C_i	1.07	1.21	0.92	1.13	0.57	1.08	1.03	0.98
5	ρ_i	0.918	0.906	0.949	0.905	0.526	0.863	0.946	0.958
6	Δn_i	8.98	9.78	1.42	10.21	8.63	8.93	10.06	9.66
6	C_i	1.06	1.15	0.17	1.20	1.02	1.05	1.19	1.14
6	ρ_i	0.982	0.916	0.094	0.892	0.926	0.946	0.973	0.965

分析表2-6中的数据可知,正常工况下,各气缸的 Δn_i、C_i 和 ρ_i 的数值均较大,且相互之间差别较小。当某气缸发生故障时,该气缸的 Δn_i、C_i 和 ρ_i 的数值均减小,且故障越严重,各特征参数值越小。这是由于故障气缸功率下降且做功冲程内的瞬时转速波形发生畸变导致的,与理论分析相符。其他正常气缸的各特征参数基本不变,数值仍然较大。工况2与工况6中发生气缸失火故障时,故障气缸的各特征参数值急剧下降,$\Delta n_i < 2$,$C_i < 0.2$,$\rho_i < 0.2$。上述特征值与其他气缸的相应特征值差别很大,故障特征明显,可有效判断失火故障并确定故障缸位置。工况3、工况4和工况5中发生气缸功率不足故障时,故障气缸的特征参数值较正常值减小,同时又远大于失火故障的相应特征值,从而可判断该气缸发生故障,且为功率不足故障。但是,工况3、工况4与工况5的相应特征值之间差别不大,无明显区分特性,所以无法准确诊断喷油器和进、排气门的具体故障模式。综上所述,根据本节提出的瞬时转速波形特征参数,可有效判断气缸是否发生故障及故障严重程度,同时可确定故障缸位置。通过分析大量实验数据,本章给出基于瞬时转速角域波动特征的柴油机故障检测规则,如表2-7所列。

表2-7 柴油机故障检测规则

气缸 i 的状态	Δn_i	C_i	ρ_i
正常	≥8	≥0.8	≥0.8
功率不足	>2 且 <8	>0.4 且 <0.8	>0.4 且 <0.8
失火	≤2	≤0.4	≤0.4

2.7 基于瞬时转速的某型柴油机故障检测软件开发

根据上述各节中提出的瞬时转速信号测试与分析处理方法,以及表 2-5 与表 2-7 中的柴油机故障检测规则,本节基于 Labwindows/CVI 软件平台开发了基于瞬时转速的柴油机故障检测软件。在某型柴油机台架上进行故障检测实验,设置正常和左 2 缸失火两种工况,实验条件与 2.5.2 节相同。柴油机气缸故障检测系统软件在两种工况下的运行结果分别如图 2-32(a)、(b)所示。由图可知,柴油机故障检测系统可有效检测出柴油机气缸正常与左 2 缸失火故障工况,并准确定位故障气缸,该检测结果证明了本章提出的基于瞬时转速分析的柴油机故障检测方法的有效性和工程实用性。

在针对柴油机喷油器和进、排气门故障诊断的工程实践中,由于瞬时转速信号测试处理简单方便,利用本章开发的柴油机故障检测系统对瞬时转速信号进行实时在线测试处理,进而对柴油机进行在线故障检测,以及时发现气缸故障,并确定故障缸位置。当判定某气缸发生失火故障时,则立即停机检查、维修,以排除故障;当判定某气缸发生功率下降故障时,则在该气缸缸盖上加装振动传感器,采集其缸盖振动信号,并对其进行分析处理,提取故障特征参数,诊断出具体的故障模式,进而对发生故障的部件进行检查、维修,以确保柴油机正常工作。

由上述分析可知,本章设计的故障诊断系统实际上是基于瞬时转速与缸盖振动信号分析的两级故障诊断策略。初级诊断是通过对瞬时转速信号分析判定气缸是否发生故障并确定故障缸位置,该级诊断的信号测试处理方法简单,易于实现在线化,但是仅能区分气缸失火与功率下降故障,无法准确诊断喷油器和进、排气门的具体故障类型。二级诊断为基于缸盖振动信号分析的精确故障诊断,该级诊断的信号测试处理方法复杂且计算量大,实时处理难度大且易造成资源浪费,不适于在线化,但是可有效判定喷油器和进、排气门的具体故障模式,为柴油机精确维修提供支持。当一级诊断结果气缸故障时,由于其无法确定具体故障模式,所以需要进行二级诊断;当一级诊断结果为正常时,不进行二级诊断,从而避免了不必要的缸盖振动信号测试处理过程,减小了计算量,节省了硬件资源,提高了柴油机故障诊断效率,降低了诊断成本。

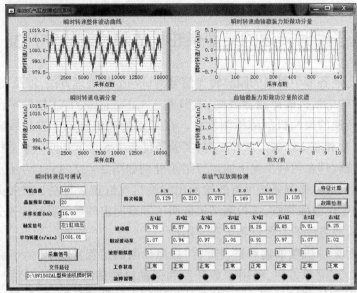

(a) 正常工况

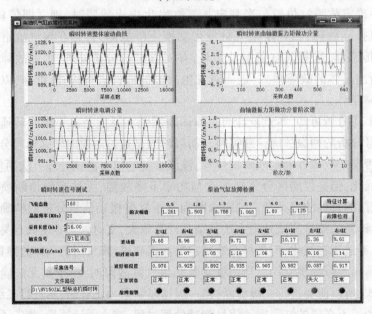

(b) 左2缸失火

图2-32 柴油机故障检测系统软件运行结果

2.8 本章小结

针对发动机瞬时转速测试所涉及的瞬时转速软件计算法和硬件计算法,本章利用仿真和试验的手段,进行了深入的分析和研究,主要研究内容及结论如下。

(1)对于瞬时转速波形相对简单的缸数少(小于四缸)、功率低的小型柴油机,建立了基于周期法及拉格朗日插值的瞬时转速软件计算方法,并利用磁电式转速传感器仿真信号来精确分析瞬时转速算法在不同条件下的误差大小,得出了误差随采样频率 f_s 与磁电式转速传感器信号频率 f_1 的比值 β 而变化的规律。

(2)对比了匀加速及波动加速工况下不同阶次的角域 FIR 零相位滤波和小波滤波算法在降低瞬时转速软件计算方法误差方面的效果,发现在波动加速工况下 FIR 零相位滤波在 β 较大时反而会引入异常误差的现象,得出了小波滤波能够较稳定地消除误差的结论。

(3)通过对匀加速及波动加速的仿真信号条件下的瞬时转速软件计算结果表明:基于等周期法及 DB15 小波低通滤波算法的瞬时转速计算方案,在 f_s = 65536Hz,z = 129 的情况下,当主轴转速不大于 5587r/min 时,最终误差在 ±5r/min 以内;当主轴转速不大于 2895r/min 时,最终误差在 ±0.5r/min 以内,得到的瞬时转速信号可以用于第 3 章和第 4 章的阶比跟踪、阶比滤波及阶比提取等算法。

(4)针对多缸柴油机(六缸以上)的瞬时转速精确测试问题,提出了基于高频时钟计数的瞬时转速信号计算方法,分析了瞬时转速信号计算原理及误差来源,设计开发了基于外触发高频时钟计数的瞬时转速信号精确测试系统。通过测试误差分析表明,该方法能够满足多缸柴油机瞬时转速信号的计算精度要求。

(5)基于某型 8 缸柴油机搭建了瞬时转速信号测试系统,获取等角度采样的瞬时转速信号。分析了瞬时转速信号角域波形特征与阶次分布特性,设计了阶次滤波器分离出信号中的电调分量与曲轴激振力矩做功分量,得到了各气缸做功相位内的瞬时转速波动细节,以表征各气缸的工作状态与做功能力。

(6)提出了基于瞬时转速信号角域波动特征和阶次特征分析的多缸柴油机故障检测方法,并给出了相应的判定规则。开发了某型八缸柴油机故障检测软件,并进行了相关实验,结果证明,根据瞬时转速信号曲轴激振力矩做功分量的波动特征参数和故障特征阶次幅值可以有效判定气缸故障,并确定故障缸位置,为进行精确故障诊断奠定了基础。

第3章 发动机振动噪声信号的阶比跟踪算法

3.1 引言

在车用发动机的实车在线监测及故障诊断中,必须解决发动机在变速工况各类信号的采集、处理及特征提取等问题。由于变速工况测取的各类信号往往是非平稳的,因此利用普通的时域或频域分析方法常达不到理想的分析效果。

阶比分析技术是旋转机械的一种振动测量与分析技术,能很好地处理变速运转过程中产生的非平稳信号。但将其应用于发动机的在线信号分析时,又必须解决各传感器信号频率成分相差较大、需要同步采样、阶比跟踪滤波算法复杂、嵌入式系统资源有限等问题。

本章首先将介绍阶比分析原理及其与频域分析的关系。通过对发动机实测各通道信号的时频分布进行分析后,探索利用软硬件结合的方法实现变采样率和变采样阶比的阶比跟踪算法,以解决发动机在线诊断时产生的上述各种问题。针对某些不方便安装转速传感器的应用场合,本章将探索基于瞬时频率估计的无转速计阶比分析方法,并分析其在仿真及实测信号中的应用效果。

3.2 阶比分析原理

3.2.1 阶比分析的定义

阶比分析是旋转机械变速运转时的一种专门的振动测量与分析技术,其本质是将时域里的非稳态信号通过等角度采样转变为角域伪稳态信号,使其能更好地反映与转速相关的振动噪声信息,再采用传统的信号分析方法对其进行处理,即可得到较好的分析结果。对于转速变化的旋转机械,由于采样间隔是按转角位置分配的,所以消除了转速变化对频谱的影响。同时,其随转速升高而提高采样频率的特性保证了对振动幅值测量的精确性。因为对于旋转机械来说,转速越高,振动波形的变化往往越剧烈,这时提高采样频率就加密了采样点,从而避免了振动信号中一些有用信息的丢失[68]。

阶比(Order)定义为参考轴每转内发生的循环振动次数：

$$O = 循环振动次数/转（阶）\tag{3-1}$$

阶比与对应振动频率的关系为

$$f = \frac{O \times n}{60} \tag{3-2}$$

式中：O 为阶比；n 为参考轴转速(r/min)；f 为振动频率(Hz)。可以看出，阶比可很好地表示与转速有关的振动信号。

旋转机械振动噪声信号时域及角域采样的原理如图3-1~图3-3所示。

图3-1所示为旋转机械稳态运转时平稳振动噪声信号等时间间隔采样的原理图及时域与频域波形，可以看出：对于频率不随时间变化的平稳信号，等时间间隔采样后在角域的采样脉冲也是等角度的。由于频率稳定，因此在信号的每个周期内得到的采样点是一样的。

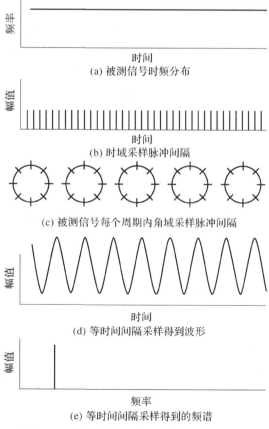

图3-1 旋转机械平稳信号等时间间隔采样

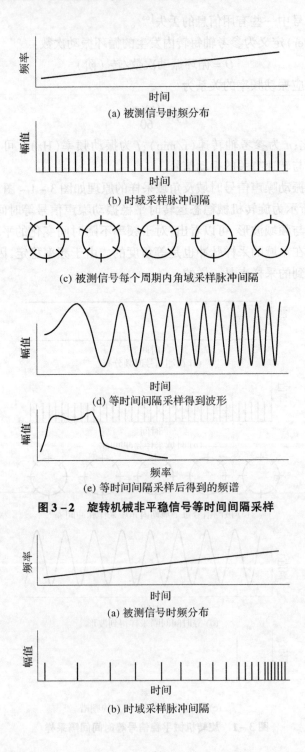

图 3-2 旋转机械非平稳信号等时间间隔采样

第3章 发动机振动噪声信号的阶比跟踪算法

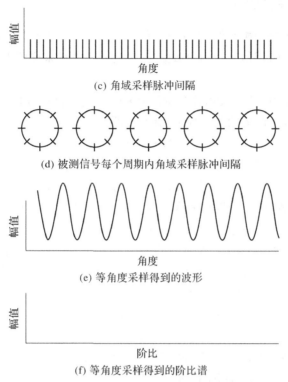

图 3-3 旋转机械非平稳信号等角度采样

对于图 3-2 中旋转机械加速状态产生的频率随时间变化的非平稳信号,若用等时间间隔采样就会出现在信号频率较低时每个周期采到的采样点较多,而在频率较高时每个周期采到的采样点较少,甚至有发生频率混叠的风险。观察图 3-2(e)可以看出,非平稳信号在用传统的频域分析法时,会产生明显的"频率模糊"。原因是该时域信号是一非平稳信号,由图 3-2(a)可知信号的频率是逐渐增加的,而用傅里叶变换时,总是假设窗内的信号是稳定的,得到的谱线反映的是在窗内信号所有的频率成分,于是窗中信号频率变化造成了"频率模糊"。当有多个阶比时频率成分就会相互混叠在一起而更加无法识别,可见用常规频域分析法不适合分析变速机械的振动信号。

图 3-3 所示为旋转机械加速运转时非平稳振动噪声信号等角域采样的原理图,可见基于等角度采样的阶比分析法无论转速如何变化,每个转动周期内采样点数是不变的,而且随着转速的增加能自动提高采样频率,能够避免频率较高时丢失信息的情况。可以看出,对于变速旋转机械来说,基于等角度采样的阶比分析法更能反映其特点,克服传统频谱分析法的缺陷。

3.2.2 角域采样定理

与传统的频谱分析类似,阶比分析的数学理论依据也是傅里叶变换,只是分析对象由原来的时域信号变为角域信号,因此基于时域采样定理,可以推导出角域采样定理如下。

一个在阶比 O_m 以上无阶比分量的有限带宽信号,可以由它在不大于 π/O_m 的均匀角度间隔上的取值唯一地加以确定,即

$$\Delta\theta \leqslant \pi/O_m \quad (3-3)$$

这个定理说明,如果在某一阶比 O_m 以上 $x(\theta)$ 的傅里叶变换等于零时,则关于 $x(\theta)$ 的全部信息均包含在它的采样角度间隔小于 π/O_m 的均匀采样信号里。信号 $x(\theta)$ 每隔 $\Delta\theta = T_\theta$ 角度被采样一次,或者说以不小于 $2O_m$ 的采样阶比进行采样,这些采样值 $x(n)$ 包含了 $x(\theta)$ 在每一个 θ 角度值的信息。

设一个上限阶比为 O_m 的有限带宽的连续信号 $x(\theta)$,当 $|O| > O_m$ 时,$X(O) = 0$,如图 3-4(a)(b) 所示。若用一个脉冲序列 $\delta_T(\theta)$ 去乘 $x(\theta)$,则其乘积 $x(\theta) \cdot \delta_T(\theta)$ 是一个间距为 T_θ 的脉冲序列,其在相应的瞬时具有与 $x(\theta)$ 值相等的强度,如图 3-4(c)(e) 所示,即取样后的信号为

$$x_s(\theta) = x(\theta) \cdot \delta_T(\theta) \quad (3-4)$$

均匀脉冲序列 $\delta_T(\theta)$ 的傅里叶变换 $\delta_T(O)$ 也是一个均匀脉冲序列,每个脉冲的间隔为 $O_s = 2\pi/T_\theta$,如图 3-4(d) 所示。

根据卷积定理,采样后信号 $x_s(\theta)$ 的傅里叶变换为 $X_s(O)$(图 3-4(f)),即

$$X_s(O) = 2\pi/T_\theta [X(O) * \delta_T(O)] \quad (3-5)$$

它是由 $X(O)$ 与脉冲序列 $\delta_T(O)$ 卷积而得的,即原信号 $x(\theta)$ 的阶比谱每隔 $O_s = 2\pi/T_\theta$ 周期性地重复一次。显然,只有满足

$$O_s = 2\pi/T_\theta \geqslant 2O_m \quad (3-6)$$

或

$$T_\theta \leqslant \pi/O_m \quad (3-7)$$

$X_s(O)$ 才能包含 $x(\theta)$ 的全部信息,周期出现的 $X(O)$ 才不会产生首尾重叠现象,即不会发生混迭[294]。

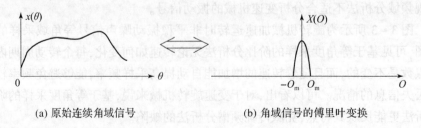

(a) 原始连续角域信号　　　　(b) 角域信号的傅里叶变换

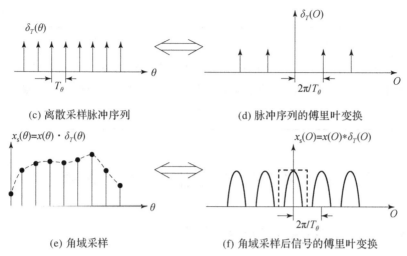

(c) 离散采样脉冲序列　　　　(d) 脉冲序列的傅里叶变换

(e) 角域采样　　　　(f) 角域采样后信号的傅里叶变换

图 3-4　角域采样定理

3.2.3　频域分析与阶比分析对比

阶比分析得到的结果相对于频域来说为阶比域,二者数学变换的原理相同,都是基于 FFT 变换,因此通过二者的对比,能够更好地理解阶比分析的实质意义。二者相关物理量及其单位对比如表 3-1 所列。

表 3-1　频域分析与阶比分析相关物理量及其单位对比

频域分析	阶比分析
等时间间隔采样	等角度采样
采样频率 $f_s = \dfrac{1}{\Delta t}$ (Hz) 代表每秒内的采样次数	采样阶比 $O_s = \dfrac{2\pi}{\Delta \theta}$ (阶) 代表每转内的采样次数
$\Delta t = \dfrac{1}{f_s}$ (s) 为时域分辨率,即相邻两个采样点的时间间隔	$\Delta \theta = \dfrac{2\pi}{O_s}$ (rad) 为角域分辨率,即相邻两个采样点的角度间隔
$\Delta f = \dfrac{f_s}{N_t} = \dfrac{1}{N_t \Delta t}$ (Hz) 为频域分辨率,即相邻两个频率采样点的频率间隔。N_t 为信号时域采样点数	$\Delta O = \dfrac{O_s}{N_\theta} = \dfrac{2\pi}{N_\theta \Delta \theta}$ (阶) 为阶比域分辨率,即相邻两个阶比采样点的阶比间隔。N_θ 为信号角域采样点数
$\Delta t \Delta f = \dfrac{1}{N_t}$ 说明了时域分辨率与频域分辨率呈反比,在时域采样点数 N_t 确定时,二者不能同时提高	$\Delta \theta \Delta O = \dfrac{2\pi}{N_\theta}$ 说明了角域分辨率与阶比域分辨率呈反比,在角域采样点数 N_θ 确定时,二者不能同时提高

续表

频域分析	阶比分析
时域采样定理：满足 $f_s \geq 2f_m$ 才能保证不发生频率混叠，f_m 为被测信号最高频率成分	角域采样定理：满足 $O_s \geq 2O_m$ 才能保证不发生阶比混叠，O_m 为被测信号最高阶比成分

3.3 变采样率变采样阶比的阶比跟踪算法研究

3.3.1 发动机在线监测信号特点分析

在车用发动机的在线状态监测及故障诊断中，利用排气噪声、缸盖振动、外卡油压、上止点及瞬时转速等信号来诊断故障是常用的方法。这些信号不仅主要频率成分相差很大，而且与发动机转速有着密切的关系。F3L912 发动机变速状态同步采集的各传感器信号波形及 Gabor 时频分布如图 3-5~图 3-11 所示。

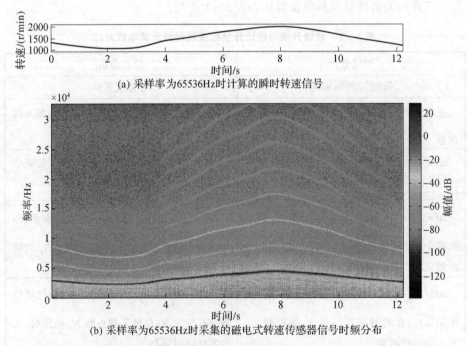

(a) 采样率为65536Hz时计算的瞬时转速信号

(b) 采样率为65536Hz时采集的磁电式转速传感器信号时频分布

图 3-5 发动机变速运转时磁电式转速传感器信号时频分布及计算的瞬时转速

图 3-5 所示为发动机变速运转时磁电式转速传感器信号时频分布及计算的瞬时转速信号,可以看出,实测信号的频率成分与利用式(2-15)计算得出的一致。对于磁电式转速传感器信号,若发动机转速为 600~3000r/min,飞轮齿数为 129,由式(2-15)可知,磁电式转速传感器信号频率为 1290~6450Hz。

由 2.3 节的误差分析可知,若要使瞬时转速直接计算后的最大误差控制在 3.2r/min 或使滤波后最大误差控制在 0.5r/min 内,需要使采样频率与转频的比值达到 10.53 倍以上。因此,采样频率需达到 67918Hz 才能使滤波后理论最大误差控制在 0.5r/min 内。若用磁电式传感器信号作为阶比跟踪的鉴相脉冲信号,角域重采样时采样精度也与磁电式传感器信号时域采样频率成正比关系。

发动机缸盖或机体振动信号的范围一般在 10kHz 以下,如燃爆冲击、气门开启或关闭冲击、曲柄连杆机构冲击等造成的高频振动大体位于这个频段;但若要分析发动机低频振动信号,如对失火等故障较为敏感的低阶振动信号,往往需要 1kHz 以下的采样频率对振动信号进行分析。

图 3-6 和图 3-7 所示为发动机变速运转时第 1 缸缸盖振动信号及其低频部分的时频分布。图 3-8 和图 3-9 所示为发动机变速运转时机体振动信号及其低频部分的时频分布。

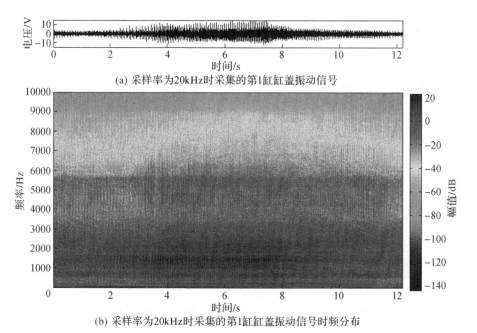

(a) 采样率为 20kHz 时采集的第 1 缸缸盖振动信号

(b) 采样率为 20kHz 时采集的第 1 缸缸盖振动信号时频分布

图 3-6 发动机变速运转时第 1 缸缸盖振动信号波形及时频分布

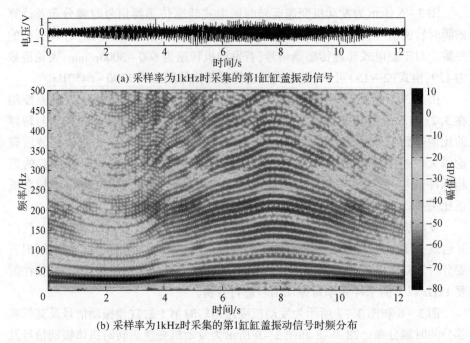

图 3-7 发动机变速运转时第 1 缸缸盖振动信号低频部分波形及时频分布

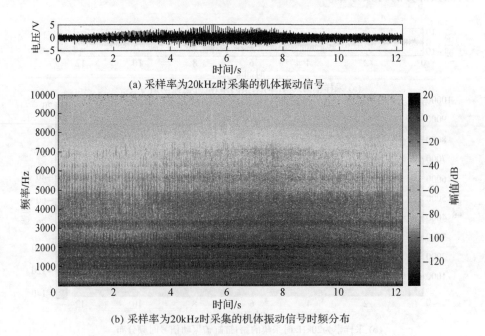

图 3-8 发动机变速运转时机体振动信号波形及时频分布

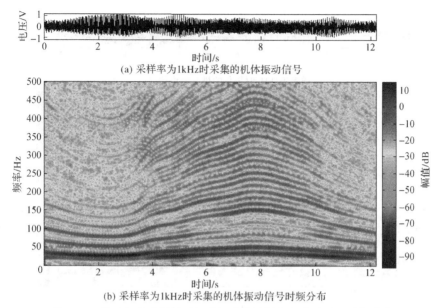

图 3-9 发动机变速运转时机体振动信号低频部分波形及时频分布

由图 3-6 和图 3-8 的时频分布可以看出,500Hz~6kHz 的高频振动部分相对于 500Hz 以下的低频振动部分更为强烈,并且具有明显的冲击特性。对这部分高频振动中的冲击成分进行分析可以对气门、活塞及曲柄连杆等机构的技术状况及失火故障做出判断。

由图 3-7 和图 3-9 可以看出,缸盖和机体部位采集的 500Hz 以下的低频振动部分大体相同,主要是由式(3-8)决定的阶比成分 O_i 产生的频率成分。因为这部分阶比成分与气缸数 N 有密切关系,因此对于判断失火故障具有很好的效果:

$$O_i = \frac{N}{\tau} i \qquad (3-8)$$

式中:i 为谐波次数($i=1,2,3,\cdots$);N 为汽缸数;τ 为冲程系数(四冲程机 $\tau=2$;二冲程机 $\tau=1$)。

图 3-10 所示为发动机变速运转时排气噪声信号波形及时频分布,其主要频率成分同样是由式(3-8)决定的阶比成分产生的。而且其阶数较振动信号较低,同样对失火故障较为敏感。

图 3-11 所示为发动机变速运转时第 2 缸外卡油压信号波形及时频分布,其低频的周期性脉动信号可用来定位发动机工作周期。由于排气噪声信号及外卡油压信号频率成分较低,若以高采样率采集时,不仅严重浪费嵌入式系统有限的存储资源及运算速度,而且也增加了后续阶比滤波的难度。

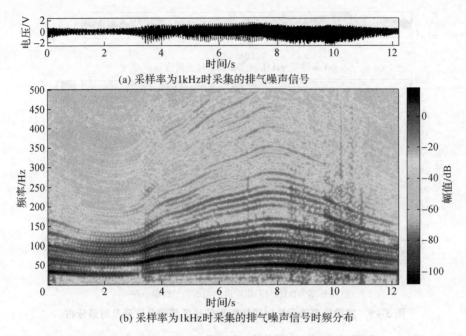

图 3-10　发动机变速运转时排气噪声信号波形及时频分布

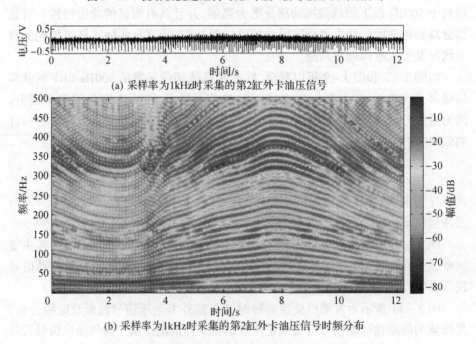

图 3-11　发动机变速运转时第 2 缸外卡油压信号波形及时频分布

由于发动机转速在车辆行驶时可能随时变化,结合以上分析可知,测得的各种信号往往是非稳态且频率成分相差较大的。这些信号如果用传统的等时隙采集后在时域或频域进行分析往往达不到理想的效果。阶比分析技术可很好地分析这些与转速相关的信号,但在实际阶比分析时需要对信号进行阶比跟踪滤波。作为一种时变滤波,阶比跟踪滤波器不仅从硬件或软件实现都较为困难[77,91],而且容易在原始信号中加入畸变或干扰。因此,研究时要尽量避免算法复杂的阶比滤波,适应发动机实车变速状态下不同频率信号快速采样及信号处理的装置具有重要意义。本章利用软件和硬件相配合的变采样率变采样阶比的阶比跟踪技术,避免了烦琐的阶比跟踪滤波,基于嵌入式系统实现了对发动机不同传感器信号的实车在线监测。

3.3.2 发动机状态在线监测系统结构

发动机状态在线监测系统结构如图3-12所示,根据采样通道数的多少可外扩一片或多片 AD7606A/D 转换(ADC)芯片。系统硬件体积小,核心电路部分面积仅6cm×9cm,能够适应车辆内部空间有限的特点。DSP 的三个片选信号与一组读写信号线分别与两片 SRAM 与 AD 芯片相连。AD 芯片的采样触发及控制引脚接 DSP 的 GPIO 口。在调试和实验阶段,各传感器原始信号可以直接通过 USB 模块直接传到上位机进行分析及处理。在线监测中,DSP 处理后的诊断结果可直接通过 CAN 总线传出。

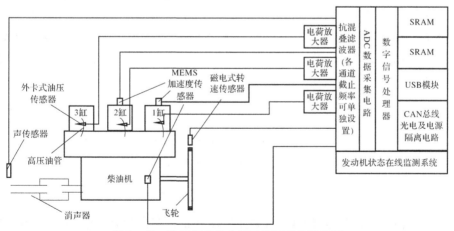

图3-12 发动机状态在线监测系统结构框图

3.3.3 变采样率变采样阶比的阶比跟踪实现方法

图3-13所示为监测系统某一通道信号的采样阶比与抗混叠滤波器截止频

率及转速的关系图,图中横轴为发动机曲轴转速,纵轴为信号的频率。f_c 为抗混滤波器的截止频率;n_{min} 为发动机最低转速;O_1、O_2 及 O_i 分别为1、2及 i 阶比成分;O_s 为采样阶比。

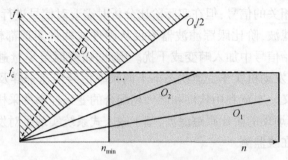

图3-13 信号采样阶比与截止频率及转速关系图

由阶比采样定理知,图3-13中斜线阴影部分的阶比成分都是发生阶比混叠的成分,其余部分则满足阶比采样定理。如果采集的信号包含斜线阴影部分的成分,在阶比重采样时必须要用阶比跟踪滤波将其去除,才能保证不发生阶比混叠。而阶比跟踪滤波属于一种时变滤波,不仅算法复杂,而且容易在原始信号中加入畸变或干扰。

由于发动机有最低运行转速 n_{min},因此当对发动机在线监测时,某一通道以截止频率 f_c 采集到的信号频率范围如图3-13中矩形阴影部分所示。由角域采样定理知,只要 $O_s/2$ 以下的阶比成分能够完全包含矩形阴影部分,则等时隙采集的原始信号在以采样阶比 O_s 重采样时可不用阶比跟踪滤波也不会发生频率混叠。由式(3-2)及图3-13可知,满足上述要求的关键在于原始信号在等时隙采样时抗混叠滤波截止频率 f_c 要小于 $O_s/2$ 阶比在最低转速 n_{min} 时对应的频率 f_{min}:

$$f_c < f_{min} = \frac{O_s}{2} \times \frac{n_{min}}{60} \tag{3-9}$$

设发动机最低转速为600r/min,排气噪声信号通道抗混叠滤波器截止频率为500Hz,则由式(3-9)可求得排气噪声信号角域重采样阶比 O_s^p 应满足

$$500 < \frac{O_s^p}{2} \times \frac{600}{60} \Rightarrow O_s^p > 100 \tag{3-10}$$

对于缸盖振动信号,设其抗混叠滤波器截止频率为7kHz,则由式(3-9)可求得缸盖振动信号角域重采样阶比 O_s^g 应满足

$$7000 < \frac{O_s^g}{2} \times \frac{600}{60} \Rightarrow O_s^g > 1400 \tag{3-11}$$

同理,对于其他通道信号也可以依次类推算出其合适的等时隙采样频率、抗

混叠滤波器截止频率及角域重采样阶比。

因为系统要求各通道信号同步采样,且 AD7606 模数转换器 8 个通道只有两个采样触发引脚,故在此将这两个采样触发引脚一起连到 DSP 端的一个通用 I/O 口以实现同步采样。由于各通道频率成分、抗混叠截止频率及重采样阶比都不同,因此本书利用软件设置来实现不同通道不同采样率同步采样,具体原理如下。

将各通道信号按采样率由小到大进行排序:

$$f_1 = f, f_2 = 2^{n_2} f, \cdots, f_8 = 2^{n_8} f \tag{3-12}$$

$$T_1 = \frac{1}{f}, T_2 = \frac{1}{2^{n_2} f}, \cdots, T_8 = \frac{1}{2^{n_8} f} \tag{3-13}$$

$$T_c = N_1 T_1 = N_2 T_2 = \cdots = N_8 T_8 \tag{3-14}$$

式中:f_i 为第 i 个通道采样频率,其中 $f_1 = f$ 为最低采样率;T_i 为第 i 个通道采样点时间间隔,其中 T_8 最短;2^{n_i} 为第 i 个通道相对于最低采样率的倍数;N_i 为第 i 个通道在总采样时间 T_c 内采集到的点数,其中 N_1 最小。

程序运行流程如图 3 – 14 和图 3 – 15 所示,图中 $J_1 \sim J_8$ 分别为 1~8 通道采集信号时的标志位,其最大值分别为 $N_1 \sim N_8$。$T_p^1 \sim T_p^8$ 初始时设为 $T_1 \sim T_8$,每次八通道同步采样后减去最短采样周期 T_8,再与 0 作比较,以判断本次采样值是否达到本通道采样周期 T_i。若达到则将数据存入本通道的信号数组 X_i 中。$X_i(J_i)$ 为第 i 个通道采集到的第 J_i 个数据。

E 和 F 为无任何实际意义的变量,因为采样时每条程序语言都占用一定的时间延迟,利用 E 和 F 写的三条赋值语言的时延与存储数据时三条语言的时延一样,保证了原始信号的等时隙采样。

各通道采样率 $f_1 \sim f_8$ 确定后,抗混叠滤波器截止频率 $f_c^1 \sim f_c^8$ 即可确定,再由式(3 – 9)确定出第 i 个通道在阶比跟踪时不发生阶比混叠的最低重采样阶比 O_8^i,即可对各通道进行等角度重采样,具体步骤如下。

(1)先计算磁电式转速传感器信号的上升沿过零点时间数组作为鉴相脉冲信号。设发动机飞轮齿数为 z,则发动机曲轴每转有 z 个鉴相脉冲信号。

设发动机曲轴转角 θ 与时间 t 在相邻的三个鉴相脉冲内的关系为

$$\theta(t) = b_0 + b_1 t + b_2 t^2 \tag{3-15}$$

式中:b_0, b_1, b_2 为待定系数。

在时域中,设一个鉴相脉冲间隔对应的轴转角增量为 $\Delta\phi$,则式(3 – 15)中待定系数 b_0, b_1, b_2 可以通过三个连续的鉴相脉冲到达时间 t_1, t_2, t_3 得到,易知

$$\begin{cases} \theta(t_1) = 0 \\ \theta(t_2) = \Delta\phi \\ \theta(t_3) = 2\Delta\phi \end{cases} \tag{3-16}$$

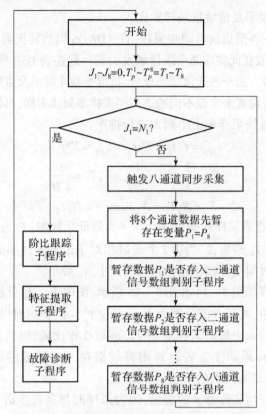

图 3-14 发动机状态在线监测系统运行总流程

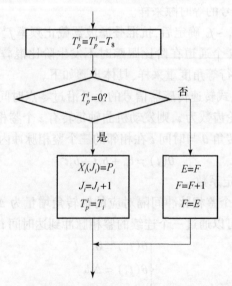

图 3-15 暂存数据 P_i 是否存入第 i 通道数组判别子程序

(2) 将式(3-16)代入式(3-15)可得

$$\begin{bmatrix} 0 \\ \Delta\phi \\ 2\Delta\phi \end{bmatrix} = \begin{bmatrix} 1 & t_1 & t_1^2 \\ 1 & t_2 & t_2^2 \\ 1 & t_3 & t_3^2 \end{bmatrix} \begin{bmatrix} b_0 \\ b_1 \\ b_2 \end{bmatrix} \quad (3-17)$$

将三个逐次到达的脉冲时间点 t_1, t_2, t_3 代入式(3-17)，可以求出 b_0, b_1, b_2 的值，再代入式(3-15)即可求出恒定角增量 $\Delta\theta$ 所对应的时间 t，即

$$t = \frac{1}{2b_2} [\sqrt{4b_2(k\Delta\theta - b_0) + b_1^2} - b_1] \quad (3-18)$$

式中：$k = 1, 2, \cdots, \Delta\phi/\Delta\theta$ 为插值系数；$\Delta\theta$ 为等角度重采样的角域间隔，即

$$\Delta\theta = \frac{2\pi}{O_s^i} \quad (3-19)$$

式中：O_s^i 为第 i 个通道重采样阶比。

(3) 利用第 i 通道在采样阶比 O_s^i 下求得的插值时刻 t，对第 i 通道在采样频率 f_i 下采得的原始信号进行插值，得到的序列即为等角域重采样信号。

得到各通道的等角域重采样信号后进行 FFT，即可得到信号的阶比谱。直接在角域对这些信号在发动机多个工作周期之间进行参数平均、信号平均或进行 Hilbert 包络分析，即可准确在角域定位燃爆、气门开启、气门关闭、喷油开始和上止点等时刻，提取这些时刻的角域值或这些时刻信号的某些参数，即可用于发动机相应性能的评判及故障诊断。

3.3.4 发动机变速工况实测信号阶比分析

对于某固定工况的发动机缸盖振动信号，各缸燃爆、气门开启及关闭所引起的振动冲击总是出现在曲轴的同一转角位置，因此对缸盖振动信号进行等角域采样，就可以消除转速波动的影响，准确定位到燃爆和气门开启及关闭的冲击信号。同理，在角域和阶比域分析外卡油压信号和排气噪声信号也比在时域和频域分析具有更高的精度。试验机型为 F3L912 型三缸四冲程柴油机，发火顺序为 1 2 3，飞轮齿数为 129。

1. 发动机排气噪声实测信号分析

在发动机正常工况下，排气噪声主要阶比成分由式(3-2)计算得 $O_1 = 1.5$，$O_2 = 3$。观察图 3-16 可以看出，计算值与实测值相符。而对排气噪声做频谱分析则会发现由于变速时信号是非稳态的，所以频率成分存在严重的"频率涂抹"现象，无法进行准确分析。

同理在发动机第1缸和第3缸失火后,排气噪声主要阶比成分由式(3-2)计算得 $O_1=0.5, O_2=1$。观察图3-17可以看出,计算值与实测值也相符。

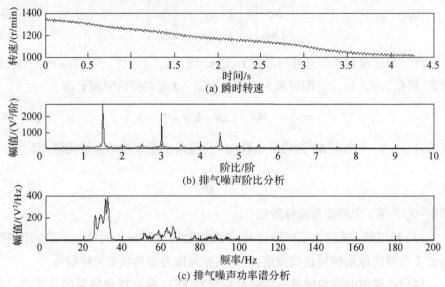

图3-16 正常工况变速时排气噪声阶比谱及频率谱对比

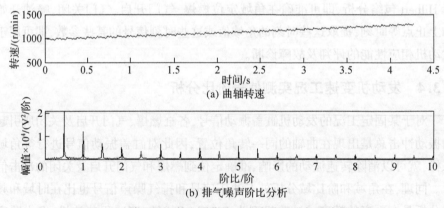

图3-17 第1缸和第3缸失火工况变速时排气噪声阶比谱

2. 发动机外卡油压实测信号分析

由图3-18可以看出,在对第2缸外卡油压信号进行等角域采样后,信号的周期性更强了,原始信号周期间的相对误差为

$$e_y = \frac{T_{y1} - T_{y2}}{(T_{y1} + T_{y2})/2} = \frac{0.1122 - 0.0972}{(0.1122 + 0.0972)/2} \approx 14.3\%$$

而角域信号周期恒定为720°CA,周期间的相对误差为

$$e_d = \frac{T_{d1} - T_{d2}}{(T_{d1} + T_{d2})/2} = \frac{720 - 720}{(720 + 720)/2} = 0$$

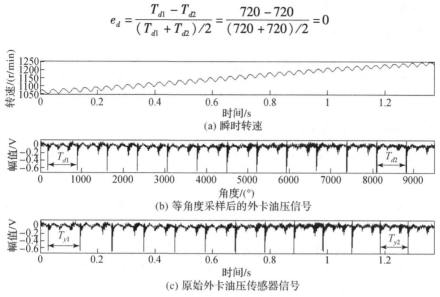

图 3-18 正常工况变速时角域外卡油压信号与原信号对比

3. 发动机缸盖振动实测信号分析

图 3-19 所示为与图 3-18 中的信号同步采集的第 1 缸缸盖振动信号及其角域信号的 Hilbert 包络。同理,可以求出第 1 缸燃爆冲击周期的相对误差为

$$e_y = \frac{T_{y1} - T_{y2}}{(T_{y1} + T_{y2})/2} = \frac{0.1114 - 0.097}{(0.1114 + 0.097)/2} \approx 13.8\%$$

$$e_d = \frac{T_{d1} - T_{d2}}{(T_{d1} + T_{d2})/2} = \frac{720.5 - 720}{(720.5 + 720)/2} \approx 0.07\%$$

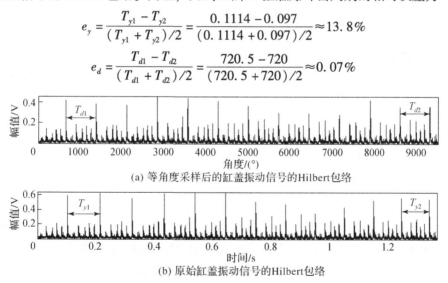

图 3-19 正常工况变速时角域缸盖振动信号与原信号对比

由此可见,对外卡油压信号、缸盖振动及上止点等信号进行阶比跟踪后,通过程序很容易对喷油、燃爆、气门开启、气门关闭及上止点等信号的角度及幅值

进行准确定位,进而对供油提前角、喷油压力、燃烧状况及配气相位等信息进行在线监测及故障诊断。

3.4 基于瞬时频率估计的无转速计阶比跟踪研究

3.4.1 瞬时频率的定义

频率是工程及物理学甚至日常生活中最常用的技术术语之一。在平稳信号的分析与处理中,当提到频率时,指的是 Fourier 变换的参数——圆频率 f 或角频率 ω,它们与时间无关。但对于非平稳信号,Fourier 频率不再是合适的物理量,因为非平稳信号已不再简单地用 Fourier 变换来作分析工具,且非平稳信号的频率是随时间变化的。因此,需要使用另外一种频率概念,既瞬时频率。

瞬时频率最早是由 Carson 与 Fry 和 Gabor 分别定义的,而且两种定义不同。后来 Ville 统一了这两种定义,将信号 $s(t) = a(t)\cos[\varphi(t)]$ 的瞬时频率定义为

$$f_i(t) = \frac{1}{2\pi}\frac{\mathrm{d}}{\mathrm{d}t}[\arg z(t)] \tag{3-20}$$

式中:下标 i 代表瞬时(Instantaneous),而 $z(t) = s(t) + j\hat{s}(t)$ 为实信号 $s(t)$ 的解析信号,$\hat{s}(t)$ 是 $s(t)$ 的 Hilbert 变换。瞬时频率是相对解析信号而言的,它是解析信号相位的导数。傅里叶频率和瞬时频率有如下的区别。

(1)傅里叶频率 Ω 是一个独立的量,而瞬时频率 $\Omega_i(t)$ 是时间的函数。

(2)傅里叶频率和傅里叶变换相联系,而瞬时频率和 Hilbert 变换相联系。

(3)傅里叶频率是一个"全局性"的量,它是信号在整个时间区间内的体现,而瞬时频率是信号在特定时间上的"局部"体现,从理论上讲,它应是信号在该时刻所具有的频率。

3.4.2 单分量和多分量信号

从物理学的角度,信号可分为单分量(mono - component)信号和多分量(multi - components)信号两大类。单分量信号在任意时刻都只有一个频率,该频率称为信号的瞬时频率。一般来说,单分量信号的时频分布三维图看上去像一条山脉。在每一个时间,山脉的峰值都有明显的不同。如果它是充分局部化的,那么峰值就是瞬时频率。山脉的宽度就是条件标准偏差(实际上大约是宽度的 2 倍),也就是瞬时带宽。

多分量信号则在某些时刻具有多个不同的瞬时频率,如语音及变幻的色彩等。典型的多分量信号的时频分布三维图是由两个(或者多个)山脉构成的。

每一个山脉都有它自己不同的瞬时频率和瞬时带宽。例如,有

$$s(t) = s_1(t) + s_2(t) = A_1(t)e^{j\varphi_1(t)} + A_2(t)e^{j\varphi_2(t)} \quad (3-21)$$

如果每一部分的瞬时带宽同两个山脉之间的间距相比较是小的,那么就有一个多分量信号。两个山峰之间的间距由瞬时频率差给定,因此多分量信号的条件为

$$\left|\frac{A_1'(t)}{A_1(t)}\right|, \left|\frac{A_2'(t)}{A_2(t)}\right| \ll |\varphi_2'(t) - |\varphi_1'(t)\| \quad (3-22)$$

式中:$\left|\frac{A_i'(t)}{A_i(t)}\right|$为第$i$个分量信号的瞬时带宽;$\varphi_i'(t)$为第$i$个分量信号的瞬时频率。

在某一个时刻t,多分量的瞬时频率应是多值的,但用$\Omega_i(t) = \varphi'(t)$求出的瞬时频率只能是单值的。这样,式(3-20)对瞬时频率的定义是否适用于多分量信号就值得怀疑。

设$x(t)$由两个线性调频信号相加而成,它们有着相同的幅度,第一个线性调频信号的频率在0~0.3线性变化,第二个在0.2~0.5线性变化。图3-20(a)是该信号的时域波形,图3-20(c)是其实际的瞬时频率。显然,在任一时刻,该信号都包含两个频率分量。图3-20(b)是按式(3-20)的定义计算的瞬时频率,它在任一时刻都是单值的,其形状不能反映该信号频率变化的实际内容。

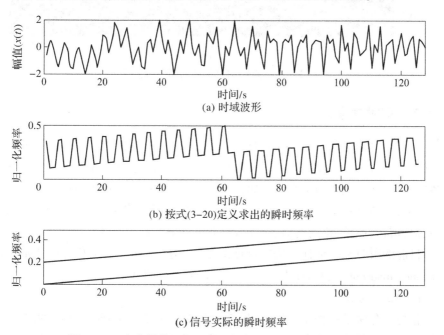

图3-20 多分量信号实际瞬时频率及按定义求的瞬时频率

实际上,式(3-20)对瞬时频率的定义只是对单分量信号适应,而对多分量信号,该定义给出的结果是在该时刻其瞬时频率的平均值,更确切地说,$\varphi'(t)$应是信号的"平均瞬时频率"[295]。

$\Omega_i(t) = \varphi'(t)$应是瞬时频率的一维表示,它难以给出多分量信号实际频率随时间变化的特征。时频分布能在一定程度上给出瞬时频率的较好表示。这种分布都是二维表示,即信号能量随时间和频率的联合分布。图3-21给出了用短时傅里叶变换求出的信号$x(t)$的能量分布,可清楚地看到其瞬时频率的形态。因此,时频谱图是多分量信号理想的表示形式。

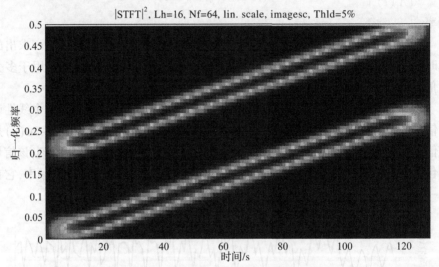

图3-21 信号$x(t)$的短时傅里叶变换

3.4.3 瞬时频率估计

瞬时频率估计(instantaneous frequency estimation,IFE)是指在实际应用中对瞬时频率进行计算。在实际的信号处理工程应用中,估计一个非平稳信号的瞬时频率是一项很重要的工作。例如,信息探测系统只要与被测目标之间有相对运动,多普勒效应就会使接收到的频率发生改变,同样传播媒质的扰动也会使频率变化,雷达、声纳、移动通信、医疗设备和天文观测都存在这一问题。

目前的瞬时频率估计方法主要有相位差分法、相位建模法和时频分布(time frequency distribution,TFD)法三大类[296],现简要介绍如下。

1. 相位差分法

相位差分法是一种非参数法,其直接来源于式(3-20)瞬时频率的定义,在离散计算中用差分方程实现,将式(3-20)中的相位微分换为相位差分,即可得到离散时间瞬时频率的估计子。根据差分实现的不同,共有三种相位差分算子,分别是前向有限差分(forward finite difference,FFD)、后向有限差分(backward finite difference,BFD)和中心有限差分(central finite difference,CFD)。与这三种相位差分算子相对应的瞬时频率估计子分别为

$$\hat{f}_f(n) = \frac{1}{2\pi}[\varphi(n+1) - \varphi(n)] \quad (\text{前向差分瞬时频率估计子}) \quad (3-23)$$

$$\hat{f}_b(n) = \frac{1}{2\pi}[\varphi(n) - \varphi(n-1)] \quad (\text{后向差分瞬时频率估计子}) \quad (3-24)$$

$$\hat{f}_a(n) = \frac{1}{4\pi}[\varphi(n+1) - \varphi(n-1)] \quad (\text{中心差分瞬时频率估计子}) \quad (3-25)$$

上述三种瞬时频率估计子中,中心差分瞬时频率估计子,对线性调频信号是无偏的,并具有零延迟,且对应一系列时频分布的一阶矩。直接采用前向差分瞬时频率估计子和后向差分瞬时频率估计子,则对被噪声污染的信号显示很高的方差,即这种估计子对噪声比较敏感。因此,在此基础上出现了很多改进方法,如提出的平滑相位差分估计子、加权相位差分估计子等,这些方法可以使上述问题在一定程度上得到解决。

2. 相位建模法

相位建模法是利用多项式参数估计确定频率变化的参数法。其原理是假设实信号 $s(n)$ 的解析信号 $z(n)$ 包含噪声 $\varepsilon(n)$,即

$$z(n) = A(n)e^{j\varphi(n)} + \varepsilon(n) \quad (3-26)$$

式中:$A(n)$ 为信号的幅值;$\varepsilon(n)$ 为方差为 $2\sigma^2$ 的复噪声过程;$\varphi(n)$ 为信号相位,由 p 阶多项式定义:

$$\varphi(n) = \sum_{k=0}^{p} a_k n^k \quad (3-27)$$

通过最小二乘估计法和极大似然法求解式(3-27)的系数 $a_0, a_1, a_2, \cdots, a_p$。最后由

$$\hat{f}_i(n) = \frac{1}{2\pi}\frac{d\varphi(n)}{dn} = \frac{1}{2\pi}\sum_{k=1}^{p} k a_k n^{k-1} \quad (3-28)$$

可知,瞬时频率的估计转化为多项式相位的阶次 p 及其系数 $a_k(k=0,1,\cdots,p)$ 的估计。

3. 时频分布法

1) 用时频分布的矩计算瞬时频率

一些 TFD(如 WVD)可由其一阶矩得到瞬时频率,还有一些 TFD(如 STFT)的一阶矩近似等于瞬时频率,因此,通过 TFD 的一阶矩可以得到瞬时频率。对于 Cohen 类时频分布 $P_z(t,f)$,其瞬时频率 $f_i^c(t)$ 为

$$f_i^c(t) = \frac{\int_{-\infty}^{\infty} f P_z(t,f) \mathrm{d}f}{\int_{-\infty}^{\infty} P_z(t,f) \mathrm{d}f} \qquad (3-29)$$

并将其定义为该时刻频率的一阶矩。式中,$P_z(t,f)$等于瞬时相关函数$k_z(t,\tau) = z\left(t+\frac{\tau}{2}\right)z^*\left(t-\frac{\tau}{2}\right)$加窗函数$\psi(t,\tau) = h(t)g(\tau)$后的傅里叶变换,即

$$P_z(t,f) = \int_{-\infty}^{\infty} [h(t)g(\tau) \overset{t}{*} k_z(t,\tau)] \mathrm{e}^{-j2\pi f\tau} \mathrm{d}\tau \qquad (3-30)$$

式中:$\overset{t}{*}$表示对t作卷积。

2) 用时频分布的峰值估计瞬时频率

如果单分量信号和多分量信号在时-频面上是充分局部化的,那么峰值就是瞬时频率。各种时频分布(如 STFT、WVD 等)都可以用来获得信号的时-频谱图,进而用其峰值对瞬时频率进行估计。

3.4.4 基于瞬时频率估计的无转速计阶比跟踪算法研究

由于旋转机械振动噪声信号变速运转时的非平稳阶比成分往往是多分量信号,由 3.4.3 小节分析知时频谱图是多分量信号理想的表示形式,因此本小节将利用 Gabor 时频分布来对瞬时频率进行估计,具体步骤如下。

1. 振动、噪声信号降采样率

由 3.3.1 节发动机实测的振动噪声信号时频分布图 3-5~图 3-11 可以看出,发动机振动与噪声信号的低阶阶比成分较明显,其频率成分容易区分,而且对于 Gabor 时频分布来说,由实值离散 Gabor 变换得到的 Gabor 展开系数矩阵 $a_{m,n}$ 一定时,当采样频率 f_s 越高时,由展开系数矩阵 $a_{m,n}$ 行数所代表最大频率 $f_s/2$ 也就越高,每行代表的频率间隔就越大,即频域分辨率越低,对瞬时频率估计时误差就会越大。因此,降低振动、噪声信号的采样率,不仅使各阶比分量在时频谱图上可以清楚地分开,以便有效搜索峰值,而且提高了瞬时频率估计的精度。

对于降采样率倍数的选取,由 3.3.1 节发动机实测的振动噪声信号时频分布图 3-5~图 3-11 可以看出,一般保留 10 阶以下阶比的频率成分即可,因此,对于 3.3.1 节实测振动噪声信号,一般取将采样率降到 500Hz 即可保留大部分较明显的阶比成分用于瞬时频率的提取。

2. 时频谱图峰值搜索法

对降采样率后的振动、噪声信号进行过采样率为 8 的实值离散 Gabor 变换,得到 Gabor 时频谱图。为了从多个阶比的瞬时频率成分中跟踪参考轴对应的瞬

时频率,记录振动信号测试开始或结束时发动机的转速值,如振动测试开始时记录车辆转速表的值为1200r/min,则初始时刻一阶阶比成分对应的瞬时频率值应该为20Hz,可以在振动信号时频谱图初始时刻20Hz附近搜索最大值作为峰值搜索起始点。如果实测信号中一阶阶比成分没有其他阶比信号明显或连续,也可选择较为明显或连续的阶比成分的初始频率进行跟踪。本章采用以下算法对需要跟踪的第 q 阶阶比瞬时频率进行估计:

$$m_{\text{index}}^{\text{start}}(1) = \frac{f_i^q(0)^{\text{start}}}{f_s/2} \times (M-1) \quad (3-31)$$

$$\begin{cases} m_{\text{index}}(1) = \underset{m_{\text{index}}^{\text{start}}-p \leqslant m \leqslant m_{\text{index}}^{\text{start}}+p}{\text{index max}} |a_{m,1}| \\ m_{\text{index}}(n+1) = \underset{m_{\text{index}}(n)-p \leqslant m \leqslant m_{\text{index}}(n)+p}{\text{index max}} |a_{m,n+1}|, \quad n=1,2,\cdots,N-1 \end{cases}$$

$$(3-32)$$

$$f_i^q\left(j \times \frac{t_e}{N-1}\right) = \frac{m_{\text{index}}(j+1)-1}{M-1} \times \frac{f_s}{2}, \quad j=0,1,2,\cdots,N-1 \quad (3-33)$$

式中: $f_i^q(0)^{\text{start}}$ 为根据测试开始时刻记录的转速值计算的时频谱图峰值搜索起始点; $a_{m,n}$ 为 Gabor 展开系数; M 为频率抽样点数; N 为时间抽样点数; index max 表示取出最大值的参数(此处为 m); p 为设定的频率搜索范围; m_{index} 为通过搜索算法得到的瞬时频率在展开系数矩阵中的位置; f_i^q 为计算的第 q 阶阶比瞬时频率, f_i^q 与参考轴转频率 f_i^1 的关系为 $f_i^1 = \frac{f_i^q}{q}$。

3. 瞬时频率曲线的最小二乘拟合

由第 2 步得出的瞬时频率曲线往往不够光滑,带有很多的间断点,因此对后续的阶比分析带来较大的误差。利用最小二乘法对第 2 步估计出的瞬时频率曲线进行拟合,可以得到较高精度的瞬时频率曲线。设 IFE 数据在时频面的坐标为 $(t_j, f_j), (j=1,2,\cdots,J)$,以二阶多项式拟合为例,设拟合方程为

$$f_i(t) = b_0 + b_1 t + b_2 t^2 \quad (3-24)$$

误差 ε 的平方和为

$$F(b_0, b_1, b_2) = \sum_{j=1}^{J} \varepsilon_j^2 = \sum_{j=1}^{J} [f_i(t_j) - f_j]^2 \quad (3-35)$$

令

$$\frac{\partial F}{\partial b_0} = 0, \frac{\partial F}{\partial b_1} = 0, \frac{\partial F}{\partial b_2} = 0$$

求出方程系数 b_0, b_1, b_2,式中 J 为拟合数据的点数。

4. 基于 IFE 的鉴相时标及角域重采样时刻推算

对于直接提取某个阶比成分的应用，可直接利用拟合后的瞬时频率 Gabor 变换或 Vold – Kalman 滤波对需要的阶比成分进行提取，但对于需要分析阶比谱的应用来说，还需通过拟合后的瞬时频率来反变换出鉴相时标来对振动、噪声信号进行等角域采样。

设拟合后的 IFE 数据在时频面的坐标为 (t_j, f_j)，$(j = 1, 2, \cdots, J)$，J 为拟合后选取的瞬时频率离散数据点数。当 J 足够大，即参考轴瞬时频率采样频率 f_{s2} 足够大时，可以假设在瞬时频率两个采样点间，即 $\Delta t_2 = 1/f_{s2}$ 的时间间隔里参考轴做匀速转动。由以上假设即可推导出时频面采样时刻 t_j 与参考轴转角 φ_j 之间的关系为

$$\begin{cases} \varphi_1 = 0 \\ \varphi_j = \sum_{k=1}^{j-1} \omega_j \Delta t_2 = 2\pi \sum_{k=1}^{j-1} f_j \Delta t_2, j = 2, 3, \cdots, J \end{cases} \quad (3-36)$$

设定角域重采样阶比为 O_s，则角域重采样角度间隔 $\Delta \varphi = 2\pi/O_s$，角域重采样角度序列 $\phi_i = i\Delta\varphi$，$\left(i = 0, 1, 2, \cdots, \dfrac{\varphi_J}{\Delta\varphi}\right)$。由于发动机正常运转后不会发生倒转或停转现象，因此由式(3 – 36)知函数 $\varphi(t)$ 是单调增函数。易证函数 $t(\varphi)$ 也是单调增函数，因此利用在式(3 – 36)已求出的点 (φ_j, t_j) 进行三次样条插值，即可求出与角域重采样角度序列 ϕ_i 对应的时刻 t_i。

对等角域采样角度序列 ϕ_i 对应的时刻 t_i 利用三次样条插值求出其在振动、噪声信号 $s(t)$ 中的值 $s(t_i)$，结合 ϕ_i 构成的采样点序列 $(\phi_i, s(t_i))$ 即为振动、噪声信号等角度采样后的信号。

5. 阶比分析

对上一步等角度重采样后的信号做角域或阶比谱分析，进而对旋转机械或发动机的状态做出相应的评估。

3.4.5 加速状态无转速计的阶比分析仿真研究

为测试 3.4.4 小节提出的无转速计阶比分析方法在旋转机械升速过程中振动信号分析的有效性，本小节采用加速仿真信号来对算法进行测试。旋转机械加速阶段振动仿真信号 $s_e(t)$ 表达式为

$$s_e(t) = \sum_{i=1,3,5,7,10} \text{rect}\left(\dfrac{t}{T}\right) G_i(t) \cos\left(2\pi \int_0^t f_{O_i}(\tau) d\tau\right) \quad (3-37)$$

其中

$$\text{rect}\left(\dfrac{t}{T}\right) = \begin{cases} 1, & 0 \leqslant t \leqslant T \\ 0, & 其他 \end{cases} \quad (3-38)$$

$\text{rect}\left(\dfrac{t}{T}\right)$ 是一个矩形脉冲函数，T 为加速时间；$G_i(t)$ 可表示如下：

$$G_i(t) = \begin{cases} 0.5, & i=1 \\ 0.5e^{0.13t}, & i=3 \\ 0.15t+0.5, & i=5 \\ 0.5+0.375t+0.023t^2, & i=7 \\ 0.6+0.45t+0.0276t^2, & i=10 \end{cases} \quad (3-39)$$

$G_i(t)$ 为第 i 阶比分量的振动幅值调制函数，则

$$f_{O_i}(t) = i\dfrac{n(t)}{60}, \quad i=1,2,3,\cdots \quad (3-40)$$

式中：$f_{O_i}(t)$ 为第 i 阶比的瞬时频率，$n(t)$ 可表示为

$$n(t) = A\alpha e^{\alpha t} + B \quad (3-41)$$

式中：n 为主轴的转速。

将式(3-40)和式(3-41)代入式(3-37)可得

$$\begin{aligned} s_e(t) &= \sum_{i=1,3,5,7,10} \text{rect}\left(\dfrac{t}{T}\right) G_i(t) \cos\left(2\pi i \int_0^t \dfrac{(A\alpha e^{\alpha \tau}+B)}{60} d\tau\right) \\ &= \sum_{i=1,3,5,7,10} \text{rect}\left(\dfrac{t}{T}\right) G_i(t) \cos\left[2\pi i \left(\dfrac{Ae^{\alpha t}+Bt}{60}\right)\right] \end{aligned} \quad (3-42)$$

设定采样频率 $f_s \approx 2048\text{Hz}$，加速时间 T 为 8s。设置 $A=60$ 及 $\alpha=0.6$ 共同决定了旋转机械转速变化的斜率；设置 $B=1200$，则由式(3-41)可知 $A\alpha+B$ 决定了旋转机械加速运转的初速度为 1236r/min。对仿真信号 $s_e(t)$ 进行固定截止频率低通抗混叠滤波，滤波后信号设为 $s'_e(t)$。信号 $s'_e(t)$ 的时频分布如图 3-22 所示。

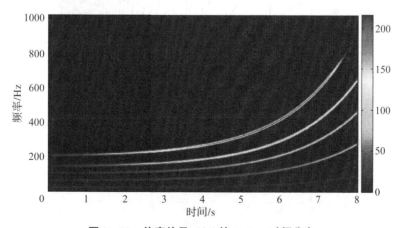

图 3-22　仿真信号 $s'_e(t)$ 的 Gabor 时频分布

利用 3.4.4 小节方法直接估算及拟合后的瞬时频率与真实瞬时频率波形对比和误差对比如图 3-23 和图 3-24 所示,可以看出,估算的瞬时频率虽然与真实值基本一致,但由于时频分布中频域分辨率精度有限,因此直接估算的瞬时频率呈台阶式分布,若直接用来做阶比分析的后续计算就会产生较大的误差。还可以看出,对于旋转机械转速变化规律较为简单的工况,瞬时频率曲线拟合时采用 6 次多项式已能达到较好的效果。

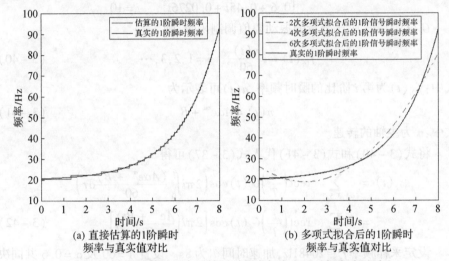

(a) 直接估算的1阶瞬时频率与真实值对比

(b) 多项式拟合后的1阶瞬时频率与真实值对比

图 3-23　直接估算及拟合后的瞬时频率与真实瞬时频率波形对比

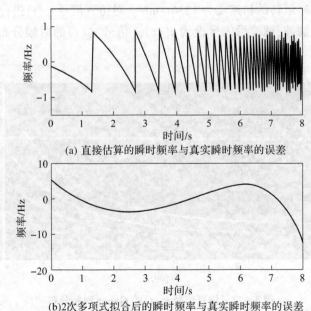

(a) 直接估算的瞬时频率与真实瞬时频率的误差

(b) 2次多项式拟合后的瞬时频率与真实瞬时频率的误差

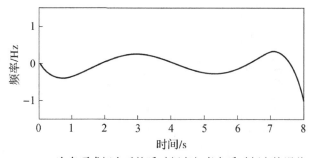

(c) 4次多项式拟合后的瞬时频率与真实瞬时频率的误差

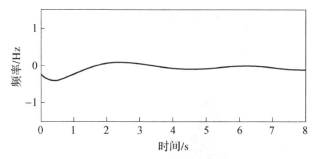

(d) 6次多项式拟合后的瞬时频率与真实瞬时频率的误差

图 3 – 24　直接估算及拟合后的瞬时频率误差对比

图 3 – 25 所示为计算的主轴转角随时间变化曲线,可以看出,与 3.4.4 小节分析的结果一致,函数 $\varphi(t)$ 是单调增函数。图 3 – 26 所示为基于瞬时转速估计的无转速计阶比谱与原始信号功率谱对比,可以明显看出,经过瞬时频率估计的无转速计阶比跟踪后,得出的阶比谱谱线清晰,能够清楚地看出原始信号中的各阶比成分。直接对原始信号做的功率谱"谱线涂抹"现象严重,无法准确看出原信号的结构。

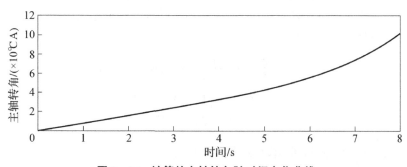

图 3 – 25　计算的主轴转角随时间变化曲线

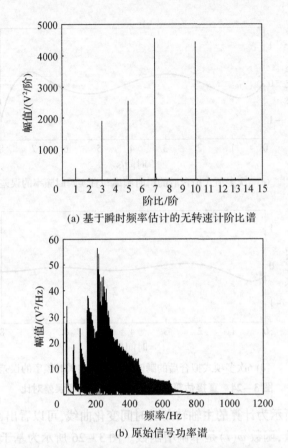

(a) 基于瞬时频率估计的无转速计阶比谱

(b) 原始信号功率谱

图 3-26 无转速计阶比谱与原始信号功率谱对比

3.4.6 波动变速状态无转速计的阶比分析仿真研究

为了测试基于瞬时频率估计的无转速计阶比分析算法在旋转机械转速较为复杂的加减速工况下的计算精度,本节利用波动变速仿真信号来对算法进行测试。仿真信号的表达式如下:

$$s_w(t) = \sum_{i=1,3,5,7,10} \text{rect}\left(\frac{t}{T}\right)\cos\left(2\pi\int_0^t f_{Oi}(\tau)\,\mathrm{d}\tau\right) \quad (3-43)$$

$$\text{rect}\left(\frac{t}{T}\right) = \begin{cases} 1, & 0 \leqslant t \leqslant T \\ 0, & 其他 \end{cases} \quad (3-44)$$

式中:$\text{rect}\left(\dfrac{t}{T}\right)$ 为矩形脉冲函数;T 为加速时间。

$f_{Oi}(t)$ 和 $n(t)$ 表示如下:

$$f_{0i}(t) = i\frac{n(t)}{60}, \quad i = 1,2,3,\cdots \qquad (3-45)$$

$$n(t) = 2\pi\tilde{f}A\cos(2\pi\tilde{f}t) + B \qquad (3-46)$$

将式(3-45)和式(3-46)代入式(3-43)可得

$$s_w(t) = \sum_{i=1,3,5,7,10} \text{rect}\left(\frac{t}{T}\right)\cos\left(2\pi i\int_0^t \frac{2\pi\tilde{f}A\cos(2\pi\tilde{f}\tau) + B}{60}\text{d}\tau\right)$$

$$= \sum_{i=1,3,5,7,10} \text{rect}\left(\frac{t}{T}\right)\cos\left[2\pi i\left(\frac{A\sin(2\pi\tilde{f}t) + Bt}{60}\right)\right] \qquad (3-47)$$

式中：n 为主轴的转速；f_{0i} 为第 i 阶比在旋转机械变速运转时的瞬时频率。设定采样频率为4096Hz，加速时间为4s。$\tilde{f}=1$ 为转速波动的频率。$A=60$ 为，$2\pi\tilde{f}A$ 为转速波动的振幅，$B=2400$ 为转速波动基准，即转速在2400r/min 以振幅 $2\pi\tilde{f}A$ 上下波动。仿真信号 s_w 的时频分布如图3-27所示。

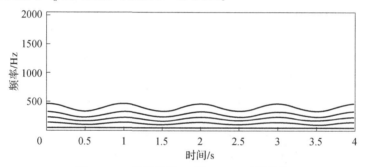

图3-27 仿真信号 s_w 的 Gabor 时频分布

利用3.4.4小节方法直接估算及拟合后的瞬时频率与真实瞬时频率波形对比和误差对比如图3-28和图3-29所示，可以看出，估算的瞬时频率虽然与真实值基本一致，但由于时频分布中频域分辨率精度有限，因此直接估算出瞬时频率呈台阶式分布，若直接用来做阶比分析的后续计算就会产生较大的误差。还可以看出，对于旋转机械转速变化规律较为复杂的工况，瞬时频率曲线拟合时采用18次多项式才能达到较好的效果。

图3-30所示为计算的主轴转角随时间变化曲线，可以看出，与3.4.4小节分析的结果一致，函数 $\varphi(t)$ 是单调增函数。图3-31所示为基于瞬时转速估计的无转速计阶比谱与原始信号功率谱对比，可以明显看出，经过基于瞬时频率估计的无转速计阶比跟踪后，得出的阶比谱谱线清晰，能够清楚地看出原始信号中的各阶比成分。直接对原始信号做的功率谱由于信号的非平稳而导致谱线模糊，其结果显然不能使用。

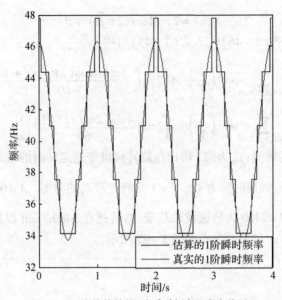

(a) 直接估算的1阶瞬时频率与真实值对比

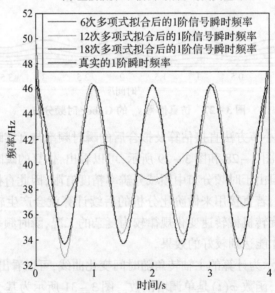

(b) 多项式拟合后的1阶瞬时频率与真实值对比

图 3-28　直接估算及拟合后的瞬时频率与真实瞬时频率波形对比

第 3 章 发动机振动噪声信号的阶比跟踪算法

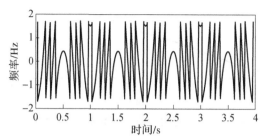
(a) 直接估算的瞬时频率与真实瞬时频率的误差

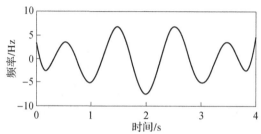
(b) 6次多项式拟合后的瞬时频率与真实瞬时频率的误差

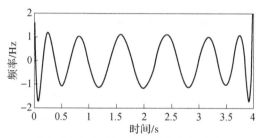
(c) 12次多项式拟合后的瞬时频率与真实瞬时频率的误差

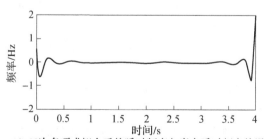
(d) 18次多项式拟合后的瞬时频率与真实瞬时频率的误差

图 3-29 直接估算及拟合后的瞬时频率与真实瞬时频率误差对比

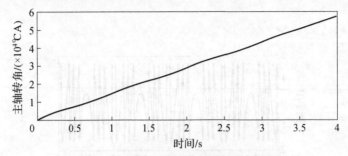

图3-30 计算的主轴转角随时间变化曲线

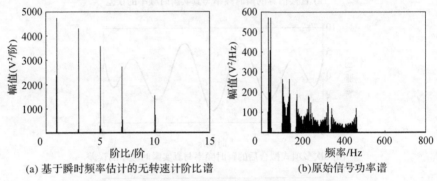

(a) 基于瞬时频率估计的无转速计阶比谱　　(b) 原始信号功率谱

图3-31 无转速计阶比谱与原始信号功率谱对比

3.4.7 无转速计的阶比分析实验研究

为测试基于瞬时频率估计的无转速计阶比跟踪算法在发动机实测信号中应用的效果,利用3.3节的在线监测系统同步采集正常工况下F3L912型柴油发动机喷油泵下方第2缸缸体和油底壳接合处的加速度信号及磁电式转速传感器信号。发动机机体实测振动信号波形、Gabor时频分布及同步采集并计算的瞬时转速信号如图3-32所示。磁电式转速传感器信号算的瞬时频率在实验中用来对比振动信号估算的瞬时频率,在实际阶比分析中可不安装磁电式转速传感器。

由图3-32(a)结合图3-32(c)可以看出,机体振动信号低频部分主要包含转频(1阶)和1.5阶两个阶比的频率成分。由于1.5阶阶比成分具有更好的连续性,因此利用3.4.4小节的方法对1.5阶阶比成分的瞬时频率进行跟踪。

由于转速信号也与振动信号进行了同步采集,因此将利用本章算法跟踪得到的1.5阶瞬时频率与利用转速计实测的1.5阶瞬时频率进行对比,如图3-33所示。可以看出,估算的1.5阶瞬时频率与利用转速计实测的1.5阶瞬时频率基本相同,利用18次多项式进行拟合后的1.5阶瞬时频率与实测值的误差基本可以控制在 ±0.5Hz 以内。拟合后的结果可用于鉴相时标及等角域重采样时标的定位。

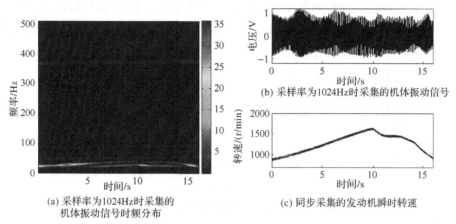

图 3-32　发动机机体实测振动信号波形、Gabor 时频分布及同步采集的瞬时转速

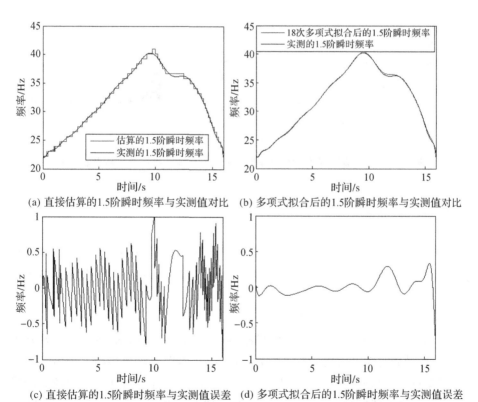

图 3-33　直接估算和拟合后的瞬时频率与转速传感器实测瞬时频率波形及误差对比

图 3-34 所示为根据式(3-36)计算的发动机主轴转角随时间变化曲线。图 3-35 所示为 F3L912 型发动机机体振动信号无转速计阶比谱与功率谱对比,由阶比谱可以清楚地看到发动机的 1 阶转频信号及 1.5 阶的燃爆阶比信号,而原始机体振动信号的功率谱则由于信号的非平稳性产生了严重的频率模糊现象,无法看到有用的频率成分。

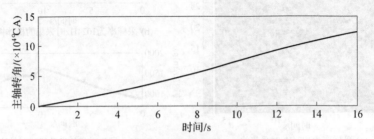

图 3-34 计算的主轴转角随时间变化曲线

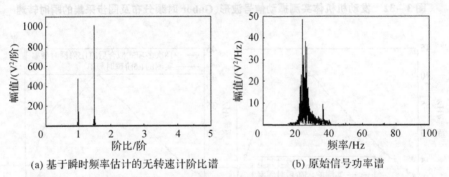

(a) 基于瞬时频率估计的无转速计阶比谱　　(b) 原始信号功率谱

图 3-35　F3L912 型发动机机体振动信号无转速计阶比谱与功率谱对比

3.5　本章小结

本章介绍了阶比分析定义、角域采样定理,对比了阶比分析与频域分析的相关物理量及单位,分析了发动机各传感器信号的时频及阶比分布,提出了变采样率变采样阶比的阶比跟踪算法和基于瞬时频率估计的无转速计阶比跟踪算法。本章主要研究内容及结论如下。

(1) 在对发动机磁电式转速传感器、缸盖振动、机体振动、排气噪声及外卡油压等信号的时频及阶比分布进行分析后发现:磁电式转速传感器信号频率较高,需要较高的采样频率才能够保证瞬时转速信号计算及阶比分析有较高的精度;缸盖及机体振动信号在 500Hz 以下呈现明显的低阶阶比特性,在 500～7000Hz 虽然也有阶比特性,但冲击特性更为明显;排气噪声信号主要为 500Hz

以下的低阶阶比信号,阶比成分与发火缸数有密切关系。当有失火缸时,阶比成分变化明显;外卡油压信号提取出低阶成分后可用于发动机工作周期的定位。

(2)针对车用发动机在线监测与故障诊断中各通道信号频率成分相差大、需要同步采样及变速过程中非稳态信号处理等问题,利用发动机在线运转时有最低转速的特性,通过软件和硬件相结合的方法实现了变采样率变采样阶比的阶比跟踪算法。本算法不仅避免了烦琐的阶比跟踪滤波带来的误差及时间损耗,而且节省了嵌入式系统相对紧张的系统资源,提高了在线信号处理的速度。通过实测信号证明了本算法在发动机振动、排气噪声及外卡油压等信号处理方面的优势。

(3)针对某些不方便安装转速传感器的应用场合,首先利用基于Gabor时频分布的峰值搜索算法估算了瞬时频率信号,利用最小二乘法对其进行拟合提高了估计精度。通过拟合后的瞬时频率推算出鉴相时标后,利用三次样条插值算法及角域重采样角度函数的单调递增性最终推算出角域重采样时刻。通过这些时刻,即可对原始振动信号进行角域重采样,以实现原始时域振动信号的无转速计角域分析或阶比分析。

(4)通过仿真信号表明,对于指数加速等变化规律较为简单的转速信号,最小二乘拟合时采用6次多项式已能达到较好的效果;对于波动变速等变化规律较为复杂的转速信号,最小二乘拟合时采用18次多项式才能达到较好的效果。将本章的无转速计阶比分析方法应用于仿真及实测的信号后均取得了较好的效果。

第4章 发动机振动噪声信号的阶比滤波及阶比提取

4.1 引言

在时域采样中,模拟输入信号在进入 A/D 转换器前首先要通过一个抗混叠滤波器,使采集的信号不发生频率混叠现象。同理,在角域采样中也存在抗阶比混叠滤波的问题。

在模拟阶比跟踪技术中,可在实时条件下由测取的瞬时转速信号控制和调节抗混叠跟踪滤波器的截止频率,实现阶比跟踪滤波。该方法优点是实时性好,但也存在跟踪滤波器价格昂贵及滤波器品质因数较低的缺点[77]。

在计算阶比跟踪(computed order tracking,COT)技术中,首先在时域采样前利用固定截止频率的低通滤波器进行抗混叠滤波,在阶比重采样前再利用分段数字跟踪滤波器对时域采集的信号进行阶比跟踪滤波。该方法也存在分段计算复杂、滤波的边缘效应和相位延迟带来误差等缺点[90]。通过磁带记录仪和低通滤波器用分段滤波法进行阶比跟踪滤波的方法也存在滤波效率较低等缺点。

虽然对振动噪声信号进行模拟或计算阶比跟踪分析后,在角域能分析出信号整体的变化规律,在阶比谱中能够分析出各阶比成分的大小,但这些方法并不能分析出某个阶比分量随时间或角度的变化规律。而且基于模拟或计算阶比跟踪的算法只能对单轴阶比成分进行跟踪,对于多轴阶比成分及稳态与阶比成分并存的场合,这些算法效果往往不太理想。

针对上述问题,本章提出了基于实值离散 Gabor 变换(real – valued discrete gabor transform,RDGT)的阶比跟踪滤波法,消除了阶比分析中的阶比混叠现象;通过基于实值离散 Gabor 变换和 Vold – Kalman 跟踪滤波器的时变滤波技术,解决了阶比分量提取及多轴阶比跟踪等问题。对阶比分量提取中的难点:交叉、临近阶比的提取,利用仿真及实测信号对比了 Gabor 变换法和 Vold – Kalman 跟踪滤波法的有效性,研究了两种算法在不同应用环境中的参数设置及适用性。

4.2 基于实值离散 Gabor 变换的阶比滤波及阶比提取

4.2.1 实值离散 Gabor 变换原理

设有一非平稳信号实序列,将其拓展成周期为 L 的序列 $x(k)$,则 $x(k)$ 的 Gabor 展开定义为[297]

$$x(k) = \sum_{m=0}^{M-1} \sum_{n=0}^{N-1} a_{m,n} \tilde{h}_{m,n}(k) \quad (4-1)$$

而 $x(\tau)$ 的实值离散 Gabor 变换(RDGT)定义为

$$a_{m,n} = \sum_{\tau=0}^{L-1} x(k) \tilde{\gamma}_{m,n}(k) \quad (4-2)$$

式(4-1)和式(4-2)中:

$$\tilde{h}_{m,n}(k) = \tilde{h}(k - m\overline{N}) \text{cas}(2\pi nk/N) \quad (4-3)$$

$$\tilde{\gamma}_{m,n}(k) = \tilde{\gamma}(k - m\overline{N}) \text{cas}(2\pi nk/N) \quad (4-4)$$

其中,$L = \overline{N}M = N\overline{M}$,$\text{cas}(k) = \cos(k) + \sin(k)$ 为 Hartley 函数[298],M 和 N 分别是时域和频域的抽样点数,$\overline{M}$ 和 $\overline{N}$ 分别是频域和时域的抽样间隔。$\tilde{h}(k)$ 和 $\tilde{\gamma}(k)$ 分别是综合窗 $h(k)$(基本窗函数)和分析窗 $\gamma(k)$(对偶窗函数)的周期延伸,即

$$\tilde{h}(k) = \sum_i h(k + iL) = \tilde{h}(k + L) \quad (4-5)$$

$$\tilde{\gamma}(k) = \sum_i \tilde{\gamma}(k + iL) = \tilde{\gamma}(k + L) \quad (4-6)$$

定义 $\beta = MN/L$ 为过抽样率。稳定的重建条件(完备性条件,即由系数能完全重建原信号)必须满足 $\beta \geq 1$,此时的抽样称为过抽样。

$\tilde{h}(k)$ 和 $\tilde{\gamma}(k)$ 满足双正交条件式:

$$\sum_{\tau=0}^{L-1} \tilde{h}(k + mN) \text{cas}\left(\frac{2\pi nk}{\overline{N}}\right) \tilde{\gamma}(k) = \frac{L}{NM} \delta_m \delta_n \quad (4-7)$$

其中,$0 \leq m \leq \overline{M} - 1$,$0 \leq n \leq \overline{N} - 1$,$\delta_m,\delta_n$ 表示 Keonecker delta 函数[299]。

4.2.2 阶比跟踪滤波及阶比提取原理

图 4-1 所示为旋转机械振动、噪声信号各阶比成分的转速-频率。图中横轴为参考轴转速 n;纵轴为振动或噪声信号的频率 f;f_c 为时域采样时抗混叠滤

波器的截止频率;O_1 和 O_2 为 1 阶比和 2 阶比成分;O_s 为采样阶比。

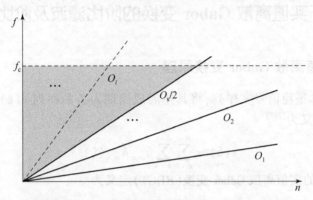

图 4-1　振动、噪声信号各阶比成分的转速-频率

由角域采样定理知,图 4-1 中阴影部分的阶比成分都是发生阶比混叠的成分,在角域采样前必须要用阶比跟踪滤波将其去除才能保证不发生阶比混叠。而在对振动信号中某个阶比成分进行提取时,需将要提取阶比附近的频率成分取出。由此可见,阶比跟踪滤波和阶比提取都属于时频滤波。时频滤波的关键是构造一个具有已知"时频通域"R 的滤波器,使位于 R 内的被滤信号能够通过,其余信号被过滤[161]。

由图 4-1 知,阶比跟踪滤波的"时频通域"为在 $O_s/2$ 阶比产生的频率成分 $f_{O_s/2}$ 以下的时频域。由式(3-2)得

$$f_{O_s/2}(t) = \frac{\frac{O_s}{2} \times n(t)}{60} \qquad (4-8)$$

因此,只要知道采样阶比 O_s 及转速曲线 $n(t)$,即可确定阶比跟踪滤波的"时频通域"为函数 $f_{O_s/2}(t)$ 以下的时频面。

同理可知,当对振动信号中第 i 阶比 O_i 提取时,其"时频通域"为 O_i 阶比产生的频率成分为 f_{O_i} 的时频域。由式(3-2)得

$$f_{O_i}(t) = \frac{O_i \times n(t)}{60} \qquad (4-9)$$

因此,只要知道需提取的阶比 O_i 及转速曲线 $n(t)$,即可确定阶比提取时的"时频通域"为$(f_{O_i}(t) - f') \sim (f_{O_i}(t) + f')$ 的时频面,$2f'$ 为对应时频滤波器的带宽,可根据实际情况进行调节。

4.2.3　基于实值离散 Gabor 变换的阶比跟踪滤波及阶比提取

实值离散 Gabor 变换阶比跟踪滤波及阶比提取的具体步骤如下。

1. 同步采集旋转机械变速阶段的振动、噪声信号及转速信号

这里需要强调的是时域采样时各通道的固定截止频率抗混叠滤波器是不可省略的,否则可能造成时域采样得到的信号发生频率混叠。如果混叠较严重,即使通过数字滤波器或后续的阶比跟踪滤波也无法完全消除混叠成分。同时,注意各通道抗混叠滤波器的相位延迟尽量一致,以保证同步采样。

2. 确定综合窗 $h(k)$ 和其对偶函数 $\gamma(k)$

大量的试验证明,对偶函数和窗口函数越相似,就越能实现对提取阶比分量的时域重构。

设 $h(k)$ 为高斯窗函数[300],即

$$h(k) = \left(\frac{\alpha}{\pi}\right)^{\frac{1}{4}} e^{-\alpha k^2} \quad (4-10)$$

取 $\alpha = \dfrac{\pi}{NN}$,通过解满足式(4-7)条件的欠定方程组求得最小范数解 $\gamma(k)$,在过采样率 $\beta = 4$ 的情况下得到的 $h(k)$ 和 $\gamma(k)$ 近似,能达到实际应用要求[100]。

3. 计算 Gabor 变换系数

由式(4-2)计算振动、噪声信号的实值离散 Gabor 变换系数 $a_{m,n}$。

4. 瞬时转速信号角域滑动平均滤波及插值

由于计算的瞬时转速信号采样间隔小,在每个工作周期内均有多个波动,而由第3步得到的实值离散 Gabor 变换系数 $a_{m,n}$ 的时域抽样间隔远大于瞬时转速信号的抽样间隔,因此利用角域滑动平均滤波技术对瞬时转速信号进行处理后进行三次样条插值处理。角域滑动平均滤波算法如下。

设瞬时转速信号为 $\boldsymbol{n}$,信号角域采样点数为 N,滑动平均点数为 M,则角域滑动平均滤波后的转速信号 $\boldsymbol{n}'$ 为

$$\boldsymbol{n}'_i = \begin{cases} \sum_{j=i}^{i+M-1} \boldsymbol{n}_j / M, & i = 1, 2, \cdots, M \\ \sum_{j=\begin{subarray}{l} i-\mathrm{int}(M/2), \ M\text{为奇数} \\ i-\mathrm{int}(M/2)+1, \ M\text{为偶数} \end{subarray}}^{i+\mathrm{int}(M/2)} \boldsymbol{n}_j / M, & i = M+1, M+2, \cdots, N-M \\ \sum_{j=i-M+1}^{i} \boldsymbol{n}_j / M, & i = N-M+1, \cdots, N \end{cases} \quad (4-11)$$

式中:int 代表取整数。由于 F3L912 发动机飞轮齿数为 129,由 2.2 节瞬时转速计算方法易知发动机一个工作循环内瞬时转速计算的点数为 258 个,因此设置角域滑动平均点数 $M = 258$,发动机实测瞬时转速滑动滤波前后的波形如图 4-2 所示。

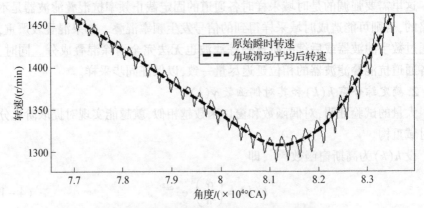

图4-2 原始与滑动平均滤波后瞬时转速对比

将角域滑动平均滤波后的瞬时转速信号 n' 通过三次样条插值的方法得到与 $a_{m,n}$ 相同时域采样时刻的瞬时转速信号 n^c。

5. 阶比滤波及阶比提取的时变滤波

对于阶比滤波,由 4.2.2 小节的分析可知,通过设定的采样阶比 O_s 及转速曲线 $n^c(t)$ 即可确定阶比跟踪滤波的"时频通域",其"时频通域"为函数 $f_{O_s/2}(t)$ 以下的时频面。因此,将"时频通域"部分对应的 Gabor 变换系数 $a_{m,n}$ 保留,其余系数置零。

对于阶比提取,由 4.2.2 小节的分析可知,通过需要提取的阶比 O_i 及转速曲线 $n^c(t)$,即可确定阶比跟踪滤波的"时频通域"。其"时频通域"为 $(f_{O_i}(t) - f') \sim (f_{O_i}(t) + f')$ 的时频面,$f_{O_i}(t)$ 为第 i 阶比的频率成分,$2f'$ 为对应时频滤波器的带宽,可根据实际情况进行调节。将"时频通域"部分对应的 Gabor 变换系数 $a_{m,n}$ 保留,其余系数置零。

需要注意的是,在阶比提取时,时频滤波器 $2f'$ 的带宽调节时具有最小值 (Gabor 时频分布的频域抽样间隔 $\overline{M}$)。

6. Gabor 展开

利用式(4-1)将上一步处理过的 Gabor 变换系数 $a_{m,n}$ 反变换为时域信号,即得阶比跟踪滤波或阶比提取后的信号。

4.2.4 阶比跟踪滤波仿真分析

为验证 4.2.3 小节的阶比跟踪滤波算法效果,设置旋转机械加速阶段振动仿真信号 $s_1(t)$ 如下:

$$s_1(t) = \sin(2\pi\int_0^t f_{O1}(\tau)d\tau) + \sin(2\pi\int_0^t f_{O5}(\tau)d\tau) +$$
$$\sin(2\pi\int_0^t f_{O10}(\tau)d\tau) + \sin(2\pi\int_0^t f_{O18}(\tau)d\tau) + \sin(2\pi\int_0^t f_{O22}(\tau)d\tau)$$
(4-12)

式中：f_{Oi} 为第 i 阶比在匀加速时的瞬时频率，$f_{Oi} = if_{O1}$，$f_{O1} = \mu t + f_0$，$\mu = \frac{(f_e - f_0)}{(L-1)/f_s}$，$n(t) = 60f_{O1}$，其中 μ 为调频系数，f_0 为 1 阶比信号的初始频率，f_e 为 1 阶比信号的终止频率，信号采样点数为 $L = 4096$，信号采样频率为 $f_s = 1024$ Hz，设置 $f_0 = 10$，$f_e = 30$ 来模拟转速在 600～1800 r/min 的匀加速工况。对仿真信号 $s_1(t)$ 进行固定截止频率低通抗混叠滤波，滤波后信号设为 $s_1'(t)$。

设置采样阶比 O_s 为 30，利用 4.2.3 小节的方法对 $s_1'(t)$ 进行阶比跟踪滤波，滤波前后信号的 Gabor 时频分布如图 4-3 所示。可以看出，由于是匀加速工况，所以各阶比成分在时频域内均表现为线性调频信号。阶比跟踪滤波能够将导致阶比混叠的第 18 和 22 阶比成分完全滤除。

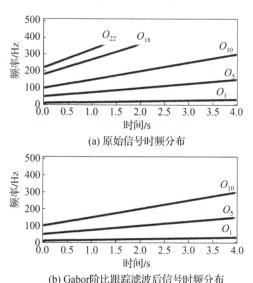

(a) 原始信号时频分布

(b) Gabor 阶比跟踪滤波后信号时频分布

图 4-3　原始仿真信号及阶比跟踪滤波后信号的时频分布

图 4-4 所示为仿真信号 $s_1'(t)$ 阶比跟踪滤波前后的阶比谱对比，可以明显看出，阶比跟踪滤波消除了第 18 阶和第 22 阶比由于阶比混叠而产生的伪阶比成分。

图 4-5 所示为理论阶比跟踪滤波后信号与 Gabor 阶比跟踪滤波后信号对比。理论滤波后信号由第 1、5 阶和第 10 阶比信号直接相加而得。可以看出，二

者在中间段几乎没有误差,而在端点附近有较大的误差,这是由于在边界条件下对信号进行零填充及加窗等原因造成的。在实际工程应用时,可在实际需要分析信号长度的基础上前后各多采集一段信号,在 Gabor 阶比跟踪滤波后将端点附近误差较大的数据剔除即可。

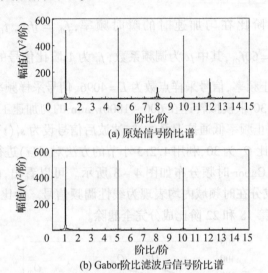

图 4-4 原始仿真信号与阶比跟踪滤波后信号阶比谱对比

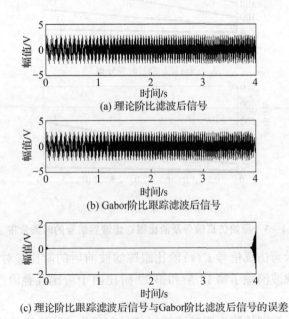

图 4-5 理论与实际阶比跟踪滤波后信号对比

4.2.5 加速状态阶比提取仿真分析

为验证4.2.2小节基于实值离散Gabor变换的阶比提取算法效果,同时为了对比各种阶比分析方法的效果,本节加速仿真信号采用与3.4.5小节中完全相同的仿真信号$s'_e(t)$,其表达式为式(3-37)。信号的时频分布如图4-6(a)所示。

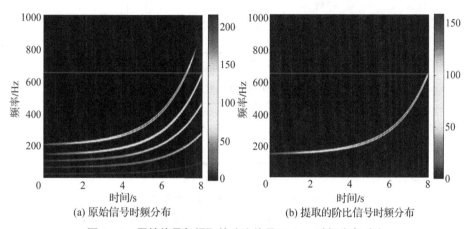

(a) 原始信号时频分布　　　　(b) 提取的阶比信号时频分布

图4-6　原始信号与提取的阶比信号Gabor时频分布对比

利用4.2.3小节的方法提取$s'_e(t)$的第7阶阶比,原始信号与提取的阶比信号Gabor时频分布对比如图4-6所示。可以看出,阶比提取后时频分布图中只剩下第7阶阶比的频率成分。

设置采样阶比O_s为30,图4-7所示为仿真信号$s'_e(t)$的阶比谱及不同时频滤波器带宽提取第7阶比后的阶比谱,可以明显看出,第7阶阶比成分得到不同程度的保留。

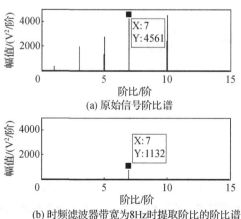

(a) 原始信号阶比谱

(b) 时频滤波器带宽为8Hz时提取阶比的阶比谱

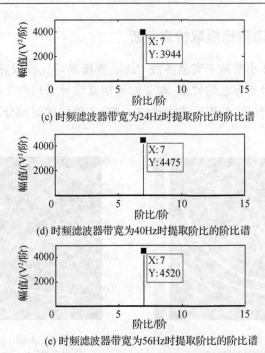

(c) 时频滤波器带宽为24Hz时提取阶比的阶比谱

(d) 时频滤波器带宽为40Hz时提取阶比的阶比谱

(e) 时频滤波器带宽为56Hz时提取阶比的阶比谱

图 4 - 7 原始仿真信号与 Gabor 提取后信号的阶比谱对比

为确定阶比提取过程中时频滤波器带宽对所提取阶比信号精度的影响,分别设置时频滤波器带宽为8Hz、24Hz、40Hz、56Hz,提取的第 7 阶阶比成分与真实值的误差对比如图 4 - 8 所示。可以看出,滤波器带宽较大时提取的阶比成分更为精确。但对于临近阶比(Close Order)的提取,即两个阶比成分的频率成分相邻较近时,滤波器带宽取太大也容易将临近阶比成分也提取出(4.5 节将有详细分析)。因此,在基于实值离散 Gabor 变换的阶比提取在时频滤波器带宽选择时需要注意不要覆盖临近阶比的频率成分。

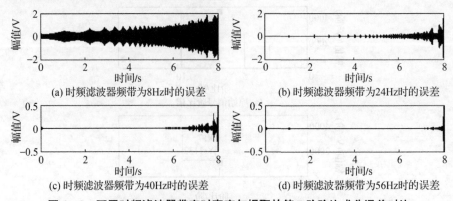

(a) 时频滤波器频带为8Hz时的误差　　(b) 时频滤波器频带为24Hz时的误差

(c) 时频滤波器频带为40Hz时的误差　　(d) 时频滤波器频带为56Hz时的误差

图 4 - 8 不同时频滤波器带宽时真实与提取的第 7 阶阶比成分误差对比

图 4-9 所示为原始信号及利用实值离散 Gabor 变换提取的各阶比分量的时域波形,可以看出,提取的各阶比成分轮廓与仿真信号中各阶比的幅度调制函数一致。

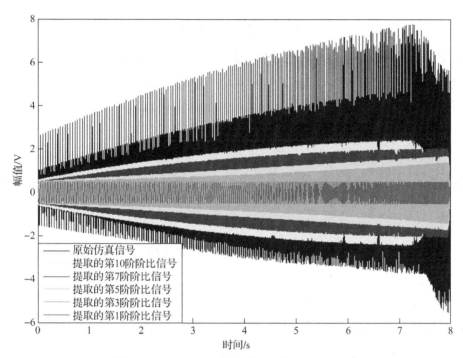

图 4-9　原始信号及利用 Gabor 变换法提取的各阶比分量波形(见彩插)

4.3　基于 Vold-Kalman 滤波的阶比跟踪研究

当多个转轴的运动是独立的,则不同的转轴对应的阶比在频率上会有交叉,这时就产生了交叉阶比[301]。交叉的阶比之间会产生相互的耦合作用,导致提取的阶比波形受到交叉阶比的干扰,提取的结果产生失真。

Vold 和 Leuridan 在 1993 年最先提出了基于 Kalman 滤波器的转速阶比跟踪高分辨率算法,即 Vold-Kalman 阶比跟踪方法(VKF_OT)[302],使得阶比跟踪分析中实现了时变阶比谱分析功能。由于 Vold-Kalman 阶比跟踪滤波方法拥有优于其他阶比跟踪方法的特点,引起了研究者的关注,成为实际工程应用中的主要算法。

4.3.1　Vold-Kalman 跟踪滤波

阶比定义为参考轴每转内发生的循环振动次数,可设定为一个幅值和频率随时间变化而变化的正弦函数,阶比的频率和参考轴的旋转频率相关联。设信号 $x(t) = A\cos(\omega t)$ 为实际测量信号 $y(t)$ 的某一个分量,则阶比信号可以表示为幅值和载波的乘积[303,118-119]:

$$x(t) = \sum_{-\infty}^{+\infty} a_k(t) \Theta_k(t) \qquad (4-13)$$

式中:k 为基准频率或参考轴转速的倍数,表示为被跟踪的阶比;$a_k(t)$ 表示复包络,代表了阶比幅值的变化,$a_{-k}(t)$ 是 $a_k(t)$ 的复共轭,$a_k(t) = a_{-k}(t)^*$。$\Theta_k(t)$ 为载波,表达式为

$$\Theta_k(t) = \exp\left(ik\int_0^t \omega(\tau)d\tau\right) \qquad (4-14)$$

式中:$\omega(\tau)$ 为参考轴的角频率;$\int_0^t \omega(\tau)d\tau$ 为角位移。式(4-14)的离散形式表示为

$$\Theta_k(n) = \exp\left(ik\sum_{m=0}^n \omega(m)\Delta T\right) \qquad (4-15)$$

1. 状态方程

由式(4-13)知,复包络 $a_k(t)$ 是载波 $\Theta_k(t)$ 的低频幅值调制,低频调制引起包络的平滑,也就是说包络在局部范围内近似于一个低阶多项式。用低阶多项式表示阶比信号的幅值变化,则系统的状态方程为

$$\nabla^s x_k(n) = \varepsilon(n) \qquad (4-16)$$

式中:∇ 代表不同的算子;s 代表给定的阶数;$\varepsilon(n)$ 为非一致项。

多项式的阶次决定了滤波器的滤波效果,1 阶、2 阶和 3 阶多项式分别为

$$\nabla x(n) = x(n) - x(n+1) = \varepsilon(n) \qquad (4-17)$$

$$\nabla^2 x(n) = x(n) - 2x(n+1) + x(n+2) = \varepsilon(n) \qquad (4-18)$$

$$\nabla^3 x(n) = x(n) - 3x(n+1) + 3x(n+2) - x(n+3) = \varepsilon(n) \qquad (4-19)$$

2. 观测方程

设定 Vold-Kalman 滤波器只提取单个阶比成分,则观测方程为

$$y(n) = x(n)\Theta(n) + \xi(n) \qquad (4-20)$$

式中:$\Theta(n) = \exp\left(i\sum_{m=0}^n \omega(m)\Delta T\right)$;$y(n)$ 为实测数据;$\xi(n)$ 为是非跟踪的阶比和随机信号。

根据观测方程式(4-20)得到矩阵形式为

$$\boldsymbol{y} - \boldsymbol{Cx} = \boldsymbol{\xi} \qquad (4-21)$$

$$C = \begin{bmatrix} \Theta(1) & 0 & 0 & \cdots & 0 \\ 0 & \Theta(2) & 0 & \cdots & 0 \\ 0 & 0 & \Theta(3) & \cdots & 0 \\ \vdots & \vdots & \vdots & & \vdots \\ 0 & 0 & 0 & \cdots & \Theta(N) \end{bmatrix} \quad (4-22)$$

4.3.2 Vold–Kalman 滤波器阶比分量求解算法

系统的状态方程和测试方程对于 $x(n)$ 是欠系统，求解方程的解 $x(n)$ 的前提条件就是非阶比分量、背景噪声 $\xi(n)$ 和非一致相 $\varepsilon(n)$ 的平方和最小。

1. 单轴阶比求解算法

状态方程的非一致项 $\varepsilon(n)$ 的平方和为[304]：

$$\boldsymbol{\varepsilon}^T \boldsymbol{\varepsilon} = \boldsymbol{x}^T \boldsymbol{A}^T \boldsymbol{A} \boldsymbol{x} \quad (4-23)$$

观测方程的非阶比分量和背景噪声 $\xi(n)$ 的平方和为

$$\boldsymbol{\xi}^T \boldsymbol{\xi} = (\boldsymbol{y}^T - \boldsymbol{x}^H \boldsymbol{C}^H)(\boldsymbol{y} - \boldsymbol{C}\boldsymbol{x}) \quad (4-24)$$

引入加权因子 r，即

$$J = r^2 \boldsymbol{\varepsilon}^T \boldsymbol{\varepsilon} + \boldsymbol{\xi}^T \boldsymbol{\xi} \quad (4-25)$$

式中：加权因子 r 是为了平衡非一致项 $\varepsilon(n)$ 和非阶比分量及背景噪声 $\xi(n)$ 所占的比例以及对最后结果的影响，加权因子 r 决定了滤波器的跟踪特性。求 J 的一阶导数并使其为零：

$$\frac{\partial J}{\partial \boldsymbol{x}^H} = \frac{\partial}{\partial \boldsymbol{x}^H} [r \boldsymbol{x}^T \boldsymbol{A}^T \boldsymbol{A} \boldsymbol{x} + (\boldsymbol{y}^T - \boldsymbol{x}^H \boldsymbol{C}^H)(\boldsymbol{y} - \boldsymbol{C}\boldsymbol{x})]$$

$$= 2r^2 \boldsymbol{A}^T \boldsymbol{A} \boldsymbol{x} + 2(\boldsymbol{x} - \boldsymbol{C}^H \boldsymbol{y}) = 0 \quad (4-26)$$

求解式(4-26)得到包络 $x(n)$ 为

$$\boldsymbol{x} = (r^2 \boldsymbol{A}^T \boldsymbol{A} + \boldsymbol{E})^{-1} \boldsymbol{C}^H \boldsymbol{y} \quad (4-27)$$

2. 多轴阶比求解算法

用 Vold–Kalman 滤波器同时求解 K 个阶比分量，尤其是存在阶比交叉的情况时，要求确保信号总的能量在各阶比之间的分布，即实际测得的振动信号 $y(n)$ 由各阶比分量 $x(n)$ 的总和加上测量误差和噪声 $\xi(n)$ 组成。系统的观测方程[305]为

$$y(n) = \sum_{k \in j} a_k(n) \Theta_k(n) + \xi(n), \quad j = \pm 1, \pm 2, \cdots, \pm K \quad (4-28)$$

写成矩阵形式为

$$y - [C_1 C_1 C_1 \cdots C_K] \begin{bmatrix} a_1 \\ a_2 \\ a_3 \\ \vdots \\ a_K \end{bmatrix} = \xi \qquad (4-29)$$

则有

$$J = \sum_{k \in j} r^2 \varepsilon_k^T \varepsilon_k + \xi^T \xi$$
$$= \sum_{k \in j} r^2 x_k^H A^T A x_k + (y^T - \sum_{k \in j} x_k^H C_k^H)(y - \sum_{k \in j} C_k x_k), \quad j = \pm 1, \pm 2, \cdots, \pm K \qquad (4-30)$$

通过最小二乘法使测量误差和非一致项误差的平方和最小[306],则有

$$\frac{\partial J}{\partial x_k^H} = B_k x_k + C_k^H \sum_{\substack{i=1 \\ i \neq k}} C_i x_i - C_k^H y = 0, \quad k = \pm 1, \pm 2, \cdots, \pm K \qquad (4-31)$$

将式(4-30)和式(4-31)分别展开后,相当于求解方程组:

$$\begin{bmatrix} 0 \\ 0 \\ 0 \\ \vdots \\ 0 \\ y \end{bmatrix} - \begin{bmatrix} r_1 A & 0 & \cdots & 0 & 0 \\ 0 & r_2 A & \cdots & 0 & 0 \\ \vdots & \vdots & & \vdots & \vdots \\ 0 & 0 & \cdots & r_{K-1} A & 0 \\ 0 & 0 & \cdots & & r_K A \\ C_1 & C_2 & \cdots & C_{K-1} & C_K \end{bmatrix} \begin{bmatrix} a_1 \\ a_2 \\ a_3 \\ \vdots \\ a_{K-1} \\ a_K \end{bmatrix} = \begin{bmatrix} rP \\ \xi \end{bmatrix} \qquad (4-32)$$

式中:

$$r = \begin{bmatrix} r_1 & 0 & 0 & 0 & 0 \\ 0 & r_2 & 0 & 0 & 0 \\ \vdots & \vdots & & \vdots & \vdots \\ 0 & 0 & 0 & r_{K-1} & 0 \\ 0 & 0 & 0 & 0 & r_K \end{bmatrix}, P = \begin{bmatrix} \varepsilon_1 \\ \varepsilon_2 \\ \vdots \\ \varepsilon_{K-1} \\ \varepsilon_K \end{bmatrix}$$

矩阵形式为

$$Y - Bx = Z \qquad (4-33)$$

其最小范数解为

$$B^H B x = B^H Y \qquad (4-34)$$

需要注意的是,由于直接计算的瞬时转速采样时刻与原始振动信号的采样

时刻并不一致,因此输入方程(4-13)的转速信号需要进行与基于Gabor变换的阶比提取时一样的处理,即原始瞬时转速信号先进行角域滑动平均滤波(算法见式(4-11)),滤波后的信号通过三次样条插值使转速信号与原始振动信号有相同的采样时刻。综合Vold-Kalman跟踪滤波器的时域响应特性和频域相应特性,本章采用二阶Vold-Kalman滤波器。

4.3.3 加速状态Vold-Kalman跟踪滤波仿真分析

为测试Vold-Kalman跟踪滤波法在阶比提取中的效果,同时为了比较不同阶比分析方法的效果,本小节仿真信号仍然采用与3.4.5小节完全相同的仿真信号$s'_e(t)$,其表达式为式(3-37)。信号的时频分布如图4-10(a)所示。

利用4.3.2小节的单轴阶比求解算法提取$s'_e(t)$的第7阶阶比,原始信号与提取的阶比信号Gabor时频分布对比如图4-10所示。可以看出,阶比提取后时频分布图中只剩下第7阶阶比的频率成分。

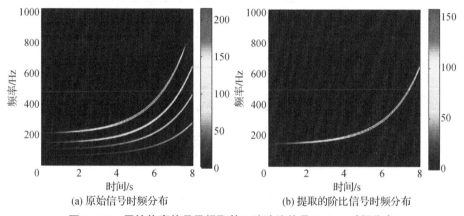

(a) 原始信号时频分布　　　　　(b) 提取的阶比信号时频分布

图4-10　原始仿真信号及提取第7阶阶比信号Gabor时频分布

设置采样阶比O_s为30,图4-11所示为仿真信号$s'_e(t)$的阶比谱及Vold-Kalman跟踪滤波器不同滤波器带宽提取第7阶比后的阶比谱,可以明显看出,第7阶阶比成分得到较好的保留。

为确定阶比提取过程中Vold-Kalman跟踪滤波器带宽对所提取阶比信号精度的影响,分别设置滤波器带宽为1Hz、3Hz、5Hz、7Hz,提取的第7阶阶比成分与真实值的误差对比如图4-12所示。可以看出,滤波器带宽为7Hz时提取的阶比成分误差最小。图4-13所示为原始信号及利用4.3.2小节的Vold-Kalman单轴阶比的求解算法提取的各阶比分量的时域波形,可以看出,提取的各阶比成分轮廓与仿真信号中各阶比的幅度调制函数一致。

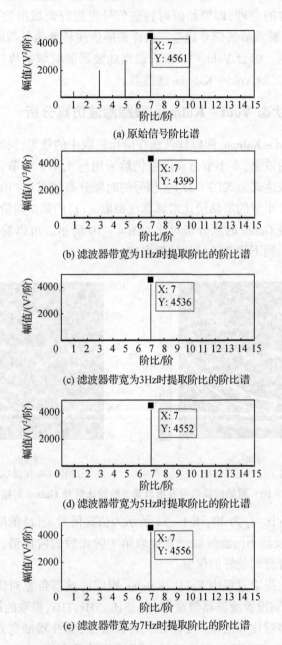

图 4-11 不同滤波器带宽时提取的第 7 阶阶比信号与原始信号的阶比谱

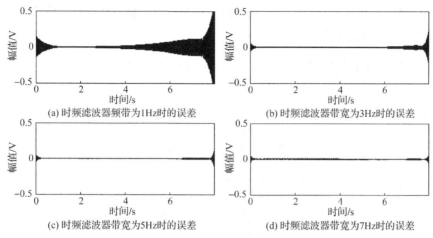

图4-12 不同滤波器带宽时提取的第7阶阶比信号的误差

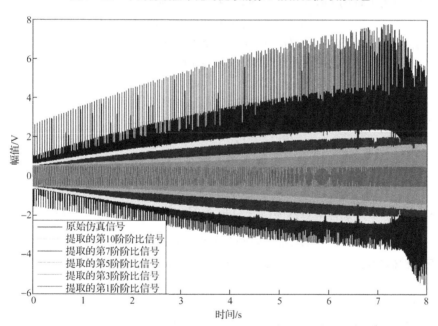

图4-13 原始仿真信号及Vold-Kalman跟踪滤波后提取的各阶比信号(见彩插)

4.4 交叉阶比信号跟踪滤波仿真对比研究

交叉阶比(Crossing Order)是指多轴机械传动系统中,频率发生交叠的非关联阶比。本节利用仿真信号来测试不同阶比提取算法在交叉阶比信号提取中的效果,仿真信号 s_x 为旋转机械1轴做匀加速旋转,2轴做匀速旋转时产生的交叉阶比信号。也可认为是发动机主轴的阶比信号及某一固有频率信号混合后的振动信号。s_x 的表达式如下：

$$s_x(t) = \mathrm{rect}\left(\frac{t}{T}\right)\left(H_1(t)\cos\left(2\pi\int_0^t f_{O_1}^2(\tau)\mathrm{d}\tau\right) + \sum_{i=1,2}G_i(t)\cos\left(2\pi\int_0^t f_{O_i}^1(\tau)\mathrm{d}\tau\right)\right) \quad (4-35)$$

式中：

$$\mathrm{rect}\left(\frac{t}{T}\right) = \begin{cases} 1, & 0 \leqslant t \leqslant T \\ 0, & 其他 \end{cases} \quad (4-36)$$

$\mathrm{rect}\left(\frac{t}{T}\right)$ 是一个矩形脉冲函数，T 为加速时间。

$$G_i(t) = \begin{cases} 0.5\mathrm{e}^{0.13t}, & i=1 \\ 0.15t+0.5, & i=2 \end{cases} \quad (4-37)$$

$G_i(t)$ 为 1 轴第 i 阶比分量的振动幅值调制函数。

$$H_1(t) = 0.5 + 0.375t + 0.023t^2 \quad (4-38)$$

$H_1(t)$ 为 2 轴第 1 阶比分量的振动幅值调制函数。

$$f_{O_i}^j(t) = \frac{O_i \times n_j(t)}{60} \quad (4-39)$$

$f_{O_i}^j(t)$ 为 j 轴第 i 阶比的瞬时频率。

$$n_j(t) = \begin{cases} A \times t + B, & j=1 \\ C, & j=2 \end{cases} \quad (4-40)$$

式中：n_j 为第 j 轴的转速。

将式(4-39)和式(4-40)代入式(4-35)得

$$s_x(t) = \mathrm{rect}\left(\frac{t}{T}\right)\left(H_1(t)\cos\left(\pi\frac{Ct}{30}\right) + \sum_{i=1,2}G_i(t)\cos\left(\pi i\frac{At^2+2Bt}{60}\right)\right) \quad (4-41)$$

设定采样频率为 256Hz，加速时间 T 为 8s，将 $A=225$，$B=600$ 代入式(4-40)，易知 1 轴初始转速为 600r/min，末转速为 2400r/min。将 $C=1800$ 代入式(4-40)，易知 2 轴转速恒定为 1800r/min。图 4-14 所示为仿真信号 s_x 的 Gabor 时频分布图。可以看出 2 轴的 1 阶比信号与 1 轴的第 1、2 阶比信号均有交叉。

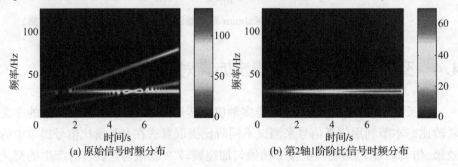

(a) 原始信号时频分布　　　　　(b) 第2轴1阶阶比信号时频分布

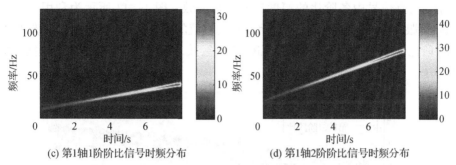

(c) 第1轴1阶阶比信号时频分布   (d) 第1轴2阶阶比信号时频分布

图 4-14　第 1、2 轴的阶比信号及混合后仿真信号的 Gabor 时频分布图

4.4.1　基于 Gabor 变换法的交叉阶比提取

基于实值离散 Gabor 变换的阶比提取方法需要先将信号变换到时频域。由图 4-14(a)的 Gabor 时频分布可以看出,多轴阶比信号混合后,在阶比交叉点附近的时频分布中产生了较为严重的交叉项,因此在将某个阶比成分的时频分布隔离并反变换后就会在交叉点附近的时域信号产生畸变。

利用 4.2.3 小节的 Gabor 变换法在不同时频滤波器带宽时提取的第 1 轴 1 阶阶比信号与真实值的误差如图 4-15 所示,可以看出,不同时频滤波器带宽提取的第 1 轴 1 阶阶比信号均在时频分布交叉点附近产生了较大的误差。

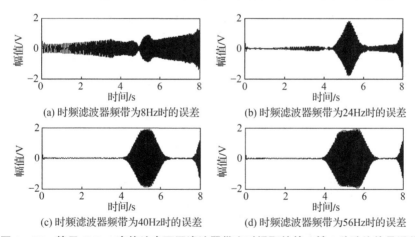

(a) 时频滤波器频带为8Hz时的误差　　(b) 时频滤波器频带为24Hz时的误差

(c) 时频滤波器频带为40Hz时的误差　　(d) 时频滤波器频带为56Hz时的误差

图 4-15　基于 Gabor 变换法在不同滤波器带宽时提取的第 1 轴 1 阶阶比信号误差

4.4.2　基于 Vold-Kalman 跟踪滤波的交叉阶比提取

利用 4.3.2 小节 Vold-Kalman 多轴阶比的求解算法提取各阶比信号如图 4-16 所示,跟踪滤波时滤波器带宽选为 1.6Hz,可以看出,提取的各阶比成分

轮廓与仿真信号中各阶比的幅度调制函数一致。图 4-17 所示为利用 Vold-Kalman 跟踪滤波法提取的各阶比信号与真实值的误差,可以看出,第 1、2 轴提取的各阶比信号在阶比交叉点附近无畸变误差,效果明显优于基于 Gabor 变换的提取方法。

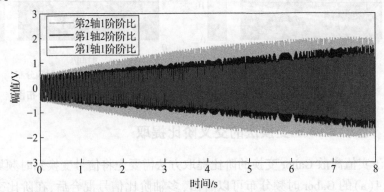

图 4-16 利用 Vold-Kalman 跟踪滤波后提取的各阶比信号

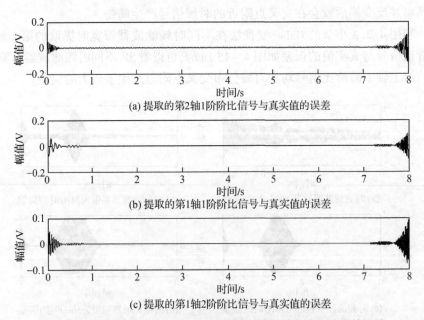

图 4-17 利用 Vold-Kalman 跟踪滤波后提取的各阶比信号的误差

4.5 临近阶比信号跟踪滤波仿真对比研究

临近阶比是指两个频率成分较近的阶比。本节利用仿真信号来测试不同阶比提取算法在临近阶比信号提取中的效果。同时,为比较不同阶比分析方法的效果,本节的仿真信号 s_L 为将 3.4.5 小节中由式(3-37)确定的仿真信号 $s_\mathrm{e}(t)$ 再加上一个 7.5 阶阶比信号 $s_{7.5}$ 而成。第 7.5 阶阶比信号 $s_{7.5}$ 与第 7 阶阶比信号形成临近阶比。$s_{7.5}$ 幅度调制函数 $G_{7.5}(t)$ 的表达式为

$$G_{7.5}(t) = 0.55 + 0.4125t + 0.0253t^2 \quad (4-42)$$

为消除频率混叠,将仿真信号 s_L 进行固定截止频率抗混叠滤波得到信号 s'_L。s'_L 的时频分布如图 4-18 所示。

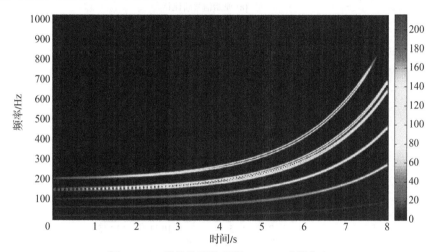

图 4-18 原始仿真信号的 Gabor 时频分布

4.5.1 基于 Gabor 变换法的临近阶比提取

由图 4-18 的 Gabor 时频分布可以看出,第 7 和 7.5 阶这对临近阶比之间产生了较为严重的交叉项,因此将临近阶比中某个阶比成分利用 Gabor 变换隔离并反变换后,就会由于交叉项的干扰而对所提取的阶比产生误差。

原始仿真信号及利用 4.2.3 小节的基于 Gabor 变换的阶比提取方法在不同时频滤波器带宽时提取的第 7 阶阶比信号的阶比谱如图 4-19 所示,可以看出,虽然时频滤波器带宽较大时提取的第 7 阶阶比的阶比谱峰值与原始信号较为接近,但由于滤波器带宽的变大也将临近的第 7.5 阶阶比信号混入。

图 4-20 所示为不同时频滤波器带宽时通过实值离散 Gabor 变换法提取的第 7 阶阶比信号与真实值的误差,可以看出,由于交叉项的影响,不同时频滤波器带宽下提取的阶比信号与真实值均有较大的误差。

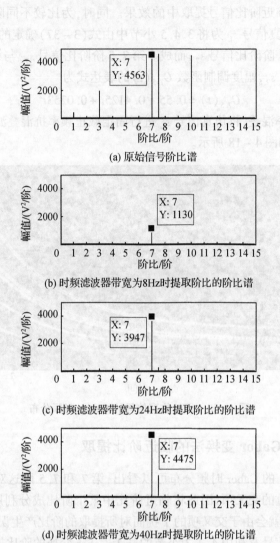

图 4-19 原始信号及不同滤波器带宽 Gabor 变换法提取的第 7 阶阶比信号阶比谱

第 4 章 发动机振动噪声信号的阶比滤波及阶比提取

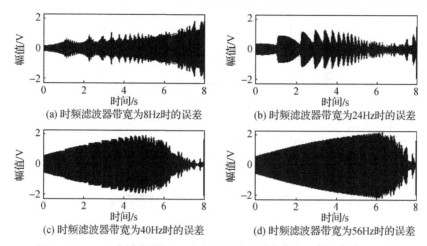

图 4-20 不同滤波器带宽 Gabor 变换法提取的第 7 阶阶比信号的误差

4.5.2 基于 Vold – Kalman 跟踪滤波的临近阶比提取

本小节利用 4.3.2 小节的 Vold – Kalman 单轴阶比求解算法提取仿真信号 s_L 中的第 7 阶阶比。原始信号及不同滤波器带宽 Vold – Kalman 滤波法提取的第 7 阶阶比信号阶比谱如图 4-21 所示。可以看出,不同滤波器带宽提取的第 7 阶阶比的谱值与原始信号中的谱值基本相同,而且也没有混入其他阶比成分。

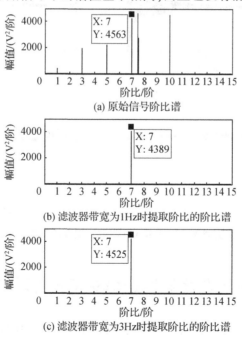

(a) 原始信号阶比谱

(b) 滤波器带宽为 1Hz 时提取阶比的阶比谱

(c) 滤波器带宽为 3Hz 时提取阶比的阶比谱

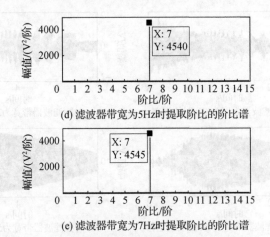

(d) 滤波器带宽为5Hz时提取阶比的阶比谱

(e) 滤波器带宽为7Hz时提取阶比的阶比谱

图 4-21 原始信号及不同滤波器带宽时 Vold-Kalman 滤波法提取的第 7 阶阶比信号阶比谱

不同滤波器带宽 Vold-Kalman 滤波法提取的第 7 阶阶比信号与真实值的误差如图 4-22 所示。可以看出,不同滤波器带宽时提取的阶比信号与真实值的误差均远小于 Gabor 变换法提取时产生的误差。

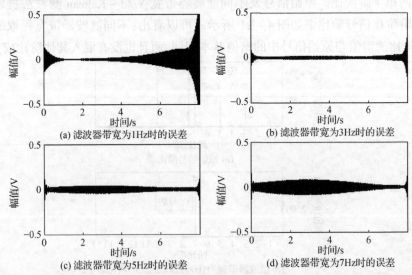

图 4-22 不同滤波器带宽时 Vold-Kalman 滤波法提取的第 7 阶阶比信号与真实值的误差

4.6 发动机临近阶比信号跟踪滤波实验对比

为测试不同阶比提取算法在发动机实测信号中应用的效果,利用3.3节的在线监测系统同步采集正常工况下 F3L912 型柴油发动机喷油泵下方第 2 缸缸体和油底壳接合处的加速度信号及磁电式转速传感器信号。发动机机体实测振动信号波形、Gabor 时频分布及同步采集并计算的瞬时转速信号如图 4-23 所示。

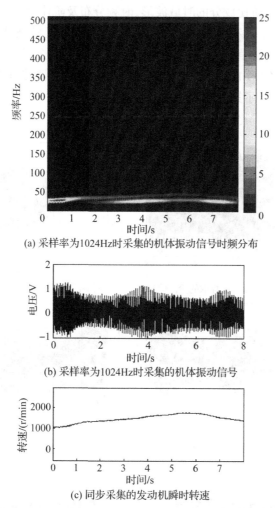

(a) 采样率为 1024Hz 时采集的机体振动信号时频分布

(b) 采样率为 1024Hz 时采集的机体振动信号

(c) 同步采集的发动机瞬时转速

图 4-23　发动机机体实测振动信号波形、Gabor 时频分布及同步采集的瞬时转速

由于三缸四冲程发动机转频为 1 阶阶比信号,而燃爆引起的周期性振动是 1.5 阶阶比信号,因此二者属于临近阶比。观察图 4-23(a) 结合图 4-23(c) 可以看出,机体振动信号低频部分主要包含转频(1 阶)和 1.5 阶两个阶比的频率成分。本节将利用 Gabor 变换法和 Vold-Kalman 跟踪滤波法分别对第 1 阶阶比信号进行提取,并对提取后的阶比信号及阶比谱进行对比分析。

4.6.1 基于 Gabor 变换法的临近阶比提取

利用 4.2.3 小节的基于 Gabor 变换的方法来提取第 1 阶阶比成分,分别设置时频滤波器带宽为 8Hz、24Hz、40Hz、56Hz。图 4-24、图 4-25 及图 4-26 分别为提取的第 1 阶阶比成分的时域波形、时频分布及阶比谱。

对比图 4-23(a) 和图 4-25 的时频分布可以看出,滤波器带宽为 8Hz 时,虽然提取到了第 1 阶信号,但第 1 阶阶比信号并没有完全提取出。滤波器带宽为 24Hz 时,提取的第 1 阶阶比信号较为完整。当滤波器带宽为 40Hz 及 56Hz 时,虽然完整地提取了第 1 阶阶比成分,但混入了较多的第 1.5 阶阶比的频率成分。由图 4-26 的阶比谱也可以观察到上述现象。

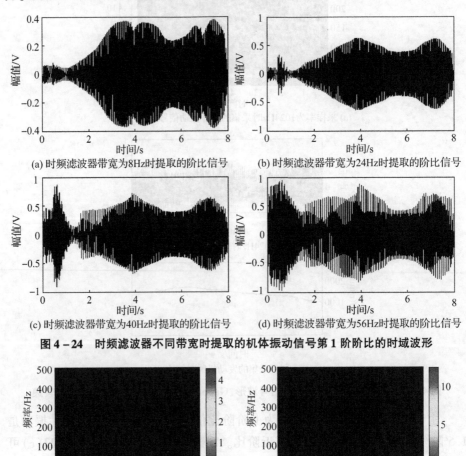

图 4-24 时频滤波器不同带宽时提取的机体振动信号第 1 阶阶比的时域波形

第4章 发动机振动噪声信号的阶比滤波及阶比提取

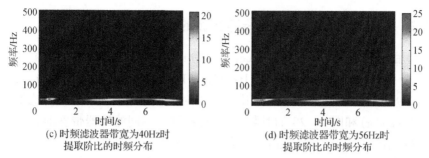

(c) 时频滤波器带宽为40Hz时提取阶比的时频分布

(d) 时频滤波器带宽为56Hz时提取阶比的时频分布

图 4-25 时频滤波器不同带宽时提取的机体振动信号第 1 阶阶比的 Gabor 时频分布

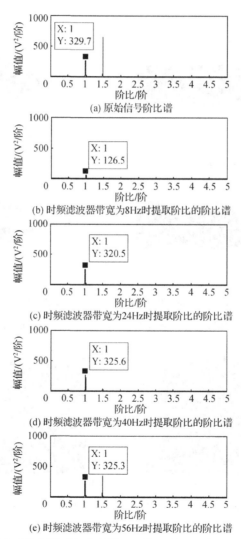

(a) 原始信号阶比谱

(b) 时频滤波器带宽为8Hz时提取阶比的阶比谱

(c) 时频滤波器带宽为24Hz时提取阶比的阶比谱

(d) 时频滤波器带宽为40Hz时提取阶比的阶比谱

(e) 时频滤波器带宽为56Hz时提取阶比的阶比谱

图 4-26 机体振动信号及时频滤波器不同带宽时提取的第 1 阶信号的阶比谱

4.6.2 基于 Vold–Kalman 跟踪滤波的临近阶比提取

利用 4.3.2 小节 Vold–Kalman 单轴阶比的求解算法来提取第 1 阶阶比成分，分别设置滤波器带宽为 1Hz、3Hz、5Hz、7Hz。图 4-27、图 4-28 及图 4-29 分别为提取的第 1 阶阶比成分的时域波形、时频分布及阶比谱。对比图 4-23(a) 和图 4-28 的时频分布可以看出，不同滤波器带宽时提取的第 1 阶阶比信号都较为完整，且没有混入 1.5 阶阶比信号的干扰。由图 4-29 的阶比谱也可以看出，Vold–Kalman 跟踪滤波能较好地提取邻近阶比中的某个阶比分量。

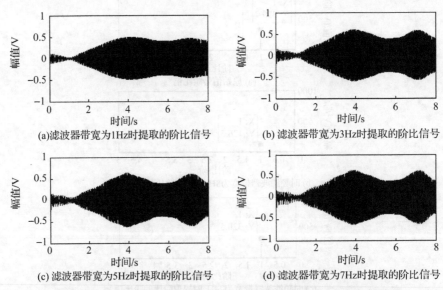

图 4-27 机体实测振动信号不同滤波器带宽提取的第 1 阶阶比信号

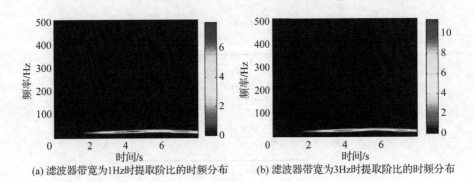

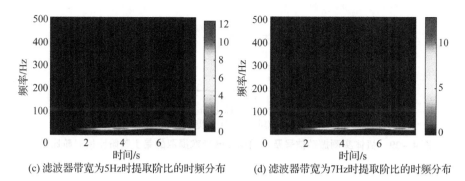

(c) 滤波器带宽为5Hz时提取阶比的时频分布　　(d) 滤波器带宽为7Hz时提取阶比的时频分布

图4-28　机体实测振动信号不同滤波器带宽提取的第1阶阶比信号时频分布

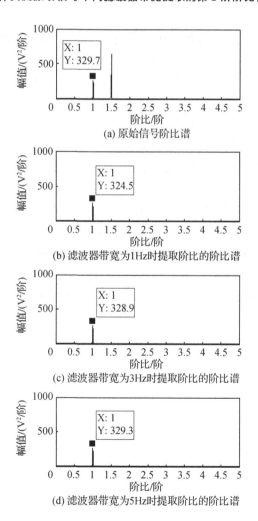

(a) 原始信号阶比谱

(b) 滤波器带宽为1Hz时提取阶比的阶比谱

(c) 滤波器带宽为3Hz时提取阶比的阶比谱

(d) 滤波器带宽为5Hz时提取阶比的阶比谱

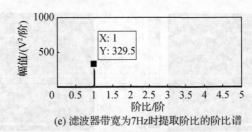

(e) 滤波器带宽为7Hz时提取阶比的阶比谱

图4-29 机体实测振动信号及不同滤波器带宽提取的第1阶阶比信号阶比谱

4.7 本章小结

本章研究了基于实值离散 Gabor 变换和 Vold – Kalman 滤波器的阶比跟踪滤波及阶比分量提取算法,主要研究内容及结论如下。

(1)通过分析角域采样时阶比混叠的形成机理,提出了基于实值离散 Gabor 变换的阶比跟踪滤波算法,避免了分段滤波的边缘效应、相位延迟带来的误差及复杂的分段算法。分析了阶比跟踪滤波的"时频通域"与采样阶比及转速的关系,确定了阶比跟踪滤波的具体步骤。通过对仿真信号阶比跟踪滤波前后的时频分布、阶比谱和时域信号对比均可看出,本算法能够有效地将发生阶比混叠的阶比成分滤除。

(2)通过研究实值离散 Gabor 变换及满足信号时域重构的对偶函数双正交条件,实现了在时频域的可变中心频率带通滤波,分离出了各阶比分量。研究了 Vold – Kalman 滤波器的阶比提取及单轴与多轴阶比的求解算法。利用仿真和实测信号对比了两种阶比提取算法在普通阶比、交叉阶比和邻近阶比提取中的效果。结果表明,基于 Vold – Kalman 滤波器的阶比提取算法在交叉阶比和邻近阶比的提取中具有明显的优势。

第 5 章　阶比跟踪在曲轴及连杆轴承故障诊断中的应用

5.1　引言

往复活塞式发动机的曲轴及连杆轴承一般为滑动轴承,由于承受高负荷气体压力及往复惯性力的反复冲击,以及可能存在的装配不良、保养不当和超负荷运行等原因,容易过度磨损,严重时会造成粘瓦、烧轴等恶性事故。曲轴及连杆轴承位于发动机结构底部,拆装检修极其不便,因此如果能通过对测取的发动机机体振动信号进行分析,完成对发动机曲轴及连杆轴承间隙的不解体监测,那么对于实现发动机的状态预测、维修都具有非常重要的意义。

发动机在加速状态下,机械部件会受到更为强烈的激励,使故障暴露得更明显[307]。但由于在加速状态下测得的信号往往是非稳态信号,因此通过普通的时域或频域分析很难看清信号的产生机理及变化规律。时频分析方法能够反映信号在时频域内的变化规律,阶比跟踪技术是旋转机械变速工况振动信号分析的重要技术,因此将二者结合能够较好地分析和处理加速工况的非平稳信号。

由于往复活塞式发动机不仅有旋转运动,而且有往复运动,因此其机体振动信号较普通旋转机械更为复杂,除阶比成分外,还有曲柄连杆、活塞等机构的冲击成分。由于这些冲击信号的频率成分往往较为固定,并不是与转速成正比关系的阶比成分,在对其进行角域采样后就会产生伪阶比成分,所以通过阶比跟踪技术来分析发动机振动噪声信号还需进一步分析其适用范围。

针对上述问题,本章将在时频域内详细分析曲轴及连杆轴承在不同磨损程度和不同转速及加速时提取的机体振动信号,结合同步采集的磁电式转速传感器信号及外卡油压信号,找出其时频分布的变化规律及相应的故障机理。研究利用阶比跟踪及共振解调等技术对振动信号进行信号处理及故障特征值提取,最终提取相应的特征值用于故障诊断。

5.2 试验系统相关设置

曲轴及连杆轴承故障诊断测试机型为东风 EQ6BT 型 6 缸 4 冲程柴油发动机,发火次序为 1—5—3—6—2—4。通过设置第 3 缸前后两道曲轴轴承配合间隙为 0.08mm、0.2mm 和 0.4mm 来模拟第 3 缸曲轴轴承正常、轻微磨损和严重磨损工况。通过设置第 3 缸连杆轴承配合间隙为 0.07mm、0.2mm 和 0.4mm 来模拟第 3 缸连杆轴承正常、轻微磨损和严重磨损故障。

文献[27]通过分析指出,东风 EQ6BT 型发动机曲轴轴承和连杆轴承单一故障的最佳诊断部位位于发动机缸体和油底壳接合处右侧,因此本章将振动传感器安装在发动机缸体和油底壳接合处第 3 缸右侧,如图 5 – 1 中 A 点下方的圆圈位置,测取水平方向机体振动信号。采样频率为 12.8kHz,采样点数为 16384。信号样本在匀速及加速状态下采集。加速采集时利用事先设定好的某个转速值来触发采集,即当转速达到设定值时开始采集振动信号,采集 16384 个点后自动停止采集。磁电式转速传感器信号及第 1 缸外卡油压信号也与振动信号同步采集,转速传感器对应的齿数为 173。

图 5 – 1 试验发动机及加速度传感器安装位置

5.3 基于时频分析及阶比跟踪的曲轴轴承故障诊断研究

本节将详细分析曲轴轴承在不同磨损工况及不同转速时机体振动信号的时频分布,结合同步采集的转速及外卡油压信号,分析故障机理并提取特征值用于故障诊断。

5.3.1 加速工况振动信号的时频分析及阶比跟踪

图 5-2 所示为触发转速 1300r/min 加速运转时曲轴轴承不同磨损工况下测取的振动信号,可以看出,通过时域波形很难区分这些工况。

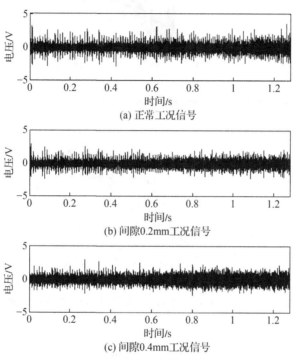

图 5-2 触发转速 1300r/min 加速时不同工况测取的振动信号

图 5-3 ~ 图 5-5 分别为图 5-2 中三个信号的 Gabor 时频分布,对比这三幅图可以看出,虽然不同轴承间隙下振动信号的时频分布差异很大,但按其时频域能量的分布特点可以从中分出两大主要部分:第一部分为在 2600 ~ 3100Hz,在整个时域均有分布的信号成分,其频率不随转速的增加而有明显的上升,但随着曲轴间隙的增大有减弱的趋势;第二部分为随着转速的增加,频率由 3100Hz 逐渐上升到 4000Hz 左右的信号成分,随着曲轴间隙的增大有增强的趋势。第二部分信号成分表现出很强的非平稳性,如果用常规的频谱分析法处理将会产生"频率涂抹"现象[75,308]。

为了验证加速时振动信号 3100Hz 以上频带成分与转速之间的关系,即这部分频带成分是否主要为某个阶比成分,对振动信号做如下处理。

(1) 对振动信号做过采样率为 4 的实值离散 Gabor 变换,得到的展开系数矩阵即振动信号的时频分布。

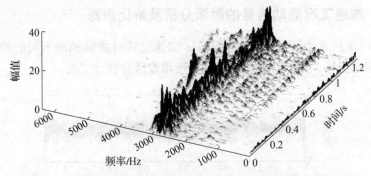

图 5-3 触发转速 1300r/min 加速时正常工况振动信号时频分布

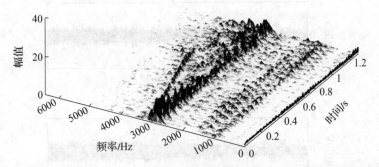

图 5-4 触发转速 1300r/min 加速时轴承间隙 0.2mm 工况振动信号时频分布

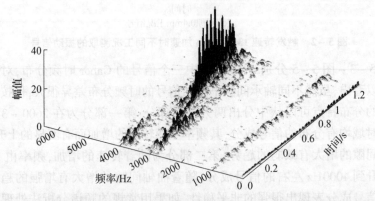

图 5-5 触发转速 1300r/min 加速时轴承间隙 0.4mm 工况振动信号时频分布

(2) 对时频分布中每个时刻均在大于 3100Hz 的频率范围内寻找使时频分布幅值最大的频率值,将所有时刻找到的符合条件的频率值按时间顺序排列,即可得到 3100Hz 以上频带峰值频率成分相对于时间变化的曲线关系,将其记为 $F_{\max}(t)$。

(3)将同步采集转速信号 $n(t)$ 代入式(3-2)得 $O(t) = \dfrac{F_{\max}(t) \times 60}{n(t)}$,计算阶比 $O(t)$ 如图 5-6 所示。

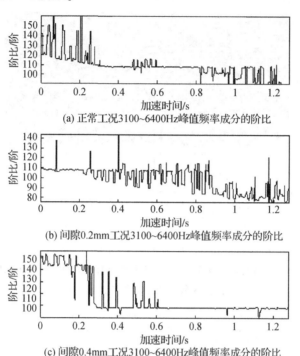

(a) 正常工况3100~6400Hz峰值频率成分的阶比

(b) 间隙0.2mm工况3100~6400Hz峰值频率成分的阶比

(c) 间隙0.4mm工况3100~6400Hz峰值频率成分的阶比

图 5-6 触发转速 1300r/min 加速时各工况振动信号高频部分峰值频率的阶比

观察图 5-6 可以发现三种间隙状态下,在 3100~6400Hz 的频带内都有一个较为明显的 108 阶的阶比成分。由此证明了在图 5-3~图 5-5 中 3100Hz 以上频带中频率随转速升高的非平稳信号为阶比成分,且其阶比为 108 阶。

5.3.2 匀速工况振动信号的时频分析及阶比跟踪

由 5.3.1 小节分析知,发动机加速运转时,振动信号中有 2600~3100Hz 频带成分和 108 阶比成分这两个主要部分。本小节将分析匀速运转时振动信号的时频分布,并研究是否也有这两部分的信号成分存在。

图 5-7(a)所示为转速 1800r/min 时正常工况机体振动信号的时频分布平面,图 5-7(b)所示为与图 5-7(a)中振动信号同步采集的第 1 缸外卡油压信号零相位滤波后的波形。由图 5-7(a)可以看出,振动信号的 2600~3100Hz 频带存在明显的冲击特性,且在一个工作循环内大体有一个冲击成分。为找出这些冲击成分的周期及其产生时刻,将图 5-7(a)中 2600~3100Hz 频带中倒数的

17个等间隔冲击成分的时频分布峰值时刻取出,并通过图5-7(b)中第1缸外卡油压信号倒数的17个峰值的时刻(第1缸燃爆时刻)计算第3缸燃爆时刻,将这两组时间序列同时画出,如图5-8所示。

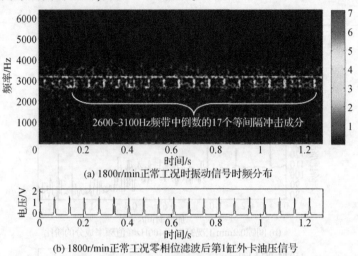

(a) 1800r/min正常工况时振动信号时频分布

(b) 1800r/min正常工况零相位滤波后第1缸外卡油压信号

图5-7　1800r/min 正常工况机体振动信号的时频分布平面图及同步采集的第1缸外卡油压信号

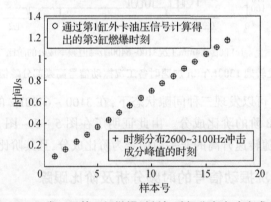

图5-8　1800r/min 正常工况第3缸燃爆时刻与时频分布中冲击成分峰值时刻对比

由图5-8可以看出,正常工况时这17个冲击成分的峰值非常有规律地分布在了第3缸燃爆的时刻附近,说明了这些冲击与第3缸燃爆之间有着密切的关系。由于测点在第3缸,而测到的冲击成分也基本位于第3缸燃爆的时刻,说明测点对曲轴轴承测试的影响也较大,测点所在缸的燃爆冲击对加速度传感器影响较大,而其他缸的燃爆冲击对其影响较小。

图5-9和图5-10所示为转速1800r/min时曲轴轴承轻微和严重磨损工况机体振动信号的时频分布平面及同步采集的第1缸外卡油压信号零相位滤波

后的波形。由于曲轴是一个多支点刚性系统,所以每个工作循环由燃烧等引起的冲击,对间隙变大的轴承座的冲击作用减弱,而其他轴承的负荷增加。当严重磨损时,该轴承座基本不起支承作用,其应承担的载荷完全由其他轴承承担了。观察图 5-7、图 5-9 和图 5-10 的时频分布可以看出,2600~3100Hz 频带冲击成分随着曲轴间隙的增大而减小,甚至在严重磨损工况时基本消失,与上述理论分析的结果基本一致。

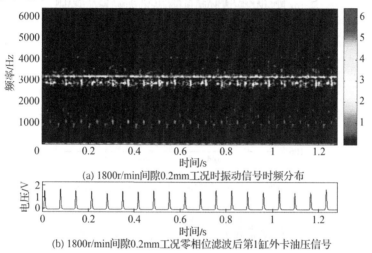

图 5-9　1800r/min 间隙 0.2mm 工况机体振动信号的时频分布及同步采集的第 1 缸外卡油压信号

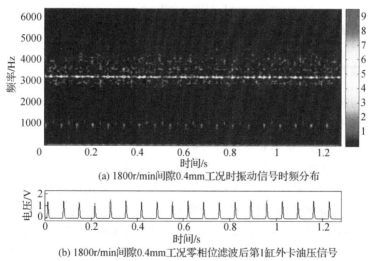

图 5-10　1800r/min 间隙 0.4mm 工况机体振动信号的时频分布及同步采集的第 1 缸外卡油压信号

为了验证匀速运转时各工况测得的振动信号是否也存在 108 阶比成分,利用与 5.3.1 节相同的方法,先求出 3100～6400Hz 时频分布峰值的频率成分 $F_{max}(t)$,再与转频做比值,求出阶比 $O(t)$,结果如图 5-11 所示。可以看出,转速在 1800r/min 时,各种间隙工况下 108 阶比成分较稳定地存在于整个时域。

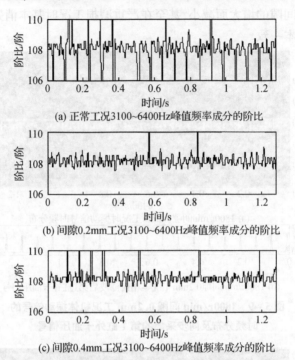

图 5-11　1800r/min 各工况振动信号高频部分峰值频率的阶比

5.3.3　故障特征提取及故障诊断研究

虽然匀速及加速工况都存在 108 阶比成分及 2600～3100Hz 频带成分,但由实验表明加速工况测取的信号更为强烈,提取的故障特征更稳定,故本小节对加速工况下的振动信号提取特征进行分析。

由于 108 阶比的频率成分与转速成正比,当转速较低时,其频率成分与 2600～3100Hz 频带重叠,如图 5-3～图 5-5 中 0.2s 之前的信号时频分布所示。因此,在加速采样时,设定触发转速为 1800r/min 来避免二者的频带重叠。

对触发转速 1800r/min 加速时不同工况下采集的振动信号做功率谱分析,如图 5-12 所示。可以看出,108 阶比成分由于转速的增加而将频率"涂抹"到整个 3100～5000Hz 的频带范围内,不易提取。为此,利用 3.3.3 小节的阶比跟踪算法结合磁电式转速传感器产生的鉴相脉冲将振动信号进行等角域重采样,对角域信号做阶比谱分析,如图 5 – 13 所示。可以看出,各工况的 108 阶比成分在阶比谱中清晰可见。

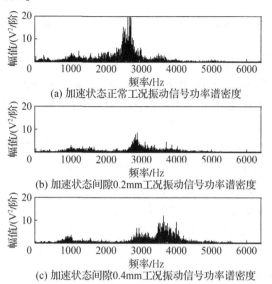

图 5 – 12　触发转速 1800r/min 加速时各工况振动信号功率谱

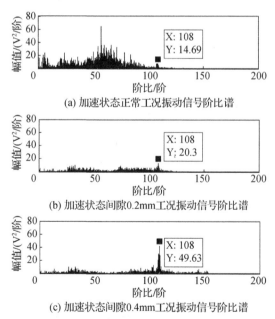

图 5 – 13　触发转速 1800r/min 加速时各工况振动信号阶比谱

由 5.3.1 小节的分析可知,加速状态下随着轴承间隙的增加,108 阶比成分能量随之增加,但 2600 ~ 3100Hz 频带的能量却随之减少。为此,本小节分别对这两部分信号成分提取相应的参数来诊断曲轴轴承磨损故障。

对触发转速 1800r/min 加速时测取的振动信号样本,直接提取功率谱中 2600~3100Hz 频带的能量 $W_\Delta = \int_{2600\text{Hz}}^{3100\text{Hz}} P_\Delta(f)\mathrm{d}f$ 及阶比谱中 108 阶比左右各两个阶比内的能量 $W_\Delta^{108} = \int_{106}^{110} Q_\Delta(O)\mathrm{d}O$ 作为故障诊断的参数。式中:Δ 为曲轴轴承间隙,分别为 0.08mm,0.2mm,0.4mm;$P_\Delta(f)$ 为曲轴轴承间隙为 Δ 工况下机体振动信号的功率谱密度函数,f 为频率;$Q_\Delta(O)$ 为曲轴轴承间隙为 Δ 工况下机体振动信号的阶比谱函数,O 为阶比。

对每种工况下测取 8 个样本,提取的参数 W_Δ 和 W_Δ^{108} 如图 5-14 和图 5-15 所示。可以看出,参数 W_Δ 可以很好地区分出曲轴轴承正常工况和磨损工况,但对轻微磨损和严重磨损工况的区分不好。参数 W_Δ^{108} 可以很好地区分出严重磨损的工况,但对正常工况和轻微磨损的工况区分不好。在此,将二者结合使用,既将 W_Δ^{108}/W_Δ 作为监测曲轴轴承磨损程度的参数,如图 5-16 所示。可以看出,在曲轴正常、轻微磨损及严重磨损工况下,参数 W_Δ^{108}/W_Δ 分别分布在 0.0027、0.0100 及 0.0350 附近,提取的参数能有效地区分出这些工况。

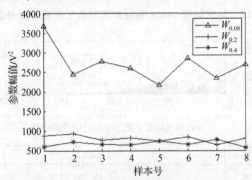

图 5-14 加速时提取的参数 W_Δ

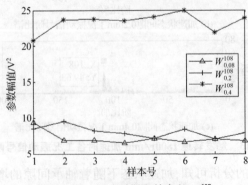

图 5-15 加速时提取的参数 W_Δ^{108}

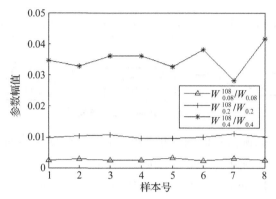

图 5-16　加速时提取的参数 W_Δ^{108}/W_Δ

5.4　基于共振解调及阶比跟踪的连杆轴承故障诊断研究

连杆轴承磨损故障是发动机常见的机械故障之一,文献[309]通过建立数学和物理模型对连杆轴瓦间隙的不拆卸测量方法做了仿真研究。文献[310]指出连杆轴承异响产生在气缸体中部,具有比较钝重的"咣、咣"声。突然提高转速时,响声更为明显。单缸断火时,响声减弱或消失,但重新接通时响声立即出现。文献[27]指出东风 EQ6BT 发动机加速时振动信号中连杆轴承的特征频带为 0.95~1.25kHz,且利用窄带能量累加法分析,结果具有良好的稳定性。

本节以连杆轴承磨损故障为例,针对冲击信号成分在等角域采样时容易出现的伪阶比成分等问题,提出了基于阶比跟踪及共振解调的解决方案,为发动机异响分析及在线监测提供了一种新思路。

5.4.1　振动信号共振解调

共振解调分析(demodulated resonance analysis,DRA)原理如图 5-17 所示,它的基本原理是:当轴承出现磨损故障时,运行过程中就会出现撞击,产生脉冲力。由于这些冲击脉冲力的频带很宽,必然覆盖发动机的固有频率,从而激起发动机的高频固有频率振动。通常,这些高频固有频率振动有多个,根据实际情况,可选择一个特征较明显的固有频率进行分析。通过中心频率等于该固有频率的带通滤波器把该频带振动信号分离出来。由于该频带振动信号的振幅受到故障特征的调制,因此利用包络检波器解调,即可去除高频成分,得到只包含故障特征信息的低频包络信号。对这些包络信号进行时域、角域或频域分析,即可判断出故障的严重程度和故障的位置[311]。

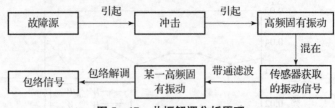

图 5-17 共振解调分析原理

在通信信号、机械信号的幅度解调中,信号的包络通常有三种提取方法:Hilbert 幅值解调法、检波-滤波法和高通绝对值解调法。由于 Hilbert 法解调出的包络是信号绝对值的包络,其解调幅值代表的是真实包络[312],且在嵌入式系统中可方便地借助 FFT 实现,因此本节利用 Hilbert 变换法提取冲击信号的包络。利用 Hilbert 变换进行包络解调的原理如图 5-18 所示。

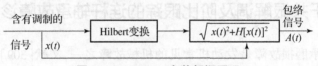

图 5-18 Hilbert 包络解调原理

5.4.2 加速工况振动信号的时频分析

由于加速工况采集的振动信号更为强烈,故障特征更为明显和稳定,故本小节只对加速工况下的振动信号提取特征进行分析。图 5-19 所示为触发转速为 1800r/min 加速时连杆轴承不同磨损工况时采集的振动信号波形。可以看出,通过时域波形很难具体区分这些工况。

图 5-20 ~图 5-22 是图 5-19 中三个信号的 Gabor 时频分布及同步采集的第 1 缸外卡油压信号。可以看出,随着第 3 缸连杆轴承间隙的变大,振动信号 0.9~1.25kHz 频带间周期性出现的冲击成分也逐渐变大。为确定这些冲击成分出现的时刻,以便分析其产生的机理,对于磨损工况下机体振动信号的时频分布,在 0.9~1.25kHz 频带内找出周期性出现的冲击成分的峰值。由于信号开始阶段冲击成分并不明显,故这里只找出 0.4s 之后冲击成分的峰值,利用这些峰值的时刻构成时间序列 $t^{\Delta}_{冲击}$。

将同步采集的第 1 缸外卡油压信号 0.4s 之后的油压峰值时刻(第 1 缸燃爆时刻)找出构成时间序列 $t^{\Delta}_{1缸燃爆}$。利用 $t^{\Delta}_{1缸燃爆}$ 及发动机点火次序由式(5-1)可计算第 3 缸油压峰值时刻(第 3 缸燃爆时刻)$t^{\Delta}_{3缸燃爆}$:

$$t^{\Delta}_{3缸燃爆}(i) = t^{\Delta}_{1缸燃爆}(i) + \frac{t^{\Delta}_{1缸燃爆}(i+1) - t^{\Delta}_{1缸燃爆}(i)}{3}, \quad i=1,2,3,\cdots,N$$

(5-1)

式中:N 为 0.4s 之后的发动机工作循环数;Δ 为连杆轴承的间隙,分别为 0.2mm 和 0.4mm。

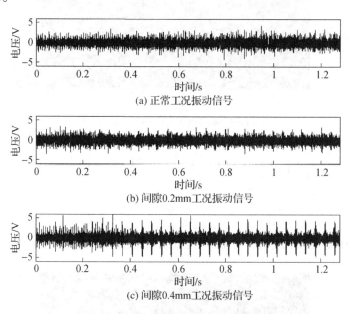

(a) 正常工况振动信号

(b) 间隙0.2mm工况振动信号

(c) 间隙0.4mm工况振动信号

图 5-19　1800r/min 触发加速时不同工况测取的振动信号波形

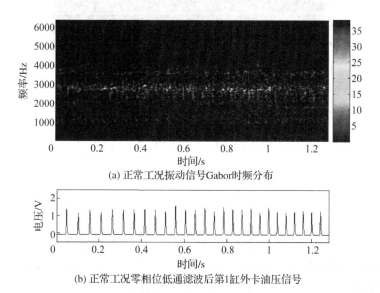

(a) 正常工况振动信号Gabor时频分布

(b) 正常工况零相位低通滤波后第1缸外卡油压信号

图 5-20　1800r/min 触发正常加速工况测取的振动信号时频分布及油压信号波形

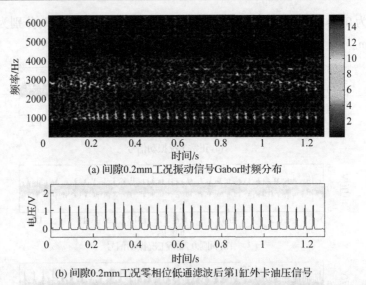

(a) 间隙0.2mm工况振动信号Gabor时频分布

(b) 间隙0.2mm工况零相位低通滤波后第1缸外卡油压信号

图 5-21　1800r/min 触发间隙 0.2mm 加速工况测取的振动信号时频分布及油压信号波形

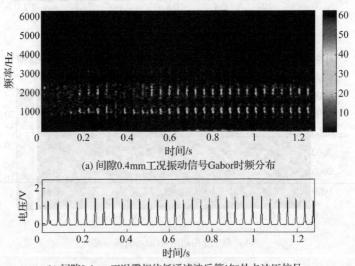

(a) 间隙0.4mm工况振动信号Gabor时频分布

(b) 间隙0.4mm工况零相位低通滤波后第1缸外卡油压信号

图 5-22　1800r/min 触发间隙 0.4mm 加速工况测取的振动信号时频分布及油压信号波形

将时间序列 $t^A_{冲击}$ 与 $t^A_{3缸燃爆}$ 同时画出如图 5-23 所示,可以看出:0.9～1.25kHz 频带间周期性出现的冲击成分非常有规律地位于第 3 缸(故障缸)燃爆的时刻附近,充分说明了冲击成分与第 3 缸(故障缸)燃爆有密切关系。

将图 5-19 中的信号按照 5.4.1 小节的方法进行共振解调,即先对振动信号进行通带为 0.9～1.25kHz 的零相位带通滤波,再对滤波后信号利用 Hilbert 变换法进行包络解调,提取其低频的包络信号。图 5-19 中各工况振动信号共振解调后如图 5-24 所示。可以看出,共振解调可以较好地将 0.9~1.25kHz 频带间周期性出现的冲击成分分离出来,为提取故障特征打下良好的基础。

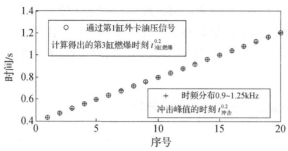

(a) 间隙0.2mm工况第3缸燃爆时刻与时频分布冲击峰值时刻对比

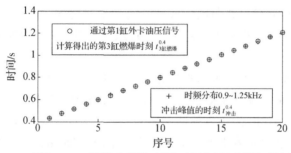

(b) 间隙0.4mm工况第3缸燃爆时刻与时频分布冲击峰值时刻对比

图 5-23　磨损工况第 3 缸燃爆时刻与时频分布冲击峰值时刻对比

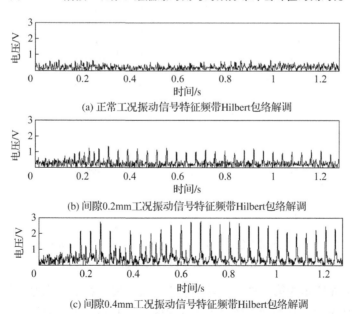

图 5-24　1800r/min 触发加速时不同工况共振解调后振动信号对比

由图 5-20(a) ~ 图 5-22(a) 和图 5-24 均可以看出,随着连杆轴承间隙的变大,振动信号中 0.9 ~ 1.25kHz 频带冲击成分的峰值也逐渐增大,因此通过监测共振解调后冲击成分的峰值即可监测连杆轴承间隙的大小。由于外卡油压信号峰值时刻与冲击成分峰值时刻有密切的关系,因此本章拟利用外卡油压信号峰值时刻来定位振动信号中相应的冲击成分,进而提取参数监测连杆轴承的磨损状况。

5.4.3 阶比跟踪及共振解调仿真分析

由于变速工况时发动机一个工作循环所用的时间是随转速而变化的,所以对嵌入式系统自动定位发动机外卡油压信号或振动信号带来困难。阶比跟踪技术通过等角域采样将信号在角域表示,消除了转速的影响,非常适合发动机各种信号的分析。本小节将研究如何利用阶比跟踪及共振解调技术提取振动信号中的冲击成分。

图 5-25 所示为真实及仿真的冲击信号,其中图 5-25(a) 中的真实冲击信号为对间隙 0.4mm 工况下振动信号进行 0.9 ~ 1.25kHz 带通滤波后截取的一个冲击成分。图 5-25(b) 为仿真的冲击信号,利用图 5-25(c) 中的高斯包络信号对频率为 1kHz 的正弦载频信号调幅而得。图 5-25(d) 为仿真冲击信号的 Gabor 时频分布。

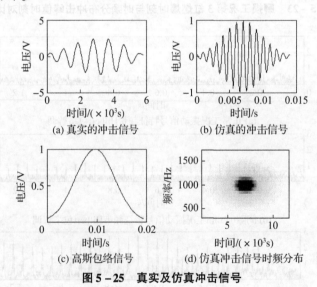

图 5-25 真实及仿真冲击信号

图 5-26 所示为第 3 缸连杆轴承磨损工况下发动机的仿真振动信号及转速曲线。仿真振动信号的冲击成分为图 5-25(b) 中信号,出现的相位与发动机第

3缸外卡油压峰值的相位相同。可以看出,在发动机从600r/min到2700r/min的加速过程中,冲击成分出现的周期随转速而变化,利用计算机系统很难直接定位到这些冲击成分出现的相位。

图5-27所示为利用阶比跟踪及共振解调技术分离出的冲击信号包络,可以看出,冲击成分出现的周期固定为720°CA,消除了转速对工作循环周期的影响。只要找出其一个冲击成分出现的相位,其余冲击成分的相位都可很快得到定位。

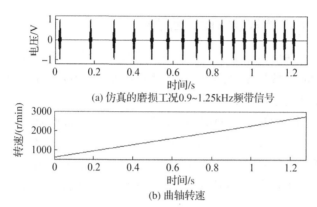

图5-26 原始仿真信号及转速信号

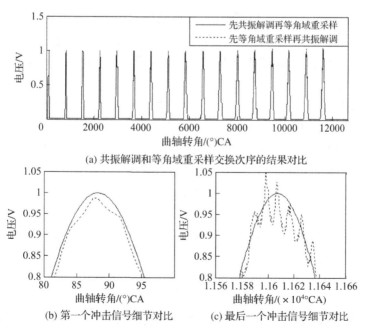

图5-27 共振解调和等角域重采样交换次序的结果对比

图 5 - 27 中实线信号为先对仿真振动信号进行 Hilbert 包络解调,再进行等角域采样的波形。虚线信号为将包络解调和等角域采样顺序颠倒后的波形。虽然由图 5 - 27(a) 很难看出二者的区别,但观察图 5 - 27(b) 和图 5 - 27(c) 中冲击信号包络的细节可以看出,先对振动信号进行共振解调再进行等角域采样明显能够避免冲击成分阶比跟踪后产生的"阶比涂抹"现象,更好地将图 5 - 25(c) 中冲击成分的高斯包络恢复出来。因此,本章先对振动信号进行共振解调,再进行等角域重采样来恢复其中包含的冲击振动包络。

5.4.4 故障特征提取及故障诊断研究

为利用外卡油压信号定位与连杆轴承磨损故障有密切关系的冲击成分,进而提取故障诊断的特征参数,本小节对触发转速为 1800r/min 加速工况的外卡油压信号及振动信号做以下处理。

(1)对振动信号做通带为 0.9 ~ 1.25kHz 的零相位带通滤波,对滤波后信号进行 Hilbert 包络解调。利用 3.3.3 小节的阶比跟踪算法,结合磁电式转速传感器产生的鉴相脉冲信号将共振解调后的振动信号等角域重采样。

(2)求出第 1 缸外卡油压信号所有喷油时刻峰值的相位 $\theta^{1缸}$,具体算法如下。

①外卡油压信号初始的喷油时刻峰值相位计算。对第 1 缸外卡油压信号做截止频率为 100Hz 的零相位低通滤波,将滤波后的信号等角域重采样(等角域重采样的具体步骤见 3.3 节)。在角域信号初始的 1.5 个工作循环(1080°CA)内寻找信号峰值,此峰值的相位即为第 1 缸的第 1 个或第 2 个喷油压力峰值的相位,记为 $\theta_1^{1缸}$。

②一个信号样本内其余外卡油压峰值相位计算。理论上外卡油压峰值间隔 θ_T 应该为 720°CA,但由于加速过程中喷油提前角变化或其他原因可能导致外卡油压峰值间隔变化,所以在 $(\theta_1^{1缸} + 720) \pm 10°CA$ 的范围内寻找下一个外卡油压峰值,记其相位为 $\theta_2^{1缸}$。其他峰值的相位以此类推,第 $i+1$ 个峰值的相位 $\theta_{i+1}^{1缸}$ 为 $(\theta_i^{1缸} + 720) \pm 10°CA$ 范围内外卡油压峰值的相位,直到最后一个峰值的相位。

(3)利用第 1 缸外卡油压峰值的相位 $\theta^{1缸}$ 及点火顺序计算第 3 缸外卡油压峰值相位 $\theta^{3缸}$,即

$$\theta_i^{3缸} = \theta_i^{1缸} + \frac{\theta_{i+1}^{1缸} - \theta_i^{1缸}}{3}, \quad i = 1, 2, \cdots \tag{5-2}$$

由于振动信号前几个工作周期的冲击成分不太明显,故对一个外卡油压信号样本提取的 $\theta^{3缸}$ 只保留后 20 个值。由图 5 - 23 可以看出,$\theta^{3缸}$ 与磨损故障工况

下 0.9～1.25kHz 频带冲击成分峰值的相位非常接近。为精确定位二者的误差,在第 1 步得到的角域包络信号中提取冲击成分峰值,其相位与 $\theta^{3缸}$ 之间的误差如图 5-28 所示。可以看出,二者的误差最大不超过 ±30°CA。

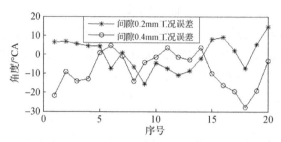

图 5-28　各工况第 3 缸燃爆相位与共振解调后冲击峰值相位的误差

(4) 对第 1 步共振解调及等角域重采样后的振动信号在 $\theta^{3缸} \pm 30°CA$ 的范围内寻找最大值,将 5 个工作循环求得的最大值取平均作为发动机测点所在缸连杆轴承磨损的故障诊断参数。在连杆轴承正常、轻微及严重磨损工况下,每种工况提取 16 个参数,三种工况求得的参数如图 5-29 所示。可以看出,提取的参数与连杆轴承磨损故障的严重程度成正比,在连杆轴承正常、轻微及严重磨损工况下提取的参数分别分布在 0.48V、1V 及 2.5V 附近,利用该参数可区分出连杆轴承正常、轻微及严重磨损工况。

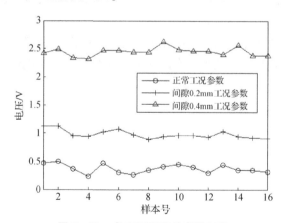

图 5-29　各工况提取的参数对比

5.5　本章小结

本章在时频域内分析了曲轴及连杆轴承在不同磨损程度和不同转速时提取的机体振动信号,结合同步采集的磁电式转速传感器信号及外卡油压信号,对其时频分布的变化规律及相应的故障机理进行了研究。最终利用阶比跟踪及共振解调等技术在振动信号的信号处理及故障特征值提取中取得了较好的效果。本章主要研究内容及结论如下：

(1)匀速及加速工况下,随着曲轴轴承间隙的增大,振动信号中非稳态阶比成分的能量有增强的趋势,稳态及冲击频率成分有减弱的趋势。测点所在缸的燃爆冲击对测点振动信号的 2600~3100Hz 频带影响较大,而其他缸的燃爆冲击对其影响较小。由于加速工况测取的振动信号更为强烈,提取的故障特征更为稳定,故本章在加速运转时提取特征。曲轴轴承正常、轻微及严重磨损工况下的非稳态阶比成分能量与稳态及冲击频率成分能量单独作为特征参数使用时并不能区分这三种工况,但将二者融合后提取的故障诊断参数能有效地区分出这些工况。

(2)在发动机连杆轴承磨损故障诊断中,通过仿真信号测试表明,对振动信号先进行共振解调再进行阶比跟踪能够避免冲击成分阶比跟踪后产生的"阶比涂抹"现象,更有利于提取冲击成分的峰值。对振动信号进行包络解调及阶比跟踪后 0.9~1.25kHz 频带的冲击峰值相位与利用外卡油压信号定位的测点所在缸燃爆相位的差值不超过 ±30°CA,因此可以利用后者来定位前者。振动信号中 0.9~1.25kHz 频带冲击成分的峰值与连杆轴承磨损故障的严重程度成正比,在连杆轴承正常、轻微及严重磨损工况下提取的参数可很好地区分出这些工况。

(3)本章只对测点所在缸故障取得了较好的识别效果,对于其他缸故障、本缸其他故障或复合故障对测点所在缸所提取参数造成的影响还需进一步研究。

第 6 章　基于阶比跟踪与 ELM 的复合故障在线诊断

6.1　引言

对于发动机故障诊断来说,盲目提取整体振动信号的大量特征后通过神经网络等模式识别算法虽然可以对实验提取的某些样本取得较好的效果,但在实车在线检测中,工况或转速往往稍微改变就会造成故障诊断算法失效。究其原因是提取的特征值与故障类型没有形成较好的对应关系,泛化性能较差,从而导致了特征值的不稳定性。

对于复合故障诊断的特征提取,若故障之间不存在耦合关系,则应尽量找出与复合故障中单一故障对应的且受其他故障影响较小的特征并分析其产生原理。若存在耦合关系,则应该将复合故障中每个故障对应的特征及故障耦合后对应的特征都找到并进行对比,否则很容易造成故障的误检或漏检。

对于基于各种分类器算法的故障诊断来说,在实际情况下,训练用的故障数据样本往往不是一次就能全部得到的,而是一个一个或一批一批得到的。如果分类器训练需要所有的训练样本,则这些一个一个或一批一批得到的样本就必须保存起来和原始样本一起进行训练。这样不仅严重浪费时间,而且在现实中由于系统资源有限,保存大量的样本往往是不可行的。因此,对于在线监测及故障诊断用的分类器来说,研究能够分批次进行训练并及时将训练后的数据丢弃的算法很有必要。

本章以失火及配气相位类故障为背景,详细分析缸盖振动信号产生的机理及实车在线监测中不同工况缸盖振动信号的变化规律。结合磁电式转速传感器和外卡油压传感器信号,应用阶比跟踪及共振解调技术,提出故障特征值的整周期分段提取法。最终利用改进的极限学习机算法对复合故障的快速在线诊断取得较好的效果。

6.2 试验系统相关设置

失火及配气相位类故障测试机型为 F3L912 型三缸直列四冲程柴油发动机,发火次序为 1—2—3。加速度传感器安装位置为图 6-1 中 A 点左侧圆圈处,测量垂直方向振动。通过断开 B 点右侧圆圈处的第 1 缸高压油管来模拟第 1 缸失火故障。第 2 缸外卡油压传感器安装位置在 C 点左侧的圆圈处。通过调节气门间隙来设置气门间隙类故障。

图 6-1 传感器安装位置及故障设置

利用 3.3 节的在线监测系统同步采集磁电式转速传感器信号、第 1 缸缸盖振动信号及第 2 缸外卡油压传感器信号,相应的采样频率分别设为 65536Hz、16384Hz 和 1024Hz。加速度传感器采用 ADI 公司的 ADXL001 传感器,3dB 频响范围 5Hz~10kHz,其连接电路如图 6-2 所示,P_1 与 P_2 为传感器接口。根据各通道采样频率设置好相应抗混叠滤波器的截止频率。为检验特征提取及故障诊断算法的有效性,共设置 6 种工况,如表 6-1 所列。每种工况均在低速、中速、高速及变速状态下采集信号样本若干。

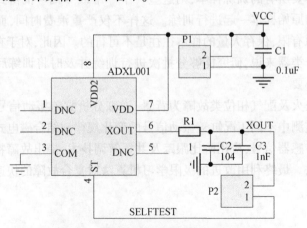

图 6-2 MEMS 加速度传感器连接电路

表 6-1 工况设置

工况号	工况设置	工况号	工况设置
工况 1	第 1 缸失火	工况 2	第 1 缸排气门间隙过大(0.5mm)
工况 3	第 1 缸排气门间隙过大(0.7mm)	工况 4	第 1 缸进气门间隙过大(0.6mm)
工况 5	第 1 缸进气门间隙过小(0.1mm)	工况 6	正常工况

6.3 缸盖振动信号分析及故障特征提取

6.3.1 缸盖振动信号的产生机理

缸盖振动信号中从振源到加速度传感器的传播途径为一非线性系统,对这一非线性系统,目前还很难从理论上予以描述。因此,研究中一般将柴油发动机的缸盖结构作为线性系统来处理,系统的动力学模型为[313]

$$[M]\{\ddot{x}(t)\} + [C]\{\dot{x}(t)\} + [K]\{x(t)\} = \{f(t)\} \quad (6-1)$$

式中:$[M]$ 为系统的质量矩阵;$[C]$ 为系统的阻尼矩阵;$[K]$ 为系统的刚度矩阵;$\{x\}$ 为系统测点的位移响应矢量;$\{f(t)\}$ 为使缸盖系统产生振动的激励力。

根据式(6-1)可得系统的频率响应函数矩阵 $[H(\omega)]$,即

$$[H(\omega)] = [[K] - \omega[M] + j\omega[C]]^{-1} \quad (6-2)$$

则系统激励与响应的关系表达式为

$$\{X(\omega)\} = [H(\omega)] \cdot \{F(\omega)\} \quad (6-3)$$

式中:$\{X(\omega)\}$ 为 $\{x(t)\}$ 的傅里叶变换;$\{F(\omega)\}$ 为 $\{f(t)\}$ 的傅里叶变换;$[H(\omega)]$ 为系统脉冲响应 $[h(t)]$ 的傅里叶变换。

作用于缸盖系统上的激励源主要有以下几种:①燃烧气体压力 $f_p(t)$;②进气门开启时气体冲击力 $f_{go}(t)$;③排气门开启时的气体冲击力 $f_{eo}(t)$;④进气门落座冲击力 $f_{gc}(t)$;⑤排气门落座冲击力 $f_{ec}(t)$;⑥喷油器针阀落座冲击力 $f_z(t)$;⑦各种随机激励力 $n(t)$。

当柴油机缸盖系统出现故障时,这些激励力将发生显著的变化,根据这一特性,可以实现对缸盖系统的故障诊断。缸盖系统的振动模型如图 6-3 所示[177]。

图 6-3 中,$X(t)$ 为缸盖表面振动信号,$h_p(t)$、$h_{go}(t)$、$h_{eo}(t)$、$h_{gc}(t)$、$h_{ec}(t)$、$h_z(t)$、$h_n(t)$ 分别为以上各激励力的脉冲响应函数。在缸盖上某点的各激励力的振动响应分别为 $x_p(t)$、$x_{go}(t)$、$x_{eo}(t)$、$x_{gc}(t)$、$x_{ec}(t)$、$x_z(t)$、$x_n(t)$。

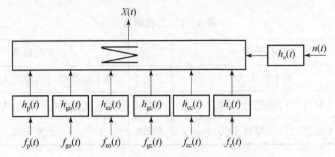

图6-3 柴油机缸盖系统振动模型

激励力矩阵 $[f(t)] = [f_p(t), f_{go}(t), f_{eo}(t), f_{gc}(t), f_{ec}(t), f_z(t), n(t)]^T$

脉冲响应矩阵 $[h(t)] = [h_p(t), h_{go}(t), h_{eo}(t), h_{gc}(t), h_{ec}(t), h_z(t), h_n(t)]^T$

振动响应矩阵 $[X(t)] = [x_p(t), x_{go}(t), x_{eo}(t), x_{gc}(t), x_{ec}(t), x_z(t), x_n(t)]^T$

对于往复式的柴油发动机而言,其激励力的特点是:在一个周期内,各激励力按一定的相位作用于缸盖,各响应也按相应的相位产生。则缸盖系统的加速度响应为

$$X(t) = x_p(t) + x_{go}(t) + x_{eo}(t) + x_{gc}(t) + x_{ec}(t) + x_z(t) + x_n(t)$$

$$= \int_{t1}^{t2} f_p(t) \cdot h_p(t-\tau)d\tau + \int_{t3}^{t4} f_{go}(t) \cdot h_{go}(t-\tau)d\tau + \int_{t5}^{t6} f_{eo}(t) \cdot h_{eo}(t-\tau)d\tau +$$

$$\int_{t7}^{t8} f_{gc}(t) \cdot h_{gc}(t-\tau)d\tau + \int_{t9}^{t10} f_{ec}(t) \cdot h_{ec}(t-\tau)d\tau + \int_{t11}^{t12} f_z(t) \cdot h_z(t-\tau)d\tau +$$

$$\int_{0}^{T} n(t) \cdot h_n(t-\tau)d\tau \qquad (6-4)$$

式中,$t_1 \sim t_{12}$ 分别对应燃烧气体压力冲击响应、进气门开启时气体冲击响应、排气门开启时气体冲击响应、进气门落座冲击响应、排气门落座冲击响应和喷油器针阀落座冲击响应的开启时刻和结束时刻;T 为一个完整工作循环的时间。

发动机失火故障是指气缸内无法着火燃烧,这种故障往往是一些重大故障的先兆。由上述分析可知:当发动机某缸失火后,就没有燃烧气体压力 $f_p(t)$ 作为激励源作用于缸盖系统,也就没有对应的缸盖加速度响应 $x_p(t)$,即在缸盖振动信号中对应的冲击信号就会减弱或消失。

气门间隙的异常会对发动机的动力性能产生影响。由图6-4的柴油机配气机构原理可知:当气门间隙过小时,气门开启相位就会提前,而气门落座冲击的相位则会延后。同时,发动机运转过程中由于气门杆受热膨胀就可能造成气门关闭不严而使气缸漏气,从而引起柴油机功率下降。如果间隙过大,气门开始相位就会延后,而气门落座冲击的相位就会提前。而且凸轮上升使摇臂经过了较大的气门间隙才能接触气门杆顶面并顶开气门,这样就使气门开放时间缩短,从而使气缸内吸气不足或废气不能排除干净。因此,对车用发动机的气门间隙进行实车在线的监测,具有较为重要的研究价值。

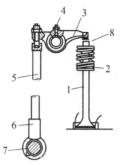

1—气门;2—气门弹簧;3—摇臂;4—调节螺钉;5—推杆;6—挺柱;7—凸轮;8—气门间隙。

图6-4　F3L912型柴油机配气机构

6.3.2　匀速及变速工况缸盖振动信号分析及信号处理

图6-5和图6-6所示为F3L912型发动机正常工况低速(900r/min左右)、中速(1200r/min左右)、高速(1600r/min左右)及变速(900~1600r/min)采集的第1缸缸盖振动信号、共振解调后的振动信号及同步采集的第2缸外卡油压信号。

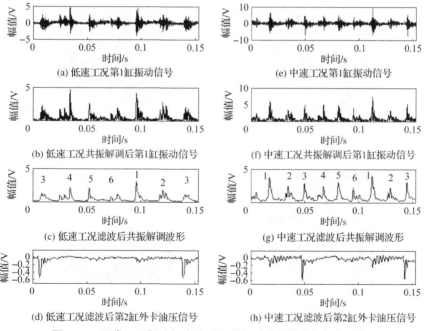

图6-5　正常工况低速与中速时缸盖振动信号的共振解调分析

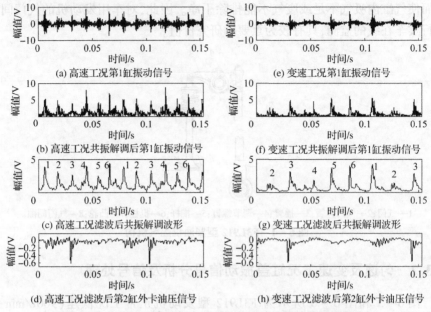

图 6-6 正常工况高速与变速时缸盖振动信号的共振解调分析

图 6-7 所示为图 6-5 和图 6-6 中振动信号的 Gabor 时频分布,由时频分布图可以清楚地看出,振动信号中冲击成分主要分布在 1000~7000Hz,因此先

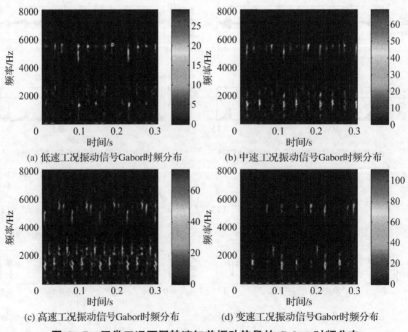

图 6-7 正常工况不同转速缸盖振动信号的 Gabor 时频分布

对振动信号做共振解调,步骤为先做 1000~7000Hz 的零相位 FIR 带通滤波,再对滤波后的信号做 Hilbert 包络。共振解调后的振动信号如图 6-5 和图 6-6 中图(b)、(f)所示。可以看出,共振解调后的信号不够光滑,依然存在高频成分,因此对共振解调后的信号做 300Hz 的零相位 FIR 低通滤波,滤波后波形如图 6-5 和图 6-6 中图(c)、(g)所示。可以看出,滤波后的共振解调波形冲击成分明显,波形光滑,适合用于特征提取。图中各个数字代表的信息是:1 为 1 缸燃爆;2 为 1 缸排气门开启;3 为 2 缸燃爆;4 为 1 缸排气门关闭;5 为 3 缸燃爆;6 为 1 缸进气门关闭。

6.3.3 匀速及变速工况缸盖振动信号特征值提取

由 6.3.2 节的分析可知,缸盖振动信号中不同冲击成分分布在不同的主轴转角位置,通过低通滤波后的共振解调信号可以较好地将冲击成分分离出来,而且由图 6-5 和图 6-6 可以看出,转速对冲击成分的影响也较大,因此本小节拟利用阶比跟踪及共振解调技术从角域对各冲击成分及转速信号在整工作周期内分段进行特征提取,用于诊断相关故障。

整工作周期分段故障特征值提取算法具体步骤如下:

1. 缸盖振动信号处理

1) 共振解调及低通滤波

先对第 1 缸缸盖振动信号 VIB 做 1000~7000Hz 的零相位 FIR 带通滤波,再对带通滤波后的信号做 Hilbert 包络。对包络解调后的信号做 300Hz 的低通滤波,以使冲击成分更为明显,特征提取更为稳定。共振解调原理及步骤详见 5.4.1 小节。

2) 阶比跟踪

对低通后的共振解调信号再通过阶比跟踪技术进行等角域采样,得到角域共振解调信号 VIB′。阶比跟踪具体步骤见第 3.3 节。

2. 转速信号角域滑动平均处理

由于计算的瞬时转速信号精度高,在每个工作周期内均有多个波动,若直接用来提取转速及转速斜率参数并不能反映整个工作周期的参数值,因此利用角域滑动平均滤波技术对瞬时转速信号进行处理。角域滑动平均滤波算法见式(4-11)。由图 4-2 可以看出,滑动平均后的转速信号不仅平稳,而且能反映转速变化的趋势,能够用于转速变化斜率的提取。

由于瞬时转速信号本身就是等角域采样的,为高精度提取特征值,将角域滑动平均滤波后的瞬时转速信号通过角域三次样条插值的方法使采样阶比 O_s 由齿数 z 提高到与 VIB′ 相同的采样阶比。设角域滑动平均并插值后的转速为 $\boldsymbol{n}^c$。

3. 外卡油压信号峰值搜索

对周期性出现的第 2 缸外卡油压信号进行峰值搜索,具体算法与 5.4.4 节中外卡油压峰值定位步骤相同。假设定位到的第 2 缸外卡油压峰值矢量为 $\boldsymbol{\theta}^{2缸}$,则易推算第 1 缸外卡油压峰值矢量 $\boldsymbol{\theta}^{1缸} = \boldsymbol{\theta}^{2缸} - \theta_T/3$,其中 $\theta_T = 720°CA$ 为发动机一个工作循环转过的曲轴转角。

4. 角域整工作周期分段

1) VIB' 角域整工作周期分段

利用第 3 步计算的 $\boldsymbol{\theta}^{1缸}$ 来对第 1 步计算的 VIB' 进行整周期截取并分段处理。设矢量 $\boldsymbol{\theta}^{1缸}$ 长度为 N,则可分出 $[\theta_i^{1缸}, \theta_{i+1}^{1缸}]$,$i = 1, 2, \cdots, N-1$ 共 $N-1$ 个工作周期。

图 6-8 所示为第 i 个工作周期内分段提取特征的示意图,各分段的位置定位步骤为设 $P_1 = \theta_i^{1缸} = 0°CA$,则在本工作周期内的 VIB' 中截取三个段:燃爆段 S_1、进气门关闭段 S_2 和排气门关闭段 S_3,其起始和截止角度与 P_1 的相对关系如图 6-8 所示。

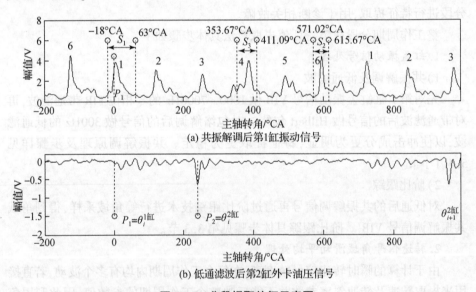

(a) 共振解调后第1缸振动信号

(b) 低通滤波后第2缸外卡油压信号

图 6-8 分段提取特征示意图

2) n^c 角域整工作周期分段

利用第 3 步计算的 $\boldsymbol{\theta}^{1缸}$ 来对第 2 步计算 n^c 进行整周期截取并分段处理。$n_1^c \sim n_3^c$ 与 $S_1 \sim S_3$ 在角域的位置是对应的,这里不再赘述。

5. 故障诊断特征提取

对燃爆段(S_1 和 n_1^c)提取峰值参数 F_1、能量参数 E_1、转速参数 R_1 及转速斜

率参数 $\dot{R}_1$ 共 4 个特征值,主要用于失火故障的检测。

由 6.3.1 节分析知,气门间隙过大(过小)都会造成气门落座冲击相位提前(延后)。因此,对于进气门关闭段(S_2 和 n_2^c),除了提取峰值参数 F_2、能量参数 E_2、转速参数 R_2 及转速斜率参数 $\dot{R}_2$ 4 个特征值,将 S_2 峰值相对于第 1 缸外卡油压信号峰值 P_1 的相位 FX_2 也提取出作为特征值,主要用于进气相位的检测。

同理,对于排气门关闭段(S_3 和 n_3^c)也提取峰值参数 F_3、能量参数 E_3、转速参数 R_3、转速斜率参数 $\dot{R}_3$ 及 S_3 峰值相对于第 1 缸外卡油压信号峰值 P_1 的相位 FX_3 共 5 个参数作为特征值,主要用于排气相位的检测。

各特征值的表达式如下:

$$F_j = \max_{1 \leq i \leq \text{length}(S_j)} (S_j(i)), \quad j = 1, 2, 3 \quad (6-5)$$

$$E_j = \int_0^{\theta \text{length}(S_j)} S_j(\theta) \mathrm{d}\theta = \frac{2\pi}{O_s} \sum_{i=1}^{\text{length}(S_j)} S_j(i), \quad j = 1, 2, 3 \quad (6-6)$$

$$R_j = \sum_{i=1}^{\text{length}(n_j^c)} n_j^c(i)/\text{length}(n_j^c), \quad j = 1, 2, 3 \quad (6-7)$$

$$\dot{R}_j = \frac{O_s}{2\pi} \sum_{i=2}^{\text{length}(n_j^c)} [n_j^c(i) - n_j^c(i-1)]/[\text{length}(n_j^c) - 1], \quad j = 1, 2, 3 \quad (6-8)$$

$$FX_j = \theta_{F_j} + \theta_j^0, \quad j = 2, 3 \quad (6-9)$$

上述式中 $j = 1, 2, 3$ 分别代表一个工作循环内的分段提取参数的燃爆段、进气门关闭段和排气门关闭段。length(S) 代表取信号 S 的采样点数,θlength(S) 代表取信号 S 的角域长度。O_s 为采样阶比。θ_{F_j} 为峰值 F_j 在信号 S_j 中的相位,θ_j^0 为信号 S_j 起始相位相对于第 1 缸外卡油压信号峰值相位 P_1 的角度差。

整周期分段提取特征参数物理意义明确,避免了整段提取造成的多个故障间特征值相互影响。利用上述整周期分段特征提取算法对发动机在正常、失火故障及配气相位故障工况时低、中、高及变速情况下的特征值进行提取,每个工作循环均在三个段内共提取 14 个特征值。由于在实验过程中发现:如果减速过程过快,在正常工况下就会出现失火现象。因此,将转速斜率参数小于 $-0.2(r \times \text{rad/min})$ 的工作周期提取的特征值去除。

6.4 缸盖振动信号实测特征值分析

6.4.1 失火故障诊断特征值分析

由 6.3.1 节分析知,燃烧气体压力与其在缸盖引起的冲击响应密切相关,当发动机失火后,没有了剧烈的燃烧气体压力,其在缸盖引起的冲击响应也应减小。图 6-9 和图 6-10 所示为正常及第 1 缸失火工况提取的 S_1 峰值参数 F_1 及能量参数 E_1,每种工况均在低、中、高及变速运转时各提取 270 个工作周期的特征参数。可以看出,虽然在不同转速尤其是变速时第 1 缸燃爆峰值参数 F_1 及能量参数 E_1 变化较大,但失火后提取的参数明显较低,能够较好地与正常工况提取的参数区分开,与上述理论分析一致。

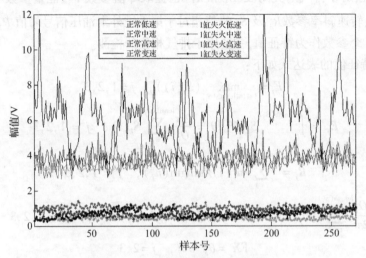

图 6-9 S_1 的峰值参数 F_1(见彩插)

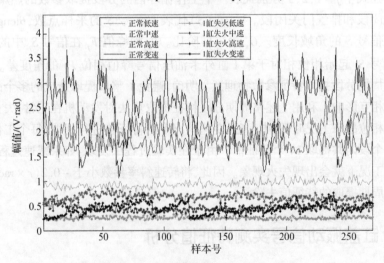

图 6-10 S_1 能量参数 E_1(见彩插)

由 6.3.1 节分析知,当发动机运行在高转速或加速状态时,发动机供油较多而造成燃烧气体压力变化更为剧烈,其在缸盖引起的冲击响应也应更大,即燃爆

峰值参数 F_1 应更大。为分析实测第 1 缸燃爆峰值参数 F_1 随转速 R_1 及转速斜率 $\dot{R}_1$ 变化的规律,对正常工况低、中、高及变速运转时提取的 270×4 组特征参数,令 R_1 为 x 轴,$\dot{R}_1$ 为 y 轴,F_1 为 z 轴以三维方式画出,如图 6-11 所示。可以明显看出,随着转速或转速斜率的加大,燃爆峰值参数 F_1 也随之变大。实测参数的变化规律与理论分析完全吻合。

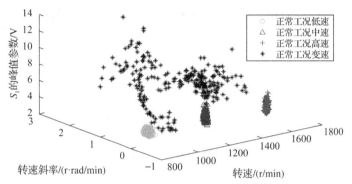

图 6-11 S_1 峰值 F_1 随转速 R_1 及转速斜率 $\dot{R}_1$ 变化的规律

图 6-9 和图 6-10 中第 1 缸燃爆参数变化虽有规律性但不够平滑,这是由于发动机工作随机性造成的随机波动。为更好地分析参数的规律性,将参数 F_1 做 19 点的滑动平均滤波,滤波算法与式(4-11)中描述算法相同。滑动平均滤波后正常工况、失火及配气相位类故障工况提取的 S_1 峰值参数 F_1 对比如图 6-12 所示。可以看出,参数对于正常及失火故障工况的区分更为明显,而且非失火类故障对参数 F_1 的影响较小,说明提取的第 1 缸失火检测参数 F_1 对于失火故障的检测具有较好的对应性,而对于其他故障具有较好的抗干扰性。

6.4.2 配气相位类故障诊断特征值分析

由 6.4.1 节分析知,燃爆段 S_1 提取的峰值参数 F_1 可以很好地区分出失火故障,那么进气门关闭段 S_2 提取的峰值参数 F_2 及排气门关闭段 S_3 提取的峰值参数 F_3 是否也能将相应的配气相位故障区分出来呢?

图 6-13 和图 6-14 所示为发动机不同气门间隙时在低、中、高及变速工况各提取 270 个工作周期的 S_2 峰值参数 F_2 及 S_3 峰值参数 F_3 的变化规律。可以看出,虽然在转速一定的工况,如都是低(中或高)转速工况,气门间隙变大时 F_2 或 F_3 会变大。但在不同转速及变速工况一起分析时,提取的 F_2、F_3 混在了一起,并没有表现出确定性规律。所以气门关闭段提取的峰值参数 F_2、F_3 并不能用于车用发动机气门间隙类故障的在线监测。

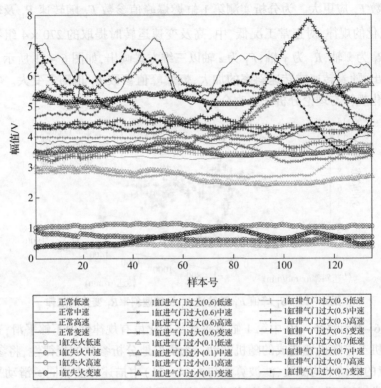

图 6-12 滑动平均滤波后正常、失火及配气相位类故障提取的 S_1 峰值参数 F_1 对比

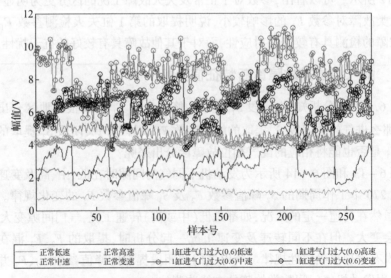

图 6-13 S_2 峰值参数 F_2

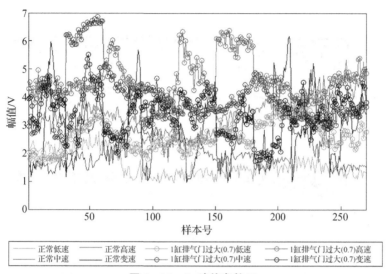

图 6-14 S_3 峰值参数 F_3

由 6.3.1 节的分析知：当气门间隙过小时，气门开启相位就会提前，而气门落座冲击的相位则会延后。当间隙过大时，气门开始相位就会延后，而气门落座冲击的相位就会提前。上述理论体现在提取的参数上就应该是：当进气门间隙过小时，进气门关闭段 S_2 的峰值相位参数 FX_2 应该变大。当进气门间隙过大时，进气门关闭段 S_2 的峰值相位参数 FX_2 应该变小。同理，当排气门间隙过小或过大时，相应的 S_3 的峰值相位参数 FX_3 也应该变大或变小。

图 6-15 和图 6-16 所示为 S_2 峰值相位参数 FX_2 及 S_3 峰值相位参数 FX_3 的变化规律，可以看出，FX_2 实测的变化规律与上述理论分析完全吻合，FX_3 实测的变化规律除了在正常工况低速时有许多野点突变到 365°左右，其余工况在各转速的变化规律均与上述理论分析的结果一致。

为详细分析去除低速工况后 FX_3 的变化规律，将各工况中、高及变速时实测的 FX_3 进行 19 点的滑动平均滤波，如图 6-17 所示。可以看出，去除低速工况后 FX_3 的变化规律与上述理论分析结果一致。

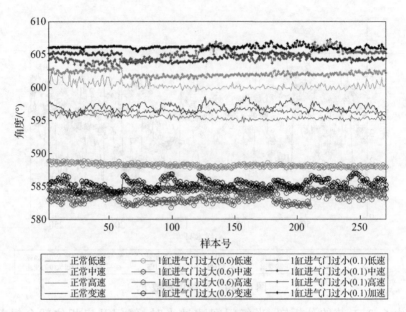

图 6-15 S_2 峰值相位参数 FX_2

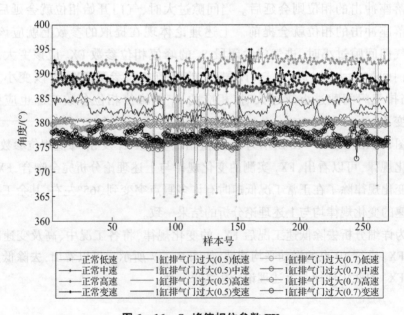

图 6-16 S_3 峰值相位参数 FX_3

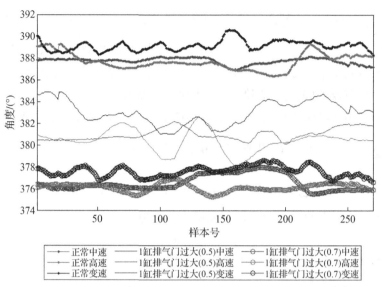

图 6-17 S_3 峰值相位参数 FX_3 滑动滤波后变化规律

6.5 极限学习机及其改进算法研究

极限学习机是一种新颖的单隐层前馈神经网络。它将传统神经网络的参数训练问题转化为求解线性方程组最小范数最小二乘解的问题。ELM 的训练速度较传统的训练方法有了显著提高。因此，在模式识别及回归估计等问题中得到了较好的应用。

针对发动机在线监测及复合故障诊断中的实际要求，将并行及正则算法引入在线贯序极限学习机（Online Sequential Extreme Learning Machine，OS - ELM），提出了一种可实现复合故障诊断的并行在线正则极限学习机（Parallel Online Sequential Regularized Extreme Learning Machine，POS - RELM）。利用 6.3.3 节的整周期分段特征提取法提取参数后输入并行诊断网络，对多种故障及复合故障的诊断取得了良好的效果。

6.5.1 极限学习机

已知训练样本 (x_i, t_i)，$i \in 1,2,\cdots,N$，其中 $x_i = [x_{i1}, x_{i1}, \cdots, x_{in}]^T \in \mathbf{R}^n$，$t_i = [t_{i1}, t_{i1}, \cdots, t_{in}]^T \in \mathbf{R}^m$，则含有 L 个隐层节点且激活函数为 $g(x)$ 的标准单隐层前馈神经网络（Single - hidden Layer Feedforward Neural Network，SLFN）的数学模型为[141]

$$\sum_{i=1}^{L}\boldsymbol{\beta}_i g_i(\boldsymbol{x}_j) = \sum_{i=1}^{L}\boldsymbol{\beta}_i g(\boldsymbol{w}_i \cdot \boldsymbol{x}_j + b_i) = o_j, \quad j = 1,2,\cdots,N \quad (6-10)$$

式中: $\boldsymbol{\beta}_i = [\beta_{i1}, \beta_{i2}, \cdots, \beta_{im}]^T$ 为连接第 i 个隐层节点和输出节点的权值矢量; $\boldsymbol{\omega}_i = [\omega_{i1}, \cdots, \omega_{i2}, \cdots, \omega_{in}]^T$ 为连接输入节点和第 i 个隐层节点的权值矢量; b_i 为第 i 个隐层节点的阈值; o_j 为第 j 个输入样本的输出值。

式(6-10)建立的 SLFN 模型的输出能够以零误差逼近于上述 N 个训练样本,即 $\sum_{j=1}^{L}\|o_j - t_j\| = 0$,因此存在 $\boldsymbol{\beta}_i$、$\boldsymbol{w}_i$ 和 b_i 使得

$$\sum_{i=1}^{L}\boldsymbol{\beta}_i g(\boldsymbol{w}_i \cdot \boldsymbol{x}_j + b_i) = t_j, \quad j = 1,2,\cdots,N \quad (6-11)$$

式(6-11)中的 N 个等式可写成矩阵形式为

$$\boldsymbol{H\beta} = \boldsymbol{T} \quad (6-12)$$

式中: $\boldsymbol{H}$ 为神经网络的隐层输出矩阵; $\boldsymbol{H}$ 中第 i 列第 i 个隐层节点对应于输入 $\boldsymbol{x}_1, \boldsymbol{x}_1, \cdots, \boldsymbol{x}_N$ 的输出矢量。

$$\boldsymbol{H}(\boldsymbol{w}_1,\cdots,\boldsymbol{w}_L,b_1,\cdots,b_L,\boldsymbol{x}_1,\cdots,\boldsymbol{x}_N)$$
$$= \begin{bmatrix} g(\boldsymbol{w}_1 \cdot \boldsymbol{x}_1 + b_1) & \cdots & g(\boldsymbol{w}_L \cdot \boldsymbol{x}_1 + b_L) \\ \vdots & & \vdots \\ g(\boldsymbol{w}_1 \cdot \boldsymbol{x}_N + b_1) & \cdots & g(\boldsymbol{w}_L \cdot \boldsymbol{x}_N + b_L) \end{bmatrix}_{N \times L} \quad (6-13)$$

$$\boldsymbol{\beta} = \begin{bmatrix} \beta_1^T \\ \vdots \\ \beta_L^T \end{bmatrix}_{L \times m}, \boldsymbol{T} = \begin{bmatrix} t_1^T \\ \vdots \\ t_N^T \end{bmatrix}_{N \times m} \quad (6-14)$$

基于以下定理,可得出 ELM 学习算法。

定理 6.1: 对于任意 N 个不同样本 (x_i, t_i),其中 $x_i = [x_{i1}, x_{i2}, \cdots, x_{in}]^T \in \mathbf{R}^n$, $t_i = [t_{i1}, t_{i1}, \cdots, t_{in}]^T \in \mathbf{R}^m$, N 个隐藏层节点和一个任意区间无限可导的激活函数 $g: \mathbf{R} \to \mathbf{R}$,则 SLFN 在 $a_i \in \mathbf{R}^n$ 和 $b_i \in \mathbf{R}$ 任意赋值的情况下,所形成的隐藏层矩阵 $\boldsymbol{H}$ 可逆,即方程组有精确解,代价函数 $E(\boldsymbol{W}) = 0$。

定理 6.2: 给定任意 N 个不同样本 (x_i, t_i),任意小误差 $e > 0$,以及在任意区间无限可导的激活函数 $g: \mathbf{R} \to \mathbf{R}$,总存在一个包含 $L(L \leq N)$ 个隐藏层节点的 SLFN,使得在 $a_i \in \mathbf{R}^n$ 和 $b_i \in \mathbf{R}$ 任意取值情况下,误差 $E(\boldsymbol{W}) \leq e$。

上述定理表明:如果激活函数 $g(x)$ 无限可微,那么网络参数并不需要全部进行调整,其中输入与隐层的连接权值矢量 $\boldsymbol{\omega}_i$ 以及隐层的偏置 b_i 可以随机选择,且在训练过程中固定不变。而输出连接权值可通过求解线性方程组 $\boldsymbol{H\beta} = \boldsymbol{T}$ 的最小二乘解 $\widehat{\boldsymbol{\beta}} = \boldsymbol{H}^\dagger \boldsymbol{T}$ 来获得,这里 $\boldsymbol{H}^\dagger$ 表示隐层输出矩阵 $\boldsymbol{H}$ 的 Moore –

Penrose 广义逆。

$$\| \boldsymbol{H}(w_1,\cdots,w_L,b_1,\cdots,b_L,)\hat{\boldsymbol{\beta}} - \boldsymbol{T} \| = \min_{\beta} \| \boldsymbol{H}(w_1,\cdots,w_L,b_1,\cdots,b_L,)\boldsymbol{\beta} - \boldsymbol{T} \| \quad (6-15)$$

6.5.2 正则极限学习机

研究表明,一个具有较好泛化性能的模型应该能权衡经验风险和结构风险两种成分[314]。前馈型神经网络的输出权值较小时,网络能取得较好的泛化性能[315]。因此,将统计学习理论中的边缘距离最大化理论引入 ELM,其数学理论模型可表示为

$$\min_{\beta} E(\boldsymbol{W}) = \min_{\beta}(\gamma_e \| \boldsymbol{\varepsilon} \|^2 + \gamma_s \| \boldsymbol{\beta} \|^2)$$
$$\text{s.t.} \sum_{i=1}^{L} \boldsymbol{\beta}_i g(w_i \cdot x_j + b_i) - t_j = \varepsilon_j, \quad j = 1,2,\cdots,N \quad (6-16)$$

式中:$\| \boldsymbol{\varepsilon} \|^2$ 代表经验风险;$\| \boldsymbol{\beta} \|^2$ 代表结构风险。γ_e 和 γ_s 分别代表相应风险的权重,通过选择合适的 γ_e 和 γ_s 来获得两种风险的最佳比例关系。

将上述的条件极值问题通过拉格朗日方程转换为无条件极值问题进行求解:

$$\ell(\alpha,\beta,\varepsilon) = \gamma_e \| \boldsymbol{\varepsilon} \|^2 + \gamma_s \| \boldsymbol{\beta} \|^2 - \sum_{j=1}^{L} \alpha_j(\boldsymbol{\beta}_i g(w_i \cdot x_j + b_i) - t_j - \varepsilon_j)$$
$$= \gamma_e \| \boldsymbol{\varepsilon} \|^2 + \gamma_s \| \boldsymbol{\beta} \|^2 - \boldsymbol{\alpha}(\boldsymbol{H}\boldsymbol{\beta} - \boldsymbol{T} - \boldsymbol{\varepsilon}) \quad (6-17)$$

式中:$\boldsymbol{\alpha} = [\alpha_1,\alpha_2,\cdots,\alpha_N], \alpha_j \in R^m (j=1,2,\cdots,N)$ 代表拉格朗日乘子。

求式(6-17)中方程的梯度并令其等于0,得

$$\begin{cases} \dfrac{\partial \ell}{\partial \boldsymbol{\alpha}} \rightarrow \boldsymbol{H}\boldsymbol{\beta} - \boldsymbol{T} = \boldsymbol{\varepsilon} \\ \dfrac{\partial \ell}{\partial \boldsymbol{\beta}} \rightarrow 2\gamma_s \boldsymbol{\beta}^T = \boldsymbol{\alpha}\boldsymbol{H} \\ \dfrac{\partial \ell}{\partial \boldsymbol{\varepsilon}} \rightarrow 2\gamma_e \boldsymbol{\varepsilon}^T + \boldsymbol{\alpha} = 0 \end{cases} \quad (6-18)$$

解式(6-18)中的方程组,可得

$$\hat{\boldsymbol{\beta}} = \left(\boldsymbol{H}^T \boldsymbol{H} + \frac{\gamma_s}{\gamma_e} \boldsymbol{I} \right)^{\dagger} \boldsymbol{H}^T \boldsymbol{T} \quad (6-19)$$

对于训练样本$(x_i,t_i), i \in 1,2,\cdots,N$,利用式(6-13)求出 $\boldsymbol{H}$,则网络对于训练样本的输出 Y_x 为

$$Y_x = \boldsymbol{H}\hat{\boldsymbol{\beta}} = \boldsymbol{H}\left(\boldsymbol{H}^T \boldsymbol{H} + \frac{\gamma_s}{\gamma_e} \boldsymbol{I} \right)^{\dagger} \boldsymbol{H}^T \boldsymbol{T} \quad (6-20)$$

将 Y_x 与训练目标 T 做比较,即可得出训练准确率。

对于测试样本 $(x_i', t_i'), i \in 1,2,\cdots,N$,利用式(6-13)求出 H',则网络对于训练样本的输出 Y_c 为

$$Y_c = H'\hat{\beta} = H'\left(H^\mathrm{T} H + \frac{\gamma_s}{\gamma_e}I\right)^\dagger H^\mathrm{T} T \tag{6-21}$$

将 Y_c 与训练目标 T' 做比较,即可得出测试准确率。

6.5.3 并行在线正则极限学习机

对于复合故障的诊断来说,由于不同故障排列组合后可能产生多种工况,若仍然采取一个分类器进行分类,则在分类器训练时不可能设置出所有的工况对其进行训练,导致训练的结果往往以偏概全,不能对复合故障做出准确判断。ELM 训练时需要输入所有的训练样本,而实际中训练样本往往是增量式产生的,而且对在线故障诊断来说也不可能保存大量的训练样本。对以上两个问题,本章提出了基于并行在线正则极限学习机的解决方案。算法实施步骤如下:

1. 根据故障分类建立并行的分类器

分析复合故障诊断中可能出现的所有单独故障类别 $F_i, i = 1,2,\cdots,N, N$ 为故障类别数。对第 i 类故障 F_i 建立一个单独的分类器(POS-RELM-i),用来诊断实测发动机是否有此类故障。每个分类器输入的特征值应与该类故障对应。POS-RELM 整体结构如图 6-18 所示。

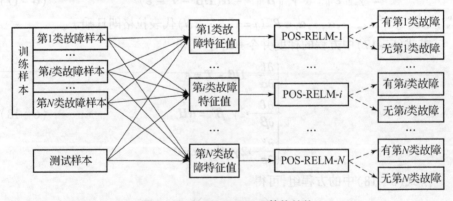

图 6-18 POS-RELM 整体结构

2. 初始化阶段

对并行分类器中的每个子分类器均给定相应的激活函数 g、隐层节点数目 L、初始训练样本数 N_0、在线学习阶段每次学习的训练样本数量 Block 及风险权重参数 γ_e 和 γ_s,对初始训练样本求初始输出权值 $\beta^{(0)} = P_0 H_0^\mathrm{T} T_0$,其中 $P_0 =$

第6章 基于阶比跟踪与ELM的复合故障在线诊断

$\left(H^{\mathrm{T}}H+\dfrac{\gamma_{\mathrm{s}}}{\gamma_{\mathrm{e}}}I\right)^{\dagger}$。取 $K=0$,K 表示网络在线学习的数据段的个数。

3. 在线学习阶段

对并行分类器中的每个分支均给定相应的第 $K+1$ 组数据段,计算输出权值矢量 $\boldsymbol{\beta}^{(k+1)} = \boldsymbol{\beta}^{(k)} + \boldsymbol{P}_{k+1}\boldsymbol{H}_{k+1}^{\mathrm{T}}(\boldsymbol{T}_{k+1} - \boldsymbol{H}_{k+1}\boldsymbol{\beta}^{(k)})$,其中 $\boldsymbol{P}_{k+1} = \boldsymbol{P}_k - \boldsymbol{P}_k \boldsymbol{H}_{k+1}^{\mathrm{T}}(\boldsymbol{I} + \boldsymbol{H}_{k+1}\boldsymbol{P}_k \boldsymbol{H}_{k+1}^{\mathrm{T}})^{-1}\boldsymbol{H}_{k+1}\boldsymbol{P}_k$。取 $K=K+1$,再返回至在线学习阶段,不断更新计算输出权值,直至数据学习完毕。

6.6 基于 POS – RELM 的发动机复合故障在线诊断研究

6.6.1 故障诊断特征值选择及归一化处理

本章中的故障分为失火故障、进气门间隙故障和排气门间隙故障三类。由 6.4 节的特征参数分析知:参数 F_1 及 E_1 能较好地区分出失火故障;参数 FX_2 及 FX_3 能较好地区分出气门间隙类故障。这些参数又与对应的转速参数 $R_1 \sim R_3$ 及转速斜率参数 $\dot{R}_1 \sim \dot{R}_3$ 有密切的关系。因此,本章将发动机每个工作周期内提取的参数 R_1、$\dot{R}_1$、F_1 及 E_1 作为失火故障诊断专用分类器(POS – RELM – 1)的特征值。将参数 R_2、$\dot{R}_2$、FX_2 作为进气门间隙故障诊断专用分类器(POS – RELM – 2)的特征值。将参数 R_3、$\dot{R}_3$、FX_3 作为排气门间隙故障诊断专用分类器(POS – RELM – 3)的特征值。由于不同种类参数之间的值相差较大,因此在输入极限学习机之前对每类参数均进行归一化处理。失火类故障诊断参数归一化处理的步骤如下:

对 POS – RELM – 1 来说,训练样本集 $\{X\}$ 如式(6 – 22)所示,测试样本集 $\{X'\}$ 如式(6 – 23)所示。其中 i 为样本号,M 为训练样本数,N 为测试样本数。

$$X(i) = [\boldsymbol{R}_1(i) \quad \dot{\boldsymbol{R}}_1(i) \quad \boldsymbol{F}_1(i) \quad \boldsymbol{E}_1(i)], \quad i=1,2,\cdots,M \quad (6-22)$$

$$X'(i) = [\boldsymbol{R}'_1(i) \quad \dot{\boldsymbol{R}}'_1(i) \quad \boldsymbol{F}'_1(i) \quad \boldsymbol{E}'_1(i)], \quad i=1,2,\cdots,N \quad (6-23)$$

训练样本集所有样本各分量的最大值和最小值分别构成矢量 $\boldsymbol{x}_{\max}$ 和 $\boldsymbol{x}_{\min}$。

$$\boldsymbol{x}_{\max} = [\max(\boldsymbol{R}_1) \quad \max(\dot{\boldsymbol{R}}_1) \quad \max(\boldsymbol{F}_1) \quad \max(\boldsymbol{E}_1)] \quad (6-24)$$

$$\boldsymbol{x}_{\min} = [\min(\boldsymbol{R}_1) \quad \min(\dot{\boldsymbol{R}}_1) \quad \min(\boldsymbol{F}_1) \quad \min(\boldsymbol{E}_1)] \quad (6-25)$$

则对训练样本集中任一样本 $X(i)$ 进行归一化的表达式为式(6 – 26),测试样本集 $X'(i)$ 的归一化和 $X(i)$ 相同。

$$X(i) = \frac{X(i) - X_{\min}}{X_{\max} - X_{\min}}, \quad i=1,2,\cdots,M \quad (6-26)$$

气门间隙类故障诊断极限学习机 POS – RELM – 2 及 POS – RELM – 3 的参数归一化原理与上述归一化原理相同,这里不再赘述。

6.6.2 多类故障在线诊断准确率交叉检验

为测试 POS – RELM 对各类故障的诊断准确率及时间消耗,将各工况不同转速提取的 4080 个样本 $[R_1 \ \dot{R}_1 \ F_1 \ E_1]$ 归一化后输入失火故障诊断极限学习机 POS – RELM – 1,并再提取 2400 个样本作为测试样本;将各工况不同转速提取的 4080 个样本 $[R_2 \ \dot{R}_2 \ FX_2]$ 输入进气门间隙故障诊断极限学习机 POS – RELM – 2,并再提取 2400 个样本作为测试样本;将各工况不同转速提取的 3060 个样本 $[R_3 \ \dot{R}_3 \ FX_3]$ 输入排气门间隙故障诊断极限学习机 POS – RELM – 3,并再提取 1800 个样本作为测试样本。工况 1~6 具体设置见表 6 – 1。各极限学习机训练及测试样本详细设置如表 6 – 2 所列。

表 6 – 2 POS – RELM 最终分类结果

故障诊断网络	失火诊断 POS – RELM – 1	进气门间隙诊断 POS – RELM – 2	排气门间隙诊断 POS – RELM – 3
特征值输入	$R_1、\dot{R}_1、F_1$ 和 E_1	$R_2、\dot{R}_2、FX_2$	$R_3、\dot{R}_3、FX_3$
训练样本集	工况 1~6 的低、中、高、变速时采集的共 6×4×170 = 4080 个周期	工况 1~6 的低、中、高、变速时采集的共 6×4×170 = 4080 个周期	工况 1~6 的中、高、变速时采集的共 6×3×170 = 3060 个周期
平均训练时间/s	1.2669	1.2808	0.9289
训练平均准确率/%	99.95	95.27	98.31
整体测试样本集	工况 1~6 的低、中、高、变速时采集的共 6×4×100 = 2400 个周期	工况 1~6 的低、中、高、变速时采集的共 6×4×100 = 2400 个周期	工况 1~6 的中、高、变速时采集的共 6×3×100 = 1800 个周期
整体平均测试时间/s	0.0688	0.0745	0.0508
整体测试平均准确率/%	99.88	95.58	97.22
工况 1 平均测试准确率/%	99.97	92.53	99.35
工况 2 平均测试准确率/%	99.75	94.35	97.73
工况 3 平均测试准确率/%	99.86	95.81	99.26

续表

故障诊断网络	失火诊断 POS-RELM-1	进气门间隙诊断 POS-RELM-2	排气门间隙诊断 POS-RELM-3
工况4平均测试准确率/%	99.73	98.65	94.73
工况5平均测试准确率/%	99.81	98.36	95.81
工况6平均测试准确率/%	99.95	97.37	98.92
工况7复合故障测试样本	工况7的低、中、高、变速时采集的共4×270=1080个周期	工况7的低、中、高、变速时采集的共4×270=1080个周期	工况7的中、高、变速时采集的共3×270=810个周期
工况7平均测试准确率/%	99.89	97.28	96.78

为测试 POS-RELM 隐层节点对训练、测试准确率及时间的影响,选择初始节点数为5,以5为周期增加隐层节点数,直到300,激励函数选择为 Sigmoidal 函数,初始训练样本数 $N_0=500$,在线学习阶段每次学习的数据个数 Block=70,RELM 中选择 $\gamma_s/\gamma_e=0.1$。网络性能随隐层节点的变化规律如图6-19~图6-21所示。可以看出,POS-RELM 分类器的训练及测试时间消耗随隐层节点数的增加而增加,训练及测试准确率也随隐层节点的增加而增大,且当准确率增加到一定程度时基本趋于平稳。

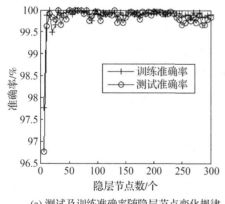

(a) 测试及训练准确率随隐层节点变化规律

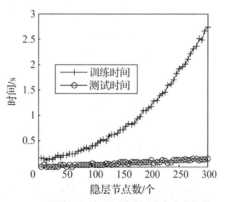

(b) 测试及训练时间随隐层节点变化规律

图6-19 失火诊断 POS-RELM-1 整体样本测试、训练准确率及时间随隐层节点变化的规律

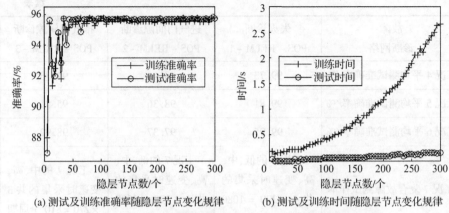

(a) 测试及训练准确率随隐层节点变化规律　　(b) 测试及训练时间随隐层节点变化规律

图 6-20　进气门间隙诊断 POS-RELM-2 整体样本测试、
训练准确率及时间随隐层节点变化的规律

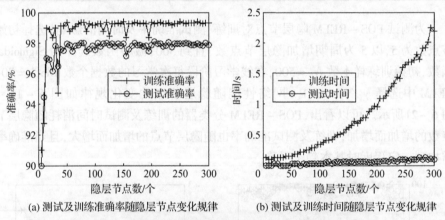

(a) 测试及训练准确率随隐层节点变化规律　　(b) 测试及训练时间随隐层节点变化规律

图 6-21　排气门间隙诊断 POS-RELM-3 整体样本测试、
训练准确率及时间随隐层节点变化的规律

表 6-2 显示了整体样本的平均测试准确率及平均测试时间,各工况样本的平均测试准确率。其中,平均测试准确率为隐层节点数 50~300 时测试准确率的平均值。可以看出,各分类器不仅能对相应的故障有较高的诊断准确率,而且对于其他故障具有较高的抗干扰性。

为测试 POS-RELM 对复合故障的诊断效果,设置工况 7 为第 1 缸失火且第 1 缸进气门间隙过大(0.6mm)。在工况 7 的低、中、高、变速时各采集 270 个共 1080 个工作周期的特征参数,作为 POS-RELM-1 和 POS-RELM-2 的测试样本;在工况 7 的中、高、变速时各采集 270 个共 810 个工作周期作为 POS-RELM-3 的测试样本。输入对应的分类器后平均测试准确率如表 6-2 所示。

可以看出,基于整周期分段特征提取法的 POS – RELM 算法对复合故障的诊断也具有较高的准确率。

为对比 POS – RELM 与传统的神经网络分类算法在故障诊断中的效率。本章将失火故障诊断 POS – RELM – 1 中的训练样本集和整体测试样本集输入 BP 神经网络进行平均测试准确率、平均训练及测试时间的比较。这里平均指的是进行 5 次测试并将结果取平均值。测试结果如表 6 – 3 所列。可以看出,基于整周期分段特征提取法的 POS – RELM 算法更适合于发动机故障的在线监测及故障诊断。

表 6 – 3　不同分类算法特点及分类结果对比

分类算法	BP			POS – RELM – 1		
特点	(1)在线故障诊断中分批产生的训练样本及以前的训练样本均需保留,样本越多导致训练时间越长; (2)在实测中当隐层节点较多时,训练时常出现程序陷入死循环而无法退出的现象			(1)训练样本可分批或单个进行训练,能够适应在线故障诊断中分批产生的训练样本,且训练后无须保留; (2)在实测中当隐层节点较多时,每次测试所需时间均较为稳定		
隐层节点数	50	100	200	50	100	200
平均测试准确率/%	99.83	99.89	99.92	99.82	99.86	99.93
平均训练时间/s	18.12	79.37	232.55	0.22	0.45	1.38
平均测试时间/s	0.15	0.17	0.22	0.03	0.06	0.09

6.7　本章小结

本章以失火及配气相位类故障为背景,详细分析了缸盖振动信号产生的机理及实车在线监测中不同工况缸盖振动信号的变化规律。应用阶比跟踪及共振解调技术,提取了相应的故障诊断参数。最终利用改进的极限学习机算法对复合故障的快速在线诊断取得了较好的效果。本章主要研究内容及结论如下:

(1)建立了缸盖结构的动力学模型,从理论上分析了缸盖振动信号中燃爆及气门关闭等冲击信号产生的原理得出:当发动机某缸失火后,缸盖振动信号中对应的冲击信号就会减弱或消失;气门间隙过大(过小)就会造成缸盖振动信号中对应的气门落座冲击相位提前(延后)。

(2)对匀速及变速工况下的缸盖振动信号的时频分布进行了分析,得出缸盖振动信号中冲击成分主要分布在 1000~7000Hz。结合磁电式转速传感器信号及外卡油压信号,应用共振解调及阶比跟踪技术,提出了故障特征参数的整周期分段提取法。

(3)通过对正常、失火、气门过大及气门过小等工况在不同转速及变速时提取的参数进行分析发现:当发动机失火后,燃爆段峰值参数 F_1 及能量参数 E_1 就会变小;当气门间隙变大(变小)时,虽然气门关闭段峰值参数在不同转速及变速工况混在了一起,不能区分出气门间隙的大小,但气门关闭段峰值的相位参数有变小(变大)的趋势,即气门关闭相位提前(延后)。实测的参数证明了理论分析的正确性。

(4)排气门关闭段的相位参数 FX_3 在低速时出现了较多畸变的野点,因此对转速低于 1200r/min 时测取的排气门间隙参数 FX_3 予以去除。同时为了消除减速过快工况造成的故障误判,将转速斜率参数小于 $-0.2(r×rad/min)$ 的工作周期提取的特征参数去除。

(5)提出了基于并行在线正则极限学习机的复合故障在线诊断方法。解决了复合故障诊断中不同故障排列组合后产生的故障种类太多而无法训练的问题。通过实测数据的测试发现:该算法在不同转速及变速时对各类故障及复合故障均具有较高的诊断准确率、较短的训练及测试时间,能够适应复合故障在线诊断中快速及分批训练的要求。

第7章 缸盖振动信号的自适应多尺度时频分解及特征提取方法

7.1 引言

由第2章分析可知,通过对瞬时转速信号进行分析可以有效判定柴油机是否发生故障及故障缸位置,但是无法精确诊断喷油器和进、排气门的具体故障模式。因此,本章针对上述故障的精确诊断方法展开研究。由于上述故障具有程度较轻、隐蔽性强、诊断困难的特点,需要借助更精确的信号处理、特征提取和模式识别方法实现故障诊断。鉴于柴油机缸盖振动信号方便实现不解体测试,且含有大量反映气缸内部件状态的特征信息,在柴油机故障诊断中应用广泛且效果良好[13]。

由于缸盖系统振源丰富且信号传递路径复杂,使得缸盖振动信号具有非线性、非平稳、多频带混叠和强背景噪声的复杂特性,导致有效的故障信息往往被覆盖,难以提取有效的故障特征。同时,由于缸盖振动信号的复杂性,往往需要利用不同方法在多个分析域内提取多类型特征以从不同角度、全方位地获取信号中的故障信息,从而提高柴油机故障诊断精度。目前,国内外众多学者将小波分解、EMD、LMD、LCD、VMD等信号多尺度时频分解方法应用于机械振动信号的分解降噪与特征提取,取得了较好的效果[165]。但是,由于缸盖振动信号中的噪声频带分布较宽且与有效频带相互交叠,难以通过信号时频分解的方法完全去除干扰噪声。同时,传统的时频分解方法均存在边界效应和频带混叠问题,信号分解精度较低,相关特征参数的辨识度有待进一步提高。

针对上述问题,本章提出了独立变分模态分解方法,基于频谱循环相干系数进行信号边界延拓,并利用多尺度核独立成分分析对延拓后信号进行多尺度时频分解,消除端点效应和模态混叠,提高了信号分解精度,分离出有效故障特征频带分量。由于缸盖振动信号为非线性数据,样本熵、模糊熵和分形维数等非线性动力学参数能够有效反映其内部本质的非线性结构特征[165]。因此,本章针对相关非线性特征参数计算方法的缺陷,提出了基于复合多尺度模糊熵偏均值与双标度分形维数的多尺度非线性动力学参数特征提取方法,从各独立分量中提取相应特征参数,构造稳定性好且辨识度高的故障特征数据集,实现柴油机故障诊断。

7.2 柴油机缸盖振动信号特性分析

对信号本身特性的了解与分析是进行信号分析处理的前提。因此,本节分别从产生机理、时频特性以及故障特征方面对柴油机缸盖振动信号的相关特性进行分析说明,为信号的进一步分析处理奠定基础。

7.2.1 缸盖振动信号的激振力分析

柴油机缸盖振动信号是在气缸工作过程中由多种不同激振力共同作用产生的。主要的激振力包括气缸内气体燃爆冲击压力、进、排气门关闭时的气阀落座冲击力,进、排气门开启时的气流冲击力、喷油器针阀落座冲击力、机体振动冲击力以及各种随机激振力。国内外的大量研究表明,各激振力对气缸盖的冲击作用在时域中具有明显不同的时序和强度特性,在频域中具有不同的频带分布规律[13]。

(1)气缸内气体燃爆冲击压力:柴油机气缸内的压缩气体燃烧做功产生的冲击力,在各激振力中能量最大,主要作用于柴油机气缸做功行程,特别是在压缩行程上止点附近产生最大的振动冲击响应信号,其频带主要分布于 1~5kHz 的中低频段。

(2)进、排气门关闭时的气阀落座冲击力:柴油机进气门与排气门关闭时气阀落座产生的撞击冲击力,能量较大且仅次于气体燃爆冲击压力,主要作用于进、排气门关闭过程,其产生的振动冲击响应信号的频带主要分布于 6~8kHz 的高频带。

(3)进、排气门开启时的气流冲击力:进气门与排气门打开瞬间,高压气体通过气门时由于狭缝喷流产生的冲击压力,能量较小且相对分散,主要作用于进、排气门开启过程,其产生的振动冲击响应信号的频带主要分布于 6~8kHz 的高频段,但响应幅值比较微弱。

(4)喷油器针阀落座冲击力:由于喷油器关闭时针阀撞击阀座引起的冲击力,能量较小但大于气门开启压力,主要作用于气缸主燃烧阶段,其产生的振动冲击响应信号的频带分布在 6kHz 附近。

(5)机体振动冲击力:由于柴油机机体振动产生的高能冲击,其振动冲击响应信号的频带分布在 1kHz 以下的低频段,与气缸工作状态无关,属于低频噪声。

(6)随机激振力:由于柴油机制造、安装时的偏差等引起的随机振动冲击,其振动冲击响应信号的分布频带较宽,属于全频域白噪声。

上述各激振力共同作用于柴油机气缸盖上产生一系列振动冲击响应信号,各信号按照激振力的作用时序与激振频带相互叠加耦合组成柴油机缸盖振动信号。

7.2.2 缸盖振动信号的时频特性分析

由 3.2.1 节分析可知,缸盖振动信号的激振源众多、传递路径复杂,且存在噪声干扰。缸盖系统的结构阻尼和边界条件难以准确描述,难以在理论上建立准确的振动微分方程。由于各激振源的工作相位、作用位置和传递路径各不相同,在实际研究中可认为是相互线性独立的,进而可将缸盖系统简化为线性系统进行处理,以建立缸盖激振动力学模型,如图 3-1 所示[4]。

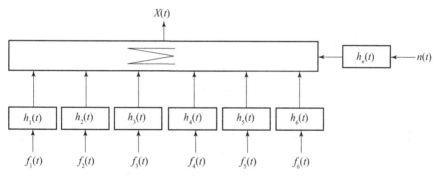

图 7-1 发动机缸盖激振动力学模型

图 7-1 中,$f_1(t)$ 表示气体燃爆冲击压力,$f_2(t)$ 进气门关闭时气阀落座冲击力,$f_3(t)$ 表示排气门关闭时气阀落座冲击力,$f_4(t)$ 表示进气门开启时气流冲击力,$f_5(t)$ 表示排气门开启时气流冲击力,$f_6(t)$ 表示喷油器针阀落座冲击力,$n(t)$ 表示机体振动和各种随机激振力。$h_1(t) \sim h_6(t)$ 分别表示 $f_1(t) \sim f_6(t)$ 的脉冲响应函数,$h_n(t)$ 表示 $n(t)$ 的脉冲响应函数。$X(t)$ 表示缸盖振动信号。

在往复式柴油机的单个工作循环内,不同的激振力按其工作相位作用于缸盖而产生多个振动冲击响应信号相互叠加耦合组成缸盖振动信号,其关系式为

$$X(t) = x_1(t) + x_2(t) + x_3(t) + x_4(t) + x_5(t) + x_6(t) + x_n(t)$$
$$= \int_{t_1}^{t_2} f_1(t) \cdot h_1(t-\tau)d\tau + \int_{t_3}^{t_4} f_2(t) \cdot h_2(t-\tau)d\tau + \int_{t_5}^{t_6} f_3(t) \cdot h_3(t-\tau)d\tau +$$

$$\int_{t_7}^{t_8} f_4(t) \cdot h_4(t-\tau)\mathrm{d}\tau + \int_{t_9}^{t_{10}} f_5(t) \cdot h_5(t-\tau)\mathrm{d}\tau + \int_{t_{11}}^{t_{12}} f_6(t) \cdot h_6(t-\tau)\mathrm{d}\tau +$$
$$\int_0^T n(t) \cdot h_n(t-\tau)\mathrm{d}\tau \tag{7-1}$$

式中：$x_1(t) \sim x_6(t)$ 与 $x_n(t)$ 分别表示 $f_1(t) \sim f_6(t)$ 与 $n(t)$ 的振动冲击响应信号；$t_1 \sim t_{12}$ 分别表示 $f_1(t) \sim f_6(t)$ 等激振力作用于缸盖的起止时刻。

由式(7-1)可知，缸盖振动信号是由各激振力冲击响应信号线性叠加而成的，因此缸盖振动信号的时域特性主要表现为各响应信号在作用时序和强度上的特性。为说明各激振力的作用时序关系，图 7-2 给出了柴油机单工作循环过程示意图。

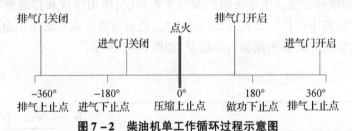

图 7-2　柴油机单工作循环过程示意图

由图 7-2 可知，在柴油机单工作循环内，各激振力按照一定相位时序分别作用于缸盖，使得缸盖振动信号时域波形中与各激振力作用相位相对应的位置上表现出强度不同的振动冲击特性，且激振力能量越大，振动冲击波形幅值越大。根据柴油机工作原理可知，缸内气体燃爆时刻取决于喷油提前角，进、排气门开启与关闭时刻由配气机构控制，各激振力在时域上均不存在重合[15]。喷油器针阀落座冲击响应主要集中于压缩行程上止点附近，与气体燃爆冲击响应在时域上存在一定程度的耦合。气体燃爆冲击压力在压缩行程上止点附近达到最大，产生幅值最大的振动冲击波形，进、排气门落座冲击响应信号波形幅值次之，喷油器针阀落座冲击响应信号波形幅值较小，进、排气门开启压力冲击响应信号波形幅值最小。因此，常用幅值、峭度、峰值、偏斜度、波形指标、峰值指标、脉冲指标等时域波形参数表征缸盖振动信号的时域特征。

缸盖振动信号的频域特性是指各激振力响应信号在频域中的频谱分布特性。由 3.2.1 节分析可知，不同的激振力响应信号构成了缸盖振动信号中的不同频带分量。大量研究表明，柴油机缸盖振动信号的有效频带分布在 1~10kHz，其中 1~5kHz 的各频带分量为气体燃爆冲击响应信号，频带能量最大。进、排气门开启与关闭冲击响应信号均分布于 6~8.5kHz 的高频带，而喷油器针阀落座冲击响应信号的频带在 6kHz 附近[13]。由上述分析可知，缸盖振动信号中的各分量在频域中具有区分度较高的不同频谱分布特征。通过提取频域中的相应特征参数可有效区分不同部件的各类故障。已有研究常用频域最大幅值、最大幅值对应频率、频带能量等参数表征信号的频域特征。

7.3 柴油机故障模拟实验

7.3.1 实验工况设置

由于本章主要研究喷油器和进、排气门故障的精确诊断方法，本节在表2-3中实验工况的基础上，增加左4缸进气门间隙过大故障工况，同时去除左3缸失火故障工况，设置了如表7-1所列的6种典型工况，所有故障均设置于左4缸。其中，工况2、3、4为单一故障，工况5为复合故障。

表7-1 柴油机故障模拟实验工况设置

序号	工况	进气门间隙/mm	排气门间隙/mm	喷油器开启压力/MPa
工况1	正常工况	0.3	0.5	2.4
工况2	进气门间隙过大	0.5	0.5	2.4
工况3	排气门间隙过大	0.3	0.7	2.4
工况4	喷油器开启压力过小	0.3	0.7	2.0
工况5	喷油器漏油且排气门间隙过小	0.3	0.3	0.1
工况6	左4缸失火	0.3	0.5	喷油器堵塞

7.3.2 实验系统搭建

本章在某型柴油机实验台架上搭建了图7-3所示的缸盖振动信号测试系统，主要包括磁电式转速传感器、振动加速度传感器、霍尔传感器、信号调理装置、多通道数据采集系统、工控计算机。

缸盖振动信号测试选用带宽为22kHz的ADXL001型振动加速度传感器，安装于左4缸缸盖和气缸体结合处，如图7-4(a)所示。上止点信号测试选用霍尔传感器，安装时在柴油机输出轴上粘贴磁钢片，传感器正对磁钢片安装，且初始位置对应左4缸上止点。上止点信号用于截取整周期的缸盖振动信号，同时对单工作循环内的缸盖振动冲击成分与气缸内各部件振动冲击作用相位的时序关系进行定位。霍尔传感器与磁钢片的安装位置如图7-4(b)所示。多通道数据采集系统与计算机如图7-4(c)所示,用于采集缸盖振动信号和上止点信号。

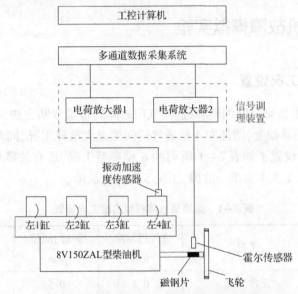

图7-3 柴油机缸盖振动信号测试系统结构

(a) 振动加速度传感器

(b) 霍尔传感器与磁钢片

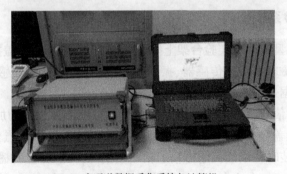

(c) 多通道数据采集系统与计算机

图7-4 实验系统实物

7.3.3 缸盖振动信号采集与降噪

实验过程中,柴油机平均转速保持在1000r/min,匀速空载运行。利用多通道数据采集系统同步采集左4缸缸盖振动信号及其上止点信号,采样频率均设置为40kHz,每次采样长度设为6s,每隔5s进行一次采样,多次采样后保存实验数据。利用上止点信号截取单个工作循环内的缸盖振动信号,则各工况下的缸盖振动信号时域波形与幅频谱如图7-5所示。

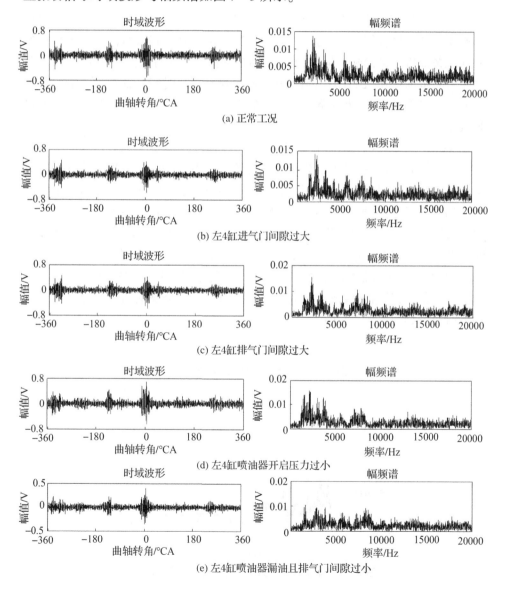

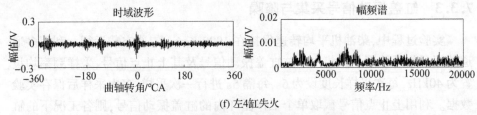

(f) 左4缸失火

图7-5 缸盖振动信号时域波形与幅频谱

分析图7-5可知,不同工况下的缸盖振动信号时域波形及其幅频谱均存在比较明显的差异,说明可以通过提取缸盖振动信号时域和频域内的相关特征参数实现柴油机故障诊断。但是,原始缸盖振动信号中含有大量宽频带干扰噪声,频带分布范围在0~20kHz。因此,在对缸盖振动信号进行特征提取之前必须要对其进行降噪处理,以消除宽频带噪声的干扰,降低特征提取难度,增强特征提取效果。

由图7-5还可知,缸盖振动信号中的有用信号与噪声信号在能量上具有明显差异,有用信号的能量集中分布于各有效频带内,数值较大;噪声信号的能量分散于全频带内,数值较小。因此,利用文献[40]提出的基于奇异值能量标准谱的信号降噪方法,根据有用信号与噪声信号在能量分布上的差异,实现缸盖振动信号降噪。以柴油机正常工况下的缸盖振动信号为例说明信号降噪过程及效果。首先对缸盖振动信号进行1kHz高通滤波以去除低频噪声,然后进行奇异值分解,并根据奇异值能量标准谱选取有效奇异值进行信号重构,得到降噪后的缸盖振动信号,其时域波形与幅频谱如图7-6所示,降噪前后缸盖振动信号的时频分布三维图如图7-7所示。

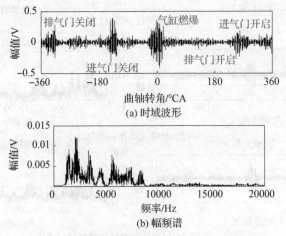

图7-6 降噪后缸盖振动信号时域波形与幅频谱

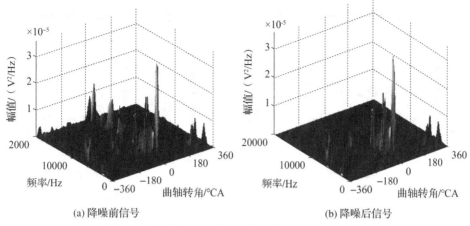

图 7-7 降噪前后缸盖振动信号的时频分布三维图

由图 7-7 可知,降噪前的缸盖振动信号在全频带范围内含有较多的干扰噪声,经降噪之后,1kHz 以下的低频噪声和 10kHz 以上的高频噪声均被滤除,各振动冲击分量被有效保留且明显增强,信号频带分布在 1~10kHz,与理论分析相符。利用上述方法对其他 5 种工况的缸盖振动信号进行降噪处理,得到各信号的时频分布如图 7-8 所示,各图中左侧为幅频谱,右上为时域波形,右下为等高线时频谱。其中,等高线时频谱由广义 S 变换得到。

由图 7-8 可知,不同工况下的缸盖振动信号经降噪后均可消除大部分干扰噪声,并保留有效的振动冲击分量,且不同振源对应的冲击分量的频带分布特征明显,降噪效果良好。下面以正常工况为例,说明缸盖振动信号中各分量的时频分布特征。如图 7-8(a)所示,降噪后的信号时频谱中包含 6 个主频带分量,分别分布于 2kHz、4kHz、5kHz、6kHz、7kHz 与 8kHz 附近,此即为包含故障特征信息的故障特征频带分量,与理论分析相符。其中,包含 2 个 6kHz 以上的主频带分量,主要能量分别集中于进气门关闭段与排气门关闭段,由进、排气门开启与关闭冲击产生。6kHz 附近有 1 个主频带分量,能量主要分布于喷油器针阀落座段,由喷油器针阀落座冲击产生。5kHz 以下存在 3 个主频带分量,能量主要集中于气缸燃爆段,由气缸燃爆冲击产生,在全频带内能量最大。

不同工况下的缸盖振动信号的时域波形和时频分布特征均具有较大的差别,特别是在各振源的激振相位和频带内差别明显。与正常工况相比,当气缸内发生故障时,由于气缸功率下降,导致气缸燃爆段产生的低频分量能量减小,同时产生部分高频分量,使得高频分量的能量比重增大,信号能量向高频段转移。不同故障工况下,高频段的能量变化在时序上存在差异。图 7-8(b)中进气门间隙过大时,进气门关闭段的高频能量增大,图 7-8(c)中排气门间隙过大时,

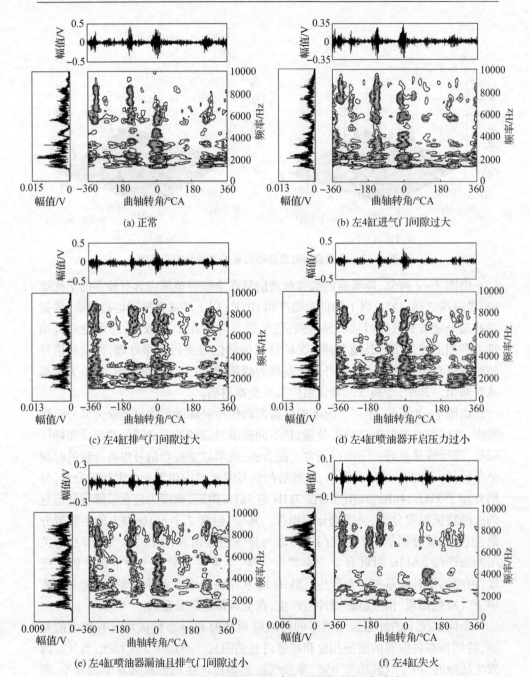

图 7-8 各工况下的缸盖振动信号降噪后的时频分布

排气门关闭段高频能量增大,信号能量均向高频段转移。图 7-8(d)中喷油器开启压力过小时,喷油器针阀落座冲击段和燃爆段低频分量均减小,高频分量的能量比重增大。图7-8(e)中喷油器漏油且排气门间隙过小时,气缸做功能力严重不足,燃爆冲击段低频能量减小幅度较大,喷油器针阀落座冲击段低频能量减小,排气门关闭段高频能量减小,进气门关闭段高频能量基本不变,高频段能量相对增大。图7-8(f)中通过喷油器堵塞不喷油模拟气缸失火故障,气缸燃爆段与喷油器针阀落座冲击段低频分量消失,低频段仅剩相邻气缸燃爆冲击传递的到该气缸产生的信号分量,其能量较小,信号以高频段的能量为主。

由以上分析可知,缸盖振动信号的各频带分量中分别含有对不同部件故障敏感的特征信息,不同工况下各分量的时频分布特征具有比较明显的差别,通过分离出各频带分量并提取相应特征参数,可有效区分不同故障工况。因此,本章提出了基于独立变分模态分解的缸盖振动信号自适应多尺度时频分解方法,以提取相互独立的有效故障特征频带分量。

7.4 基于独立变分模态分解的缸盖振动信号多尺度时频分解

变分模态分解[139](VMD)通过非递归求解变分模态的方式在时频域内对信号各分量进行剖分,可自适应地分离出信号中的不同频带分量。与 EMD、LMD、ITD 等方法相比,VMD 具有更好的抗噪性和分解能力。尽管如此,VMD 仍存在端点效应和模态混叠问题,降低了信号分解精度。因此,本节提出了独立变分模态分解方法(Independent VMD,IVMD)。首先根据频谱循环相干系数自适应筛选与信号边界波形频谱特征一致性最高的信号波段的两侧波形对信号进行边界延拓;其次对延拓后信号进行 VMD 分解获得各频带分量;最后根据互相关准则选择有效分量构成组合信道进行 KICA 处理,消除各分量间的关联噪声和模态混叠,分离出相互独立的有效故障特征频带分量。

7.4.1 变分模态分解的基本原理

VMD 的分解过程是基于传统维纳滤波、Hilbert 变换与频率混合等理论的变分问题求解过程,主要包括建立变分模型与求解变分模型两个部分。

1. 建立变分模型

VMD 在定义本征模态函数(Intrinsic Mode Function,IMF)时,为使得 IMF 具有更严格的数学基础,VMD 将本征模态函数定义为一个调幅-调频信号,即

$$u_k(t) = A_k(t)\cos(\varphi_k(t)) \tag{7-2}$$

式中:t 表示时间;$A_k(t)$ 和 $\varphi_k(t)$ 分别表示 $u_k(t)$ 的瞬时幅值和瞬时相位,且 $\varphi_k(t)$ 是非减函数。若设 $\omega_k(t)$ 为 $u_k(t)$ 的瞬时频率,则 $\omega_k(t) = \mathrm{d}\varphi_k(t)/\mathrm{d}t \geqslant 0$。

假设多分量信号 $x(t)$ 由 K 个中心频率不同且带宽有限的 IMF 分量 $u_k(t)$,

$k=1,2,\cdots,K$ 组成,且各分量的中心频率分别为 $\omega_k, k=1,2,\cdots,K$,则 VMD 变分模型的建立过程如下:

(1)初始化与 Hilbert 变换。初始化 $u_k(t)$ 并对其进行 Hilbert 变换,获得其解析信号 $U_k(t)$ 为

$$U_k(t) = \left(\delta(t) + \frac{j}{\pi t}\right) * u_k(t) \tag{7-3}$$

式中:$\delta(t)$ 为 Dirichlet 函数;* 表示卷积运算。

(2)频谱基准化。将 $U_k(t)$ 与预估中心频率 $e^{-j\omega_k t}$ 混合,使 $u_k(t)$ 的频谱调制到相应的基频带:

$$\left[\left(\delta(t) + \frac{j}{\pi t}\right) * u_k(t)\right] e^{-j\omega_k t} \tag{7-4}$$

(3)建立约束变分模型。计算式(7-2)中调制信号梯度的 L^2 范数,估计各 IMF 分量 $u_k(t)$ 的带宽,进而建立最优化约束变分模型:

$$\begin{cases} \min\limits_{\{u_k\},\{\omega_k\}} \left\{ \sum\limits_{k=1}^{K} \left\| \partial_t \left[\left(\delta(t) + \frac{j}{\pi t}\right) * u_k(t) \right] e^{-j\omega_k t} \right\|_2^2 \right\} \\ s.t. \sum\limits_{k=1}^{K} u_k(t) = x(t) \end{cases} \tag{7-5}$$

由式(7-5)可知,该变分模型本质上是以最小带宽为约束条件的最小值优化问题,求解结果能够满足各 IMF 分量的带宽最小,从而保证了 VMD 具有较好的信号分解效果。

2. 求解变分模型

(1)模型去约束:通过引入二次惩罚因子 α 和拉格朗日乘子 $\lambda(t)$ 构造增广拉格朗日函数为,将上述约束变分问题转换为非约束变分问题:

$$L(\{u_k(t)\},\{\omega_k\},\lambda(t)) = \alpha \sum_{k=1}^{K} \left\| \partial_t \left[\left(\delta(t) + \frac{j}{\pi t}\right) * u_k(t) \right] e^{-j\omega_k t} \right\|_2^2 +$$

$$\left\| x(t) - \sum_{k=1}^{K} u_k(t) \right\|_2^2 + \left\langle \lambda(t), x(t) - \sum_{k=1}^{K} u_k(t) \right\rangle \tag{7-6}$$

(2)非约束变分模型求解:利用交替方向乘子算法[67](Alternate Direction Method of Multipliers,ADMM)求解上述变分问题。该方法通过交替更新 $u_k(t)$、ω_k 和 $\lambda(t)$ 求取式(7-6)的鞍点,即式(7-5)约束变分模型的最优解。其中,各 IMF 分量 $u_k(t)$ 及其中心频率 ω_k 的更新公式分别为

$$\hat{u}_k^{n+1}(\omega) = \frac{\hat{x}(\omega) - \sum\limits_{i \neq k}^{K} \hat{u}_i(\omega) + \frac{\hat{\lambda}(\omega)}{2}}{1 + 2\alpha(\omega + \omega_k)^2} \tag{7-7}$$

$$\hat{\omega}_k^{n+1} = \frac{\int_0^\infty \omega |\hat{u}_k(\omega)|^2 d\omega}{\int_0^\infty |\hat{u}_k(\omega)|^2 d\omega} \quad (7-8)$$

式中：$\hat{u}_k^{n+1}(\omega)$，$\hat{x}(\omega)$，$\hat{\lambda}(\omega)$ 分别为 $u_k^{n+1}(t)$，$x(t)$，$\lambda(t)$ 的傅里叶变换。通过对式(7-7)进行傅里叶逆变换，即可得到所有时域 IMF 分量 $u_k(t)$，$k = 1, 2, \cdots, K$。

由上述 VMD 的分解过程可知，VMD 的分解效果主要受分量个数 K 和惩罚因子 α 的影响，通常取 $\alpha = 2000$，而 K 值需要在对信号进行 VMD 分解时预先设定。目前，主要采用中心频率观察法、互信息判据法等方法自适应选择 K 值，均能满足 VMD 在信号分解中的应用需求[19]。

7.4.2 基于频谱循环相干系数的信号边界延拓方法

尽管 VMD 具有良好的信号分解能力，但是由于 VMD 对信号进行截断和 Hilbert 变换，导致其仍存在端点效应和模态混叠问题，降低了信号分解精度。目前，消除端点效应的方法是对信号进行边界延拓，主要方法包括极值延拓、波形匹配延拓和数据预测延拓[127]。其中，波形匹配延拓能够同时兼顾信号内部特征和其端点局部变化趋势，且算法相对简单，应用效果较好。然而，由图 7-8 可知，缸盖振动信号经奇异值分解降噪后仍含有少量残留噪声，且信号具有时频结构复杂且周期性循环波动特性，基于互相关、互信息、波形相似系数等时域波形特征的匹配方法，易受噪声干扰，且难以有效反映信号内在的时频特征，信号延拓效果较差。针对上述问题，本小节根据缸盖振动信号的频域循环平稳特性，提出了一种新的基于频谱循环相干系数的信号边界延拓方法以抑制 VMD 的端点效应。

频谱循环相干系数用于表征两循环相干信号在全频域内的频谱特征一致性，可有效判定两信号是否来自同一振源[316]。对于信号 $s(t)$ 与 $k(t)$，其频谱分别表示为 $S(f)$ 与 $K(f)$，则两者的频谱循环相干系数定义为

$$\xi_{s,k} = \frac{\sum_f S(f) \times K(f)}{\sqrt{\left(\sum_f S(f) \times S(f)\right)\left(\sum_f K(f) \times K(f)\right)}} \quad (7-9)$$

式中，$\xi_{s,k} \in [0,1]$ 的值越大，说明 $S(f)$ 与 $K(f)$ 在全频带内的线性相关性越强。

与基于时域波形相似性的波形匹配指标相比，频谱循环相干系数不受时域噪声干扰，而且可有效揭示信号内隐藏的周期性时频结构特征。因此，本小节提出了基于频谱循环相干系数的缸盖振动信号边界延拓方法，以提高信号延拓精度，抑制 VMD 的端点效应误差。该方法具体步骤如下：

(1) 给定长度为 N 的离散信号 $s(t)$，设其有 p 个极大值和 q 个极小值，分别对

应时间序列 $T_{\max} = \{t_{\max_1}, t_{\max_2}, \cdots, t_{\max_{p-1}}, t_{\max_p}\}$ 和 $T_{\min} = \{t_{\min_1}, t_{\min_2}, \cdots, t_{\min_{q-1}}, t_{\min_q}\}$。

(2) 对于信号左边界延拓,若 $t_{\max_1} < t_{\min_1}$,则截取信号 $s(t)$ 左边界包含两个最大值的信号段 $s(t_0) \sim s(t_{\max_2})$ 作为待匹配子波,记为 X_1,其中 t_0 代表信号初始时刻。然后依次截取信号 $s(t)$ 内部的波段 $s(t_{\max_j} - t_{\max_2} + t_0) \sim s(t_{\max_j}), j \in [3, p]$ 作为 X_1 的匹配波形,记为 X_j。如果 $t_{\max_1} > t_{\min_1}$,则利用 $s(t_{\min_2}), s(t_{\min_j})$ 和 q 分别替代 $s(t_{\max_2}), s(t_{\max_j})$ 和 p,执行上述算法。

(3) 分别对 X_1 与 X_j 做傅里叶变换得到其幅频谱,并根据式(7-9)计算不同 j 取值下的 X_j 与 X_1 的谱循环相干系数。通过比较,选取谱循环相干系数值最大的匹配子波 $X_{j\text{best}}$ 作为 X_1 的最佳匹配波段。进而选取 $X_{j\text{best}}$ 前一定长度的信号段延拓到原信号 $s(t)$ 的左侧。

(4) 对于信号右边界延拓,若 $t_{\max_p} < t_{\min_q}$,则截取信号 $s(t)$ 右边界包含两个最小值的信号段 $s(t_{\min_{q-1}}) \sim s(t_{\text{end}})$ 作为待匹配子波,记为 Y_1,其中 t_{end} 代表信号终止时刻。然后依次截取信号 $s(t)$ 内部的波段 $s(t_{\min_j}) \sim s(t_{\min_j} + t_{\text{end}} - t_{\min_{q-1}})$,$j \in [1, q-2]$ 作为 Y_1 的匹配波形。若 $t_{\max_p} > t_{\min_q}$,则利用 $s(t_{\max_{p-1}}), s(t_{\max_j})$ 和 p 分别替代 $s(t_{\min_{q-1}}), s(t_{\min_j})$ 和 q,执行上述算法。然后,执行步骤(3)完成信号右边界延拓。

(5) 对延拓后信号进行 VMD 分解,截取各分量中与原信号位置对应、长度相同的波段,即可得到最终分解结果。

7.4.3 多尺度核独立成分分析

7.4.2 节中通过对信号进行边界延拓,可以有效抑制 VMD 分解的端点效应。但是,信号分解后各分量间仍存在模态混叠和关联噪声,导致无法提取准确的故障特征信息。众多学者研究了 EMD、LMD、ITD 等时频分析算法与 ICA、KICA算法相结合的方法,在消除不同频带分量间的模态混叠和关联噪声中效果良好。由于 KICA 具有良好的非线性单分量提取能力,本小节将 KICA 引入 VMD 分解过程,提出了多尺度核独立成分分析(Multiscale Kernel Independent Component Analysis,MSKICA)。首先利用 VMD 将边界延拓后的信号分解为一系列 IMF 分量,然后根据互相关准则选取有效分量构成输入观测矩阵进行KICA 处理,从而消除各分量间的关联噪声和频带混叠,分离出原信号中相互独立的单分量信号。KICA 的基本原理如下:

设观测信号矩阵为 $X = [x_1, x_2, \cdots, x_n]^T$,真实的独立源信号矩阵的估计矩阵为 $Y = [y_1, y_2, \cdots, y_m]^T$,解混矩阵为 $W \in \mathbf{R}^{n \times m}$,则 KICA 模型可表示为

$$Y = WX \tag{7-10}$$

KICA 求解的目标是得到最佳解混矩阵 $\boldsymbol{W}_{\text{best}}$,进而计算独立源信号的最优估计矩阵 $\boldsymbol{Y}_{\text{best}}$。该问题的求解过程可表示为重构 Hilbert 空间中的核正则化相关系数的最优化问题。为方便起见,首先以两个矢量 $\boldsymbol{x}_1$ 与 $\boldsymbol{x}_2$ 为例介绍核化目标函数。设 $\boldsymbol{F}$ 为实矢量函数集合,f_1 与 f_2 是 $\boldsymbol{F}$ 中的函数关系,定义 $\boldsymbol{x}_1$ 与 $\boldsymbol{x}_2$ 的正则化 $\boldsymbol{F}$ 相关系数 ρ_F 为矢量函数 $f_1(\boldsymbol{x}_1)$ 和 $f_2(\boldsymbol{x}_2)$ 间相关系数的最大值:

$$\rho_F = \max_{f_1, f_2 \in F} \text{corr}(f_1(\boldsymbol{x}_1), f_2(\boldsymbol{x}_2)) = \max_{f_1, f_2 \in F} \frac{\text{cov}(f_1(\boldsymbol{x}_1), f_2(\boldsymbol{x}_2))}{(\text{var} f_1(\boldsymbol{x}_1))^{1/2} (\text{var} f_2(\boldsymbol{x}_2))^{1/2}} \quad (7-11)$$

式中:ρ_F 为核化目标函数,用于度量矢量之间的独立性。显然,当 $\boldsymbol{F}$ 足够大时,若 $\rho_F = 0$,则 $\boldsymbol{x}_1$ 与 $\boldsymbol{x}_2$ 相互独立。

设 $\phi(\boldsymbol{x})$ 为矢量 $\boldsymbol{x}$ 由低维空间到重构 Hilbert 空间的非线性映射,由重构 Hilbert 空间的再生性可得

$$f(\boldsymbol{x}) = \langle \phi(\boldsymbol{x}), f \rangle, \forall f \in \boldsymbol{F}, \forall \boldsymbol{x} \in \mathbf{R} \quad (7-12)$$

式中:$\langle \cdot, \cdot \rangle$ 表示核运算。
则有

$$\text{corr}(f_1(\boldsymbol{x}_1), f_2(\boldsymbol{x}_2)) = \text{corr}(\langle \phi(\boldsymbol{x}_1), f_1 \rangle, \langle \phi(\boldsymbol{x}_2), f_2 \rangle) \quad (7-13)$$

此时,式(7-11)可以简化为

$$\rho_F(\boldsymbol{K}_1, \boldsymbol{K}_2) = \max_{\boldsymbol{\alpha}_1, \boldsymbol{\alpha}_2 \in \mathbf{R}} \frac{\boldsymbol{\alpha}_1^T \boldsymbol{K}_1 \boldsymbol{K}_2 \boldsymbol{\alpha}_2}{(\boldsymbol{\alpha}_1^T \boldsymbol{K}_1^2 \boldsymbol{\alpha}_1)^{1/2} (\boldsymbol{\alpha}_2^T \boldsymbol{K}_2^2 \boldsymbol{\alpha}_2)^{1/2}} \quad (7-14)$$

式中:$\boldsymbol{K}_1$ 与 $\boldsymbol{K}_2$ 分别为 $\boldsymbol{x}_1$ 与 $\boldsymbol{x}_2$ 的 Gram 核矩阵;$\boldsymbol{\alpha}_1$ 与 $\boldsymbol{\alpha}_2$ 分别为 $\boldsymbol{K}_1$ 与 $\boldsymbol{K}_2$ 的特征矢量;Gram 核矩阵中的元素为 $G_{ij} = \langle \phi(\boldsymbol{x}_i), \phi(\boldsymbol{x}_j) \rangle = K(\boldsymbol{x}_i, \boldsymbol{x}_j)$。

式(7-14)的求解可以简化为广义特征值问题:

$$\begin{bmatrix} 0 & \boldsymbol{K}_1 \boldsymbol{K}_2 \\ \boldsymbol{K}_2 \boldsymbol{K}_1 & 0 \end{bmatrix} = \lambda \begin{bmatrix} \boldsymbol{K}_1 \boldsymbol{K}_1 & 0 \\ 0 & \boldsymbol{K}_2 \boldsymbol{K}_2 \end{bmatrix} \begin{bmatrix} \boldsymbol{\alpha}_1 \\ \boldsymbol{\alpha}_2 \end{bmatrix} \quad (7-15)$$

将上述问题推广到 $n(n \geq 2)$ 个矢量的情形,根据式(7-15)可得

$$\begin{bmatrix} \boldsymbol{K}_1 \boldsymbol{K}_1 & \boldsymbol{K}_1 \boldsymbol{K}_2 & \cdots & \boldsymbol{K}_1 \boldsymbol{K}_n \\ \boldsymbol{K}_2 \boldsymbol{K}_1 & \boldsymbol{K}_2 \boldsymbol{K}_2 & \cdots & \boldsymbol{K}_2 \boldsymbol{K}_n \\ \vdots & \vdots & & \vdots \\ \boldsymbol{K}_n \boldsymbol{K}_1 & \boldsymbol{K}_n \boldsymbol{K}_2 & \cdots & \boldsymbol{K}_n \boldsymbol{K}_n \end{bmatrix} \begin{bmatrix} \boldsymbol{\alpha}_1 \\ \boldsymbol{\alpha}_2 \\ \vdots \\ \boldsymbol{\alpha}_n \end{bmatrix} = \lambda \begin{bmatrix} \boldsymbol{K}_1 \boldsymbol{K}_1 & 0 & \cdots & 0 \\ 0 & \boldsymbol{K}_2 \boldsymbol{K}_2 & \cdots & 0 \\ \vdots & \vdots & & \vdots \\ 0 & 0 & \cdots & \boldsymbol{K}_n \boldsymbol{K}_n \end{bmatrix} \begin{bmatrix} \boldsymbol{\alpha}_1 \\ \boldsymbol{\alpha}_2 \\ \vdots \\ \boldsymbol{\alpha}_n \end{bmatrix} \quad (7-16)$$

设 $\hat{\lambda}(\boldsymbol{K}_1, \boldsymbol{K}_2, \cdots, \boldsymbol{K}_n)$ 为式(7-16)的最小特征值,定义基于核典型相关分析的经验对比函数 $C(\boldsymbol{W})$ 为

$$C(\boldsymbol{W}) = -\frac{1}{2} \log \hat{\lambda}(\boldsymbol{K}_1, \boldsymbol{K}_2, \cdots, \boldsymbol{K}_n) \quad (7-17)$$

通过最小化 $C(\boldsymbol{W})$ 可得最佳解混矩阵 $\boldsymbol{W}_{\text{best}}$,根据 $\boldsymbol{Y} = \boldsymbol{W}_{\text{best}} \boldsymbol{X}$ 即可得到各独

立分量。

结合 VMD 与 KICA 的处理过程,对于任意信号 $x(t)$,MSKICA 的具体计算过程可总结如下:

(1)初始化。输入信号 $x(t)$,初始化 VMD 分解层数 P,惩罚因子 α 和带宽 τ 使用默认值,$\alpha = 2000, \tau = 0$。

(2)VMD 分解。按步骤(1)中的参数对信号 $x(t)$ 进行 VMD 分解,得到 g 个 IMF 分量。利用互信息法[161]确定最佳的分解层数 g,其中,互信息阈值设定为 0.01。

(3)构造输入观测矩阵。分别计算 g 个 IMF 分量与 $x(t)$ 的互相关系数,并选取数值较大的 n 个 IMF 作为有效分量,记为 $x_i(t), i = 1, 2, \cdots, n$。构造 KICA 的输入观测矩阵 $X = [x_1, x_2, \cdots, x_n]$。对 X 进行中心化和白化处理,初始化解混矩阵 W,并给定核函数 $K(\cdot)$。

(5)利用核函数 $K(\cdot)$ 计算观测数据的 Gram 矩阵 $K_1, K_2, \cdots, K_n$,并利用 Cholesky 分解计算式(7-16)的最小特征值 $\hat{\lambda}(K_1, K_2, \cdots, K_n)$。

(6)根据最速下降法[72]公式 $W(i+1) = W(i) - \hat{\lambda} \nabla C$ 进行迭代运算,直到使式(7-17)取得最小值为止,输出最优化解混矩阵 W_{best}。

(7)根据 $Y = W_{\text{best}} X$ 得到 n 个独立分量,记为 $y_i(t), i = 1, 2, \cdots, n$,此即为进一步消除干扰噪声和模态混叠后的独立有效故障特征频带分量。

7.4.4 仿真信号分析

为验证 IVMD 方法的有效性,构造含有噪声的多分量混合仿真信号 $x(t)$,即

$$\begin{cases} x(t) = x_1(t) + x_2(t) + x_3(t) + \text{sn}(t) \\ x_1(t) = \sin(2 \times \pi \times 30 \times t) \\ x_2(t) = \sin(2 \times \pi \times (50 + t) \times t) \\ x_3(t) = \cos(t) \times \sin(2 \times \pi \times (100 + t) \times t) \end{cases} \quad (7-18)$$

式中:$x_1(t)$ 为正弦信号;$x_2(t)$ 为调频信号;$x_3(t)$ 为调幅-调频信号;$\text{sn}(t)$ 为幅值为 0.5 的高斯白噪声。设置信号采样频率为 1000Hz,采样时间为 1s,得到混合信号 $x(t)$ 及其各分量的时域波形如图 7-9 所示。

根据式(7-18),分别在 $x(t)$ 的左右两端各产生 50 个新的标准数据,得到延拓后的真实波形如图 7-10(a)所示。根据 3.4.2 节方法分别利用互信息法和本章所提方法对 $x(t)$ 进行边界延拓,得到延拓后信号波形分别如图 7-10(b)、(c)所示。图 7-10 中 $x(t)$ 的原始波形用实线表示,其左右两端的延拓波形分别用虚线与点划线表示。为更加清晰地说明信号延拓效果,将图 7-10 中各信号两端的延拓波形放大后如图 7-11 所示。对比图 7-10 和图 7-11 中各波形可知,利用

本章所提方法得到的延拓波形与真实波形基本一致。利用互信息法得到延拓波形与真实波形相差较大,左右两端均出现明显变形,且与原信号连续性较差。上述分析表明,本章提出信号边界延拓方法能够有效跟踪原信号的时域变化规律,信号延拓精度更高。

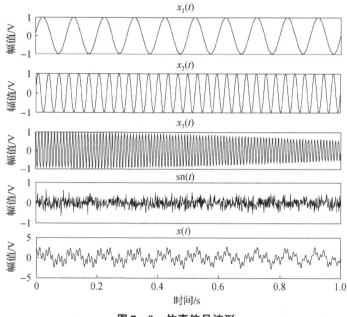

图 7-9 仿真信号波形

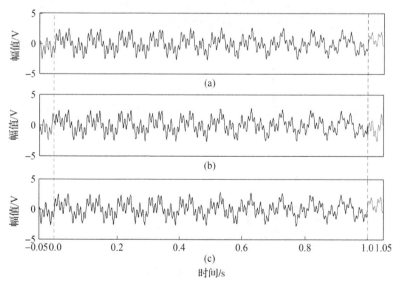

图 7-10 仿真信号延拓后波形

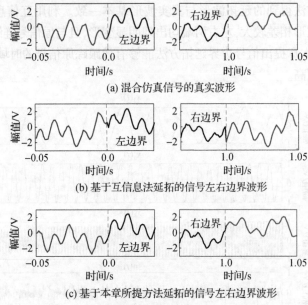

(a) 混合仿真信号的真实波形

(b) 基于互信息法延拓的信号左右边界波形

(c) 基于本章所提方法延拓的信号左右边界波形

图 7-11　仿真信号左右两边界的延拓波形

图 7-12(a)、(b)、(c)分别为图 7-10(a)、(b)、(c)所示信号的幅频谱。图 7-12(b)中 30Hz 调频分量的频谱出现了明显变形,这是由于互信息法在时域内根据波形相似性选取延拓数据,无法准确反映原始信号的频谱特征,导致延拓后信号频谱失真。图 7-12(c)与图 7-12(a)基本一致,说明本章提出的信号边界延拓方法通过在频域内根据信号频谱特征一致性选取延拓数据,可有效避免时域噪声干扰,并保留原信号的频谱特征。

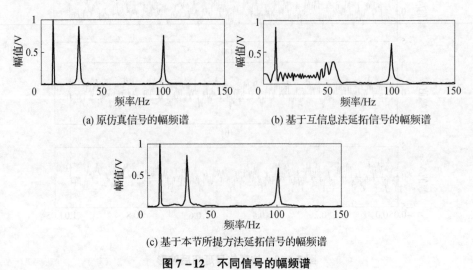

(a) 原仿真信号的幅频谱　　(b) 基于互信息法延拓信号的幅频谱

(c) 基于本节所提方法延拓信号的幅频谱

图 7-12　不同信号的幅频谱

对图 7-9 中原仿真信号 $x(t)$ 进行 VMD 分解,对图 7-10(b)、(c)中边界延拓后信号进行 MSKICA 处理,得到的结果分别如图 7-13(a)、(b)、(c)所示。VMD 分解参数均设置为 $K=4, \alpha=2000$,KICA 的核函数选用高斯核函数,且核参数 $\sigma=1$。图 7-13 中实线代表经上述处理得到的各模态分量 IMF1、IMF2、IMF3、IMF4,分别对应仿真信号分量 $x_1(t)$、$x_2(t)$、$x_3(t)$ 和噪声信号 $\text{sn}(t)$。其中,$x_1(t)$、$x_2(t)$、$x_3(t)$ 的真实波形用虚线表示。

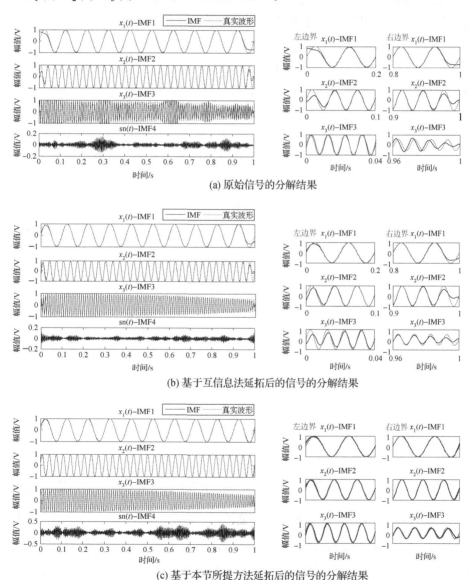

图 7-13 不同方法延拓后信号的 VMD 分解结果

由图7-13(a)可知,由于原始信号未进行边界延拓,其经VMD分解后得到的IMF1、IMF2、IMF3的左右两端波形与真实波形相比均产生了较大偏差,端点效应明显;同时,由于原信号的VMD分解结果未进行KICA处理,各分量间存在模态混叠,导致高频分量IMF3波形整体出现失真。由图7-13(b)可知,利用互信息法对信号进行边界延拓后,一定程度上抑制了VMD的端点效应,各IMF分量端点处波形与真实波形的偏差减小。但由于时域噪声干扰导致延拓效果欠佳,各分量端点处仍存在一定程度的变形。该延拓信号经MSKICA处理基本抑制了各IMF分量间的模态混叠,各IMF分量的波形无失真。由图7-13(c)可知,利用本章提出的IVMD方法对信号进行边界延拓后再进行MSKICA处理,较好地抑制了VMD的端点效应与模态混叠,分解后各分量IMF1、IMF2、IMF3分别与真实信号$x_1(t)$、$x_2(t)$和$x_3(t)$基本重合,端点处波形误差很小,不存在波形失真现象。

为定量评价信号分解效果,本章提出互相关系数ρ与能变系数δ作为衡量信号分解精度的量化指标。

(1)对于两个长度为N的时间序列$p(k)$与$s(k)$,$k=1,2,\cdots,N$,两者的互相关系数ρ_{pk}的计算公式为

$$\rho_{pk} = \frac{\sum_{k=1}^{N}[(p(k)-\bar{p}(k))(s(k)-\bar{s}(k))]}{\left[\sum_{k=1}^{N}(p(k)-\bar{p}(k))^2 \sum_{k=1}^{N}(s(k)-\bar{s}(k))^2\right]^{\frac{1}{2}}} \quad (7-19)$$

式中:$\bar{p}(k)$与$\bar{s}(k)$分别表示$p(k)$与$s(k)$的平均值。各IMF分量与真实信号分量的互相关系数值越大,说明两信号越相似,IMF分量的波形偏离真实波形越小,即信号分解精度越高。

(2)根据信号分解前后的能量变化,提出能变系数δ作为端点效应评价指标。对于长度为N的任意信号$s(i)$,其能量E可表示为

$$E = \sum_{n=1}^{N} s^2(n) \quad (7-20)$$

则对于信号$x(t)$,将其分解为K个IMF分量后,能变系数δ的计算公式为

$$\delta = \frac{1}{E_x}\left|\sum_{j=1}^{K} E_j - E_x\right| \quad (7-21)$$

式中:E_x为原始信号$x(t)$的能量;E_j为$x(t)$分解后第j个分量的能量。易知,$\delta \geq 0$,且δ越小,表示信号分解后各分量的能量和与原始信号能量相差越小,信号分解误差越小,信号分解效果越好。

利用式(7-19)分别计算图7-13(a)、(b)、(c)中的各IMF分量与真实分量间的互相关系数ρ,利用式(7-21)计算信号分解前后的能变系数δ,结果如表7-2所列。表中ρ_1、ρ_2、ρ_3分别表示IMF1与$x_1(t)$、IMF2与$x_2(t)$、IMF3与$x_3(t)$的互相关系数。

表7-2 信号分解效果评价指标

评价指标	无延拓信号	互信息法延拓信号	本章方法延拓信号
ρ_1	0.621	0.836	0.947
ρ_2	0.608	0.821	0.975
ρ_3	0.437	0.793	0.935
δ	0.104	0.062	0.016

由表7-2可知,利用本章所提方法得到的延拓信号经VMD分解后得到的各IMF分量与真实分量的互相关系数ρ最大,信号分解前后的δ值最小,说明其端点效应与模态混叠最小,信号分解精度最高。仿真信号分析结果表明,本章提出的IVMD方法具有较高的信号边界延拓精度,可有效抑制VMD的端点效应和模态混叠,提高信号分解精度,最终从含噪混合信号中分离出相互独立的各单分量信号。

7.4.5 缸盖振动信号分析

为说明信号延拓效果,截取柴油机两个工作循环内的缸盖振动信号,分别利用不同方法对其进行边界延拓,左右两端延拓长度均为800,得到延拓后的信号波形如图7-14所示,左右两端新产生的延拓波形分别用虚线与点划线表示。图7-14(a)为真实波形,图7-14(b)为利用本章所提方法延拓后的波形,图7-14(c)为利用互信息法延拓后的波形。为更加清晰地展示信号延拓效果,将图7-14(a)、(b)、(c)中信号左右两端的波形局部放大之后得到图7-15(a)、(b)、(c)所示的图像。

对比分析图7-14和图7-15中的各信号波形可知,利用互信息法延拓得到的信号波形与真实波形相差较大,左右两端均出现了明显变形。利用本章所提方法延拓得到信号波形与真实波形基本一致,说明该方法根据信号频谱特征选取延拓波形,得到延拓信号的精度和匹配度更高。

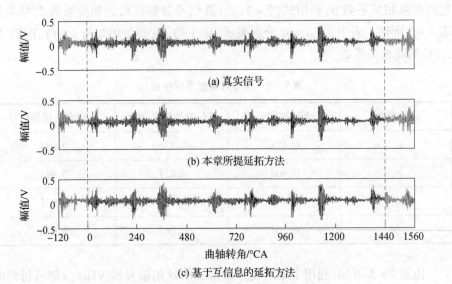

图7-14 不同方法延拓后的缸盖振动信号波形

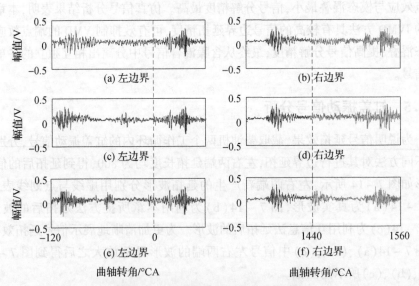

图7-15 信号左右两边界的延拓波形

为减小计算量并与图7-8中的时频谱进行对比分析,分别对单工作循环内的原始缸盖振动信号及其延拓后信号进行VMD分解。根据阈值为0.01的互信息准则确定VMD的最佳分解层数$K=10$,惩罚因子$\alpha=2000$。利用式(7-21)计算得到由不同延拓方法得到的信号时频分解结果的δ值如表7-3所列。

表7-3 信号分解后的δ值

评价指标	无延拓	互信息法延拓	本章所提方法延拓
δ	0.173	0.094	0.028

由表7-3可知,利用本章所提方法得到的延拓信号经VMD分解后的δ值最小,说明其端点效应最小。限于篇幅,此处仅给出基于本章所提方法延拓后的缸盖振动信号的分解结果,如图7-16所示。由图7-16可以看出,缸盖振动信号被分解为多个不同频带的IMF分量,分别计算各分量与原信号的互相关系数,如表7-4所列。

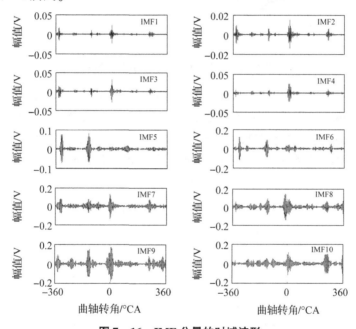

图7-16 IMF分量的时域波形

表7-4 IMF与原信号的互相关系数

IMF	IMF1	IMF2	IMF3	IMF4	IMF5
互相关系数	0.045	0.058	0.148	0.131	0.342
IMF	IMF6	IMF7	IMF8	IMF9	IMF10
互相关系数	0.378	0.395	0.370	0.498	0.415

根据表7-4中数据可知,互相关系数较大IMF分量为IMF5、IMF6、IMF7、

IMF8、IMF9、IMF10,即有效分量,其他分量则为干扰噪声。去除噪声后的各有效分量的时频分布情况如图7-17所示。

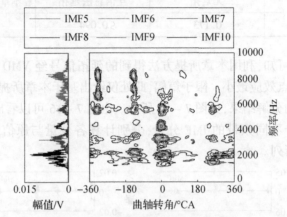

图7-17　有效IMF分量的时频分布

对比图7-8与图7-17可知,信号经VMD分解后进一步消除了各分量之间的部分关联噪声。但是,各有效分量之间的频带仍存在交叠,频带间存在关联噪声。因此,为进一步模态混叠,利用3.4.3节中的方法对上述6个有效IMF分量进行KICA处理,得到6个独立的IMF分量,记为IIMF,其时频分布如图7-18所示。

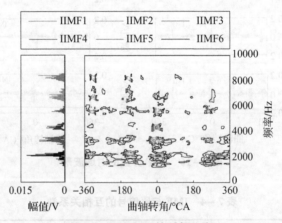

图7-18　IIMF的时频分布

对比图7-17与图7-18可知,各IIMF之间不存在频带交叠,各频带的能量分布更加集中,残留噪声和模态混叠基本消除。实验分析结果说明,本章提出的IVMD方法具有较高的信号分解精度,可进一步消除柴油机缸盖振动信号中的干扰噪声和模态混叠,分离出相互独立的有效的故障特征频带。利用相同方法对其他5种工况下的缸盖振动信号进行分析,分别得到6个独立分量,其时频分布情况如图 7-19 所示。与图 7-8 对比分析可知,在不同工况下,利用本章提出的 IVMD 方法对 ISSVD 降噪后的缸盖振动信号进行多尺度时频分解,进一步消除了信号中的残留噪声和不同频带分量间模态混叠,获得了能量聚集程度较高、故障特征信息丰富、相互独立的有效的故障敏感频带分量,通过提取各分量中的相关特征参数可以实现柴油机的故障诊断。

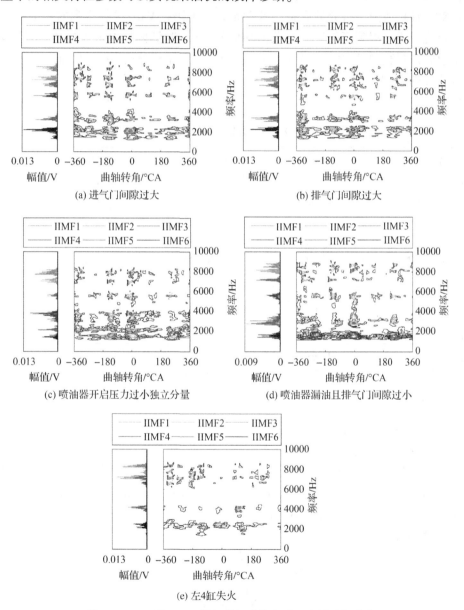

图 7-19 不同工况下的缸盖振动信号独立分量时频分布

7.5 缸盖振动信号统计学特征参数提取

由图 7-8 可知,柴油机不同工况下的缸盖振动信号的时域和频域波形在幅值、能量和冲击分量分布上均具有较明显的差别,通过提取相应的波形特征参数可对柴油机故障进行分类诊断。本节将 3.4 节中经 IVMD 分解得到的 6 个独立分量进行重构得到降噪后的缸盖振动信号,并在时域内提取最大幅值、平均幅值、均方根值、峭度、裕度、偏斜度、脉冲指标、峰值指标等波形统计特征。对于长度为 L 的时间序列 $S = \{s_1, s_2, \cdots, s_L\}$,上述各特征参数的计算方法如表 7-5 所列。

表 7-5 时域波形特征参数

特征参数	计算公式	特征参数	计算公式
最大幅值	$S_{\max} = \max\|s_i\|$	偏斜度指标	$\alpha = \dfrac{\frac{1}{L}\sum_{i=1}^{L}(s_i)^3}{(S_{\mathrm{rms}})^3}$
平均幅值	$S_{\mathrm{avg}} = \dfrac{1}{L}\sum_{i=1}^{L}\|s_i\|$	裕度指标	$L = \dfrac{S_{\max}}{\left(\frac{1}{L}\sum_{i=1}^{L}\sqrt{\|s_i\|}\right)^2}$
均方根值	$S_{\mathrm{rms}} = \sqrt{\dfrac{1}{L}\sum_{i=1}^{L}(s_i)^2}$	脉冲指标	$I = \dfrac{S_{\max}}{S_{\mathrm{avg}}}$
峭度指标	$K = \dfrac{\frac{1}{L}\sum_{i=1}^{L}(s_i)^4}{(S_{\mathrm{rms}})^4}$	峰值指标	$C = \dfrac{S_{\max}}{S_{\mathrm{rms}}}$

分析图 7-19 可知,柴油机不同工况下的缸盖振动信号的 6 个独立分量在频域内的主要区别是频带能量分布不同。因此,本章分别提取 6 个分量的频带能量值,并定义归一化的能量百分比 β 作为频域特征参数。设 6 个独立分量的长度为 N,将第 i 个分量记为 $x_i(n)$,其傅里叶变换记为 $X_i(k)$,频带能量记为 $E_i, i = 1, 2, \cdots, 6, n = 0, 1, \cdots, N-1, k = 0, 1, \cdots, N-1$。则第 i 个分量的能量比重 β_i 的计算公式如下:

$$X_i(k) = \sum_{n=0}^{N-1} x_i(n) e^{-j2\pi kn/N} \tag{7-22}$$

$$E_i = \sum_{k=0}^{N-1} |X_i(k)|^2 \tag{7-23}$$

$$\beta_i = \frac{E_i}{\sum_{i=1}^{6} E_i} \qquad (7-24)$$

在柴油机 6 种工况下,分别截取 20 组长度为 4 个工作循环的缸盖振动信号,根据上述方法分别进行特征提取,得到各特征参数的均值如表 7-6、表 7-7 所列。

表 7-6 时域统计特征参数计算结果

特征参数	柴油机工况					
	工况 1	工况 2	工况 3	工况 4	工况 5	工况 6
最大幅值	0.45	0.33	0.35	0.33	0.25	0.07
平均幅值	0.072	0.053	0.059	0.058	0.043	0.016
均方根值	0.066	0.047	0.051	0.049	0.041	0.018
峭度指标	10.34	8.92	9.37	8.76	7.93	4.29
偏斜度指标	0.15	0.21	0.17	0.19	0.16	0.13
裕度指标	14.04	10.94	12.32	12.73	8.59	5.21
脉冲指标	6.25	6.11	5.93	5.69	5.81	4.38
峰值指标	6.82	7.02	6.86	6.73	6.10	3.88

表 7-7 频域能量特征参数 β 计算结果

IIMF 分量	柴油机工况					
	工况 1	工况 2	工况 3	工况 4	工况 5	工况 6
IIMF1	0.142	0.167	0.146	0.207	0.138	0.275
IIMF2	0.127	0.182	0.169	0.171	0.166	0.043
IIMF3	0.085	0.116	0.152	0.052	0.170	0.316
IIMF4	0.140	0.177	0.163	0.252	0.108	0.038
IIMF5	0.212	0.147	0.184	0.182	0.245	0.176
IIMF6	0.294	0.211	0.186	0.136	0.173	0.152

分析表 7-6 与表 7-7 中的数据可知,降噪后缸盖振动信号的时域波形统计特征参数与各独立分量的频域能量特征参数均具有一定的故障分类能力。为

量化验证上述特征参数的分类性能，本小节将上述特征参数组成12维特征矢量输入核极限学习（KELM）进行分类实验。将各工况下的30组特征数据按照7∶3的比例随机划分为训练样本与测试样本，最终得到6种工况下的126个训练样本和54个测试样本。KELM网络训练过程中，其核函数选用高斯核函数，并采用交叉验证寻优的方法确定惩罚系数与核参数。为使实验结果具有更高的可信度与稳定性，本章进行10次独立重复实验，并取所有实验的测试分类准确率的平均值作为最终结果。不同工况下的测试分类准确率柱状图如图7-20所示。由图可知，由于工况1、工况5、工况6的故障特征明显，区分性较好，所以分类准确率较高，均达到90%以上。工况2、工况3、工况4均为单一部件故障，区分性稍差，分类准确率相对较低，但也达到了86%以上。本节提取的特征参数对所有故障的总体分类准确率的平均值达到90.76%，故障诊断精度较高。

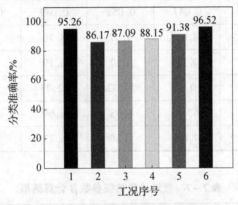

图7-20　不同工况的分类准确率

7.6　基于IVMD的缸盖振动信号非线性动力学特征提取

3.4.5节中由IVMD得到的独立分量为不同时频尺度下的非线性单分量信号。不同工况下的各信号分量的非线性度、复杂度和信息量等具有较明显的差异。模糊熵和分形维数等非线性动力学参数，可有效表征非线性信号的随机性、自相似性和复杂度特征，广泛应用于机械振动信号的特征提取[75]。因此，本节基于已有研究成果，并针对现有算法的缺陷，以IVMD得到的各独立分量IIMF为对象，提出了基于多尺度模糊熵偏均值与双标度分形维数的缸盖振动信号非线性动力学特征提取方法，在不同时频尺度下提取缸盖振动信号的非线性度和复杂度特征，进行柴油机故障诊断。

7.6.1 复合多尺度模糊熵偏均值

多尺度模糊熵(Multiscale Fuzzy Entropy,MFE)是在不同时间尺度下对时间序列进行粗粒化处理得到多个粗粒化矢量,然后分别计算各矢量的模糊熵,即可得到原时间序列的多尺度模糊熵。MFE 可以较好地表征非线性信号的复杂度和相似度特征,在机械振动信号特征提取中得到了广泛的应用。然而,随着时间尺度的增大,粗粒化序列的长度减小,导致 MFE 计算精度下降,产生熵值突变的问题。MFE 在进行粗粒化序列划分时,在每个时间尺度 τ 下只得到一个粗粒化序列,而实际上时间尺度 τ 下存在 τ 个不同的粗粒化序列,MFE 丢失了 $\tau-1$ 个粗粒化序列的熵值信息。针对上述问题,Zheng 等[135]提出了复合多尺度模糊熵(Composite MFE,CMFE),通过计算同一时间尺度下所有粗粒化序列的模糊熵的平均值作为该时间尺度下的模糊熵值,得到原时间序列的 CMFE,较好地解决了 MFE 因时间序列变短而导致熵值突变的问题。CMFE 的具体计算过程如下:

(1)对于时间序列 $x = \{x(i), i=1,2,\cdots,N\}$,采用式(7-25)所示的方法定义粗粒化序列。设时间尺度 τ 下第 q 个粗粒化序列为 $y_{\tau,q}(j) = \{y_{\tau,q}(j), j=1,2,\cdots,N/\tau\}$,其中 $y_{\tau,q}(j)$ 为

$$y_{\tau,q}(j) = \frac{1}{\tau}\sum_{i=(j-1)\tau+q}^{j\tau+q-1} x(i),\ 1 \leq j \leq N/\tau, 1 \leq q \leq \tau \quad (7-25)$$

(2)计算 CMFE。对于每个尺度因子 τ,首先分别计算 τ 个粗粒时间序列 $y_{\tau,q}(j)$ 的模糊熵,然后计算 τ 个熵值的平均值,从而得到该尺度因子下的复合多尺度模糊熵 CMFE:

$$\text{CMFE}(x,\tau,m,n,r,N) = \frac{1}{\tau}\sum_{q=1}^{\tau}\text{FuzzyEn}(y_{\tau,q},\tau,m,n,r,N) \quad (7-26)$$

式中:$\text{FuzzyEn}(y_{\tau,q},\tau,m,n,r,N)$ 表示粗粒化序列 $y_{\tau,q}$ 的模糊熵,具体计算方法参见文献[85],本章不做赘述;m 为嵌入维数;n 为模糊函数梯度;r 为相似容限;τ 为时间尺度;N 为数据长度。

由式(7-26)可知,CMFE 主要受 m、n、r、τ、N 等参数的影响。大量研究表明[85],数据长度 N 对 MFE 的计算结果影响较小,通常根据嵌入维数 m 确定数据长度 N,即 $N = 10^m \sim 30^m$。综合考虑 CMFE 的特征信息量与计算速度,一般取嵌入维数 $m=2$。模糊函数梯度 n 决定 CMFE 中的细节信息量的大小,为获取足够多的细节信息,文献[80]建议选取如 2 或 3 等较小的整数值。相似容限 r 影响 CMFE 中的统计特征信息量,通常取 $r = (0.1 \sim 0.25)\text{SD}$,SD 表示时间序列的标准差。对于时间尺度 τ,通常取 $\tau \geq 10$,此时为保证各粗粒化矢量具有足够的

长度,以提高 MFE 的计算精度,数据长度 N 取较大数值。

经实验研究发现,在柴油机故障诊断过程中,CMFE 在不同时间尺度上存在一定程度的冗余,且相似故障信号的 CMFE 存在重叠,故障诊断精度有待提高,特别是相似故障的识别精度较低。因此,本小节基于不同尺度上模糊熵的偏态分布特性提出了复合多尺度模糊熵偏均值(Partial Mean of CMFE,CMFEPM),将可信赖的 CMFE 的均值作为特征参数,以更加准确地定量表征信号的复杂度和自相似度特征。CMFEPM 的计算公式如下:

$$\text{CMFEPM} = \left(1 + \frac{|\text{ske}(\text{CMFE})|}{3}\right) \cdot \text{mean}(\text{CMFE}) \qquad (7-27)$$

式中:mean(CMFE)与 ske(CMFE)分别表示复合多尺度模糊熵的均值与偏斜度。

7.6.2 双标度分形维数

常用的单分形维数计算方法包括盒计数法、去趋势波动分析和形态学覆盖法,它们均是通过对分析尺度与波动函数之间的双对数关系曲线进行线性拟合得到单一分形维数,其只能反映信号的整体趋势特征,而丢失了局部细节特征。文献[88]研究发现,非平稳时间序列的分形维数具有双标度特性,提出了基于去趋势波动分析的振动信号双标度分形维数计算方法,提高了特征参数的辨识度。但是,由于去趋势波动分析方法受残差序列去趋势项的影响较大,计算精度有待进一步提高。因此,本节提出了基于 IVMD 的振动信号自适应双标度分形维数特征提取方法,利用 IMVD 分解得到的各独立分量构造多维超体,在多测度空间获取超体体积与时间尺度的双对数曲线,进而在双尺度区间内对曲线进行线性拟合,以获得信号的双标度分形维数。

缸盖振动信号经 IVMD 分解得到的多个 IIMF 分量,其本质是多变量时间序列。在多维测度空间中,某一段时间内多变量时间序列所占据的空间大小可利用多维超体体积进行度量。设各 IIMF 分量在 D 维测度空间构造的多维超体体积为 V,时间尺度为 ε,则 ε 与 V 之间存在幂律关系为

$$\varepsilon \propto V^{1/D} \qquad (7-28)$$

式中:D 为多维超体体积维数,即信号的分形维数。

将 n 个 IIMF 分量组成的矩阵记为 $U = [\boldsymbol{ic}_1(t), \boldsymbol{ic}_2(t), \cdots, \boldsymbol{ic}_n(t)]$,为计算多维超体体积,首先利用正交变换方法[95]对各 IIMF 分量进行正交化,并将正交化的 IIMF 分量矩阵记为 $\widetilde{U} = [\widetilde{\boldsymbol{ic}}_1(t), \widetilde{\boldsymbol{ic}}_2(t), \cdots, \widetilde{\boldsymbol{ic}}_n(t)]$。然后利用时间尺度 ε 将 $\widetilde{U}$ 划分为 r 个区间,其中,$r = [N-1/\varepsilon]$,符号[ ]表示取整。将多维超体在第 p 维空间的第 z 个区间内的边长定义为

$$L_p(z) = \max_{(z-1)\varepsilon \leqslant t \leqslant z\varepsilon} \{\widetilde{\boldsymbol{ic}}_p(t)\} - \min_{(z-1)\varepsilon \leqslant t \leqslant z\varepsilon} \{\widetilde{\boldsymbol{ic}}_p(t)\}, z = 1, 2, \cdots r \qquad (7-29)$$

则在时间尺度 ε 下的多维超体的体积 $V(\varepsilon)$ 为

$$V(\varepsilon) = \frac{1}{\varepsilon^n} \sum_{z=1}^{r} \prod_{p=1}^{n} L_p(z) =$$

$$\frac{1}{\varepsilon^n} \sum_{z=1}^{r} \prod_{p=1}^{n} (\max_{(z-1)\varepsilon \leqslant t \leqslant z\varepsilon} \{\tilde{ic}_p(t)\} - \min_{(z-1)\varepsilon \leqslant t \leqslant z\varepsilon} \{\tilde{ic}_p(t)\}) \quad (7-30)$$

通过计算不同时间尺度 $\varepsilon_i, i=1,2,\cdots,l$ 下的多维超体的体积 $V(\varepsilon_i)$ 将分形维数 D 定义为

$$D = \lim_{\varepsilon \to 0} \frac{\ln V(\varepsilon)}{\ln \varepsilon} \quad (7-31)$$

本章采用最小二乘线性拟合求解上述极限问题,得到分形维数 D 的近似解 $\hat{D}$:

$$\hat{D} = \frac{l \sum_{i=1}^{l} \ln \varepsilon_i \ln V(\varepsilon_i) - \sum_{i=1}^{l} \ln \varepsilon_i \sum_{i=1}^{l} \ln V(\varepsilon_i)}{l \sum_{i=1}^{l} (\ln \varepsilon_i)^2 - \sum_{i=1}^{l} [\ln V(\varepsilon_i)]^2} \quad (7-32)$$

基于上述分析,本节提出自适应双标度分形维数的计算方法,通过自适应选择时间尺度分界点,将整个时间尺度序列划分为两个区间,并在两个区间内分别计算表征信号整体趋势和局部细节特征的分形维数。具体计算过程如下:

(1)分别计算时间尺度序列 $\varepsilon_i, i=1,2,\cdots,l$ 下的多维超体体积 $V(\varepsilon_i)$,并绘制 $\ln \varepsilon = \ln V(\varepsilon)$ 双对数曲线。

(2)依次将时间尺度序列 $\varepsilon_i, i=1,2,\cdots,l$ 划分为 Ⅰ、Ⅱ 两个时间尺度区间,并在两个区间内分别对双对数曲线进行最小二乘线性拟合,得到直线 h_1 与 h_2。

(3)第 Ⅰ、Ⅱ 时间尺度区间内的曲线拟合误差分别表示为 $e_1(i)$ 和 $e_2(i)$,则总体拟合误差为 $e(i) = e_1(i) + e_2(i)$。

(4)寻找 $e(i)$ 的最小值对应的 ε_i 即为时间序列分界点,其前后对应的拟合直线 h_1 与 h_2 的斜率即为振动信号的双标度分形维数。

7.6.3 缸盖振动信号的 CMFEPM 特征参数提取

在柴油机 6 种不同工况下,分别选取 30 组缸盖振动信号,每组信号长度为 9600。首先利用 3.4 节中的方法对信号进行降噪与分解后得到 6 个 IIMF 分量,然后利用 3.6.1 节所提方法计算各分量的 CMFEPM 特征参数。为说明本章所提特征计算方法的有效性和优越性,将不同的多尺度模糊熵计算方法设置为对比实验:①将各 IIMF 叠加重构为混合信号后计算其 CMFE;②分别计算各 IIMF 的模糊熵作为多尺度模糊熵。根据式(7-26)计算复合多尺度模糊熵时的参数

设置如下:$m=2, n=2, r=0.15SD, \tau=15$。利用不同方法得到的各工况下 30 组数据的特征参数的统计误差棒分别如图 7-21(a)、(b)、(c)所示。

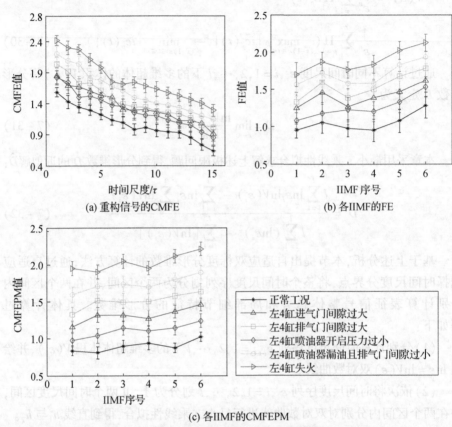

图 7-21　不同工况下多样本特征参数的统计误差棒

图 7-21 中的横向长线为均值线,纵向短线为误差线,分别表示 30 组数据的特征参数的均值和标准差。均值线间的距离越远,说明特征参数的类间离散性越好;误差线越短,说明特征参数的稳定性和类内聚集性越好。由图 7-21 可知,故障工况下的缸盖振动信号各频带及重构信号的模糊熵明显大于正常状态下相应的模糊熵,这表明柴油机故障导致缸盖振动信号的随机性和复杂度增强。柴油机故障越严重,缸盖振动信号的随机性越强,相应模糊熵特征值越大。由图 7-21(a)可见,重构信号的 CMFE 大致可区分出正常工况与失火工况。但是,其余工况的 CMFE 均值线距较近且存在交叉,误差线存在交叠,说明 CMFE 在程度相近的故障之间的类间离散性和类内聚集性均不足,无法实现准确分类。由图 7-21(b)可知,各 IIMF 的 FE 误差线均较长,总体上大于图 7-21(a)中的 CMFE 误差,可知该特征参数的类内聚集性和稳定性较差;

该特征大致可区分出正常和失火工况,但其他工况的均值线距离较近,误差线存在较多重叠,特征的类间离散性不足,分类效果较差。由图7-21(c)可知,不同工况下的各 IIMF 的 CMFEPM 均值线均相距较远,且误差线较短,基本不存在交叠,说明 CMFEPM 具有良好的类间离散性和类内聚集性,对不同故障工况的分类效果较好。表7-8中给出了部分样本的 CMFEPM 特征数据。进一步分析表中数据可知,不同工况下的各 IIMF 分量的 CMFEPM 值存在较明显差异,相同工况下不同样本数据的特征参数值接近,可以较好地区分不同故障工况。

表7-8 不同工况下各 IIMF 分量的 CMFEPM 值

工况	样本	IIMF1	IIMF2	IIMF3	IIMF4	IIMF5	IIMF6
1	1	0.8617	0.8677	0.8792	0.8883	0.8749	0.9049
	2	0.8592	0.8613	0.8706	0.8881	0.8697	0.8976
2	1	1.2525	1.3640	1.2941	1.2547	1.3727	1.3927
	2	1.2501	1.3598	1.2897	1.2635	1.3802	1.3822
3	1	1.3651	1.5035	1.4984	1.4994	1.5166	1.5266
	2	1.3650	1.5218	1.5026	1.4930	1.5211	1.5176
4	1	0.9964	1.1080	1.1294	1.1104	1.1283	1.1483
	2	0.9917	1.0859	1.1213	1.1088	1.1279	1.1481
5	1	1.6192	1.7028	1.7239	1.6927	1.8396	1.8715
	2	1.5927	1.6825	1.7306	1.7025	1.8264	1.8807
6	1	1.9526	1.9172	2.0816	1.9653	2.1571	2.2619
	2	1.9501	1.9215	2.1326	1.0758	2.1586	2.2571

为进一步验证上述特征参数的分类性能,本小节利用核极限学习机(KELM)对其进行分类识别,并将图7-21(a)、(b)所示的特征参数作为对比实验。将各工况下的30组特征数据按照7∶3的比例随机划分为训练样本与测试样本,最终得到6种工况下的126个训练样本和54个测试样本。KELM 网络训练过程中,核函数选用高斯核函数,并采用交叉验证寻优的方法确定惩罚系数 C 与核参数 σ。为使实验结果具有更高的可信度与稳定性,本章进行10次独立重

复实验,并取所有实验的测试分类准确率的平均值作为故障诊断结果。基于不同特征参数的柴油机故障诊断准确率如表7-9所列。

表7-9 不同特征参数的故障诊断准确率

特征参数	故障诊断准确率/%						
	工况1	工况2	工况3	工况4	工况5	工况6	平均值
重构信号的 CMFE	90.75	80.18	80.33	83.21	85.27	90.56	85.05
各 IIMF 的 FE	89.36	81.66	75.61	78.52	82.61	92.07	83.31
各 IIMF 的 CMFEPM	94.27	89.16	89.55	91.55	92.28	96.21	92.17

分析表7-9中数据可知,对于同一种特征参数,正常工况1和失火工况6的识别率均最高,其次是复合故障工况5,三种单一故障工况(工况2、工况3、工况4)的识别率相差不大。对于相同工况,本章提出的各 IIMF 的 CMFEPM 特征参数的识别率远高于其他两种特征,对各种工况的识别率均达到90%左右,总体故障诊断准确率达到92.17%,分别比其他两种特征的故障诊断准确率提高了和8.37%与10.63%。上述故障分类结果进一步证明了本节提出的特征提取方法的有效性。

7.6.4 缸盖振动信号的双标度分形维数特征提取

根据3.6.2节所提方法,利用缸盖振动信号的各 IIMF 分量构造多维超体,并绘制"$\ln\varepsilon - \ln V(\varepsilon)$"双对数曲线,进而对其进行最小二乘拟合计算双标度分形维数。各工况下的双对数曲线及其最小二乘拟合直线如图7-22所示。

由图7-22可知,各工况下的双对数曲线均存在明显的斜率突变点,在全尺度区间内对其进行拟合的误差很大,得到的分形维数无法准确反映信号的分形特征。本章利用突变点将全尺度区间划分为第Ⅰ、Ⅱ尺度区间后分别进行最小二乘拟合的误差明显减小,两拟合直线的斜率即为所求的双标度分形维数,其可以更准确地表征信号的分形特征。通过设置如下特征提取对比实验,说明基于 IVMD 的双标度分形维数特征的优越性。①利用 DFA 方法计算各 IIMF 分量叠加重构后信号的分形维数;②在全尺度区间内拟合双对数曲线得到 IVMD 单标度分形维数。分别利用上述方法计算各工况下30组数据样本的相应特征参数,得到其分布情况如图7-23所示。

第7章 缸盖振动信号的自适应多尺度时频分解及特征提取方法

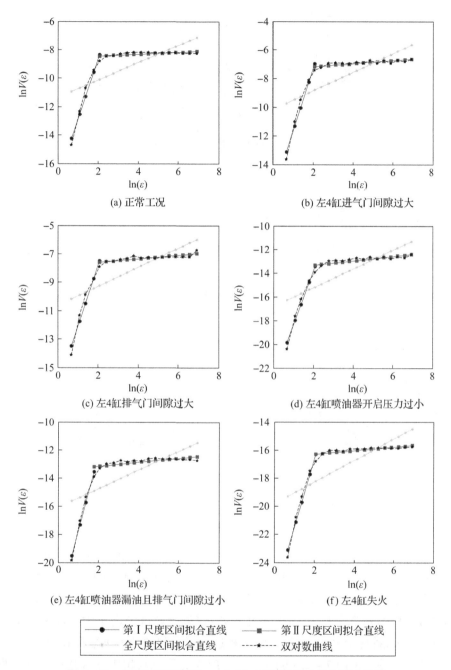

图 7-22 不同工况下的"$\ln\varepsilon - \ln V(\varepsilon)$"双对数曲线与拟合直线

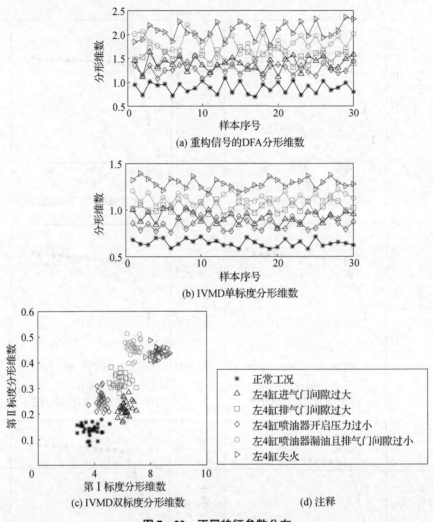

图 7-23 不同特征参数分布

由图 7-23 可以看出,对于三种不同方法得到的分形维数特征,故障工况下的特征值均大于正常工况下的相应特征值,且故障越严重,分形维数值越大,说明信号的不规则度和复杂度越高。分析图 7-23(a) 可知,重构信号的 DFA 分形维数的样本方差较大,类内聚集性较差;仅能大致区分出正常工况和失火工况,而无法准确区分其他工况,特别是相近工况之间的分形维数存在较多重叠,分类效果较差。由图 7-23(b) 可知,与 DFA 分形维数相比,IVMD 单标度分形维数的样本方差减小,分类能力有所提高,可较好地识别正常和失火故障工况,对其他工况具有一定的分类能力;但是由于其计算误差较大,无法准确获取信号中的特征信息,对各相对轻微的部件故障工况的分类精度较低。由图 7 – 23(c) 可以明显看出,IVMD 双标度分形维数具有良好的类内聚集性和类间离散性,可以有效地区分柴油机的 6 种不同工况,故障分类效果较好,说明了本节所提特征提取方法在柴油机故障诊断中的有效性。

利用 KELM 对上述三种不同的分形维数特征进行分类实验。将各工况下的 30 组特征数据按照 7∶3 的比例随机划分为训练样本与测试样本集,最终得到 6 种工况下的 126 个训练样本和 54 个测试样本。KELM 的核函数选用高斯核函数,并采用交叉验证寻优的方法确定惩罚系数与核参数。10 次独立重复实验的测试分类准确率的平均值如表 7 – 10 所列。

表 7 – 10 不同特征参数的故障分类准确率

特征参数	测试分类准确率/%						
	工况 1	工况 2	工况 3	工况 4	工况 5	工况 6	平均值
重构信号 DFA 分形维数	88.68	79.09	80.54	79.70	81.31	89.96	83.21
IVMD 单标度 分形维数	90.36	82.21	81.61	83.52	84.46	92.07	85.71
IVMD 双标度 分形维数	95.32	90.31	90.86	90.66	92.28	96.74	92.53

分析表 7 – 10 中的数据可知,本章提出的基于 IVMD 的双标度分形维数特征对各工况的分类准确率均达到 90% 以上,总体故障诊断准确率达到 92.53%,分别比其他两种特征提高了 14.45% 与 7.96%。上述实验结果进一步表明本节提出的基于 IVMD 的双标度分形维数特征可有效提取缸盖振动信号中的故障特征信息,并提高柴油机故障诊断准确率。

7.7 本章小结

为实现柴油机气缸内喷油器和进、排气门部件故障的精确诊断,本章提出了基于多尺度时频分解的缸盖振动信号特征提取方法,从信号一维时间序列中提取得到多域多类型的故障特征参数,有效地实现了柴油机故障诊断。本章具体研究内容和结论如下:

(1)为从缸盖振动信号中分离出对不同故障敏感的各频带分量,提出了基于 IVMD 的信号多尺度时频分解方法。针对 VMD 的端点效应问题,提出了基于频谱循环相干系数的信号边界延拓方法，提高了信号延拓精度。针对 VMD 的模态混叠问题，提出了 MSKICA 方法，消除了各分量间的频带混叠和关联噪声。仿真信号与缸盖振动信号分析结果表明，IVMD 提高了信号分解精度，可从含噪混合信号中分离出各单分量信号，从缸盖振动信号中提取出相互独立的有效故障特征频带分量。

（2）根据不同工况下的缸盖振动信号幅值和能量分布的差异，提取了时域波形特征和频带能量特征，其对柴油机故障的分类准确率为 90.76%。根据不同工况下缸盖振动信号各频带分量的非线性度和复杂度差异，提出了基于 CMFEPM 与双标度分形维数的非线性动力学特征提取方法，解决了现有模糊熵计算方法熵值突变、特征冗余及相似故障特征交叠的问题，同时解决了单标度分形维数易丢失局部特征信息的问题。柴油机故障分类实验结果表明，CMFEPM 和双标度分形维数具有更好的类内聚集性和类间离散性，对柴油机故障的分类准确率分别达到了 92.17% 和 92.53%，有效提高了柴油机故障诊断精度。

第8章 缸盖振动信号的图像特征提取方法

8.1 引言

第7章研究了基于多尺度时频分解的缸盖振动信号特征提取方法,通过提取一维时间序列的统计特征和非线性动力学特征实现柴油机故障诊断。与一维时间序列相比,二维图像中包含更加丰富的特征信息。近年来,众多学者对基于图像处理技术的柴油机故障诊断方法进行了深入研究,通过将一维信号转换为二维图像,进而利用图像处理技术提取相应特征参数,以实现故障诊断。基于图像处理技术的信号特征提取方法可以获取信号在二维空间内的分布特征,与一维空间内得到的特征参数相互补充,组成具有差异性与互补性的多分析域多类型故障特征数据集,可以有效提高故障诊断精度。因此,本章将对基于信号图像处理的故障特征提取方法进行深入研究。

对称极坐标变换[219](SPCT)通过数值运算将一维信号转换为极坐标空间中的二维镜面对称图像,具有算法简单、计算速度快和图像形象直观的优点。SPCT图像的形状特征可有效表征不同信号的幅值和频率特性的差异,适用于缸盖振动信号的二维图像构建和特征提取。时频变换同样是获取一维信号和二维图像的常用方法,时频谱图可以较全面地揭示复杂信号中不同频率分量的时变特性,在时间与频率双尺度上反映信号的能量分布特征。传统的时频变换方法包括短时傅里叶变换(STFT)、连续小波变换(CWT)、Gabor变换、S变换(ST)、广义S变换(GST)等,在信号时频分析中应用广泛[204]。但是,由于上述方法得到的时频谱中各频带的能量分布在中心频率附近的较宽范围内,造成频带能量发散和泄露,导致产生频谱涂抹、频带混叠和时频分辨率较低等问题,时频分析效果有待进一步提高。

因此,本章提出了基于SPCT的缸盖振动信号图像特征提取方法,详细研究了缸盖振动信号的SPCT图像生成、降噪和特征提取方法。针对现有时频变换方法的时频聚集性和分辨率较低的问题,提出了同步提取广义S变换,利用同步提取算子将信号能量聚集到瞬时频率脊线上,抑制频带能量泄露和频谱涂抹现象,得到能量聚集性和时频分辨率较高的时频谱图。为从信号时频谱图中提取特征参数,本章提出了基于二维非负矩阵分解与增强中心对称局部二值模式的图像特征提取方法。最后,建立了基于缸盖振动信号二维图像形状和纹理特征的柴油机故障特征数据集。

8.2 基于对称极坐标变换的图像形状特征提取方法

8.2.1 对称极坐标变换的基本原理

设长度为 N 的信号离散采样序列为 $S=\{s_1,s_2,\cdots,s_N\}$,记第 i 个采样点的幅值为 s_i,第 $i+l$ 个采样点的幅值为 s_{i+l},根据 SPCT 的计算公式可将直角坐标系中的数据点转换为对称极坐标点 $P(r(i),\Theta(i),\phi(i))$,基本原理如图 8-1 所示。

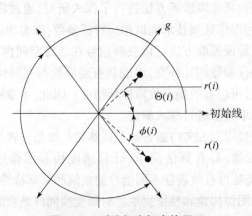

图 8-1 对称极坐标变换原理

图 8-1 中,$r(i)$ 表示极坐标半径,$\Theta(i)$ 与 $\phi(i)$ 分别表示极坐标沿逆时针与顺时针的转角。通过改变初始线转角可得信号在极坐标下的镜面对称图像,即 SPCT 图像。各参数的计算公式如下:

$$r(i) = \frac{s_i - s_{\min}}{s_{\max} - s_{\min}} \tag{8-1}$$

$$\Theta(i) = \theta + \frac{s_{i+l} - s_{\min}}{s_{\max} - s_{\min}} g \tag{8-2}$$

$$\phi(i) = \theta - \frac{s_{i+l} - s_{\min}}{s_{\max} - s_{\min}} g \tag{8-3}$$

式中:$s_{\max}$ 表示信号的最大幅值;$s_{\min}$ 表示信号的最小幅值;θ 表示初始线转角;l 表

示 s_i 与 s_{i+1} 的采样间隔；g 表示转角放大因子。

在 SPCT 方法中，参数 θ、l 和 g 的取值直接影响 SPCT 图像的形状和分辨率。初始线转角 θ 的大小决定了 SPCT 图像的对称关系和整体特征，参数 l 和 g 的取值主要影响 SPCT 图像对信号细节信息的表达能力。大量研究表明[31]，当 $\theta=60°$ 时，SPCT 图像具有最佳的可读性和清晰度，l 与 g 的最佳取值范围分别为 $1 \leqslant l \leqslant 10, 20° \leqslant g \leqslant 60°$。

8.2.2 基于数学形态学滤波的图像降噪方法

数学形态学滤波是基于数学形态学运算的图像降噪方法，其基本原理是利用某形态结构元素度量并提取图像中对应的形状，剔除其余干扰形态，从而消除图像噪声并增强图像的有效形状特征信息。数学形态学的基本运算包括膨胀、腐蚀、开运算和闭运算。设 A 为图像，B 为结构元素，则 B 对 A 的膨胀与腐蚀运算分别定义为 $A \oplus B$ 和 $A \ominus B$，计算公式如下：

$$A \oplus B = \{x \in E^n \mid x = a+b, a \in A, b \in B\} = \bigcup_{b \in B} A_b \tag{8-4}$$

$$A \ominus B = \{x \in E^n \mid x + b \in A, b \in B\} = \bigcup_{b \in B} A_{-b} \tag{8-5}$$

式中：A_b 和 A_{-b} 均为 A 关于矢量 b 的平移：

$$A_b = \{a+b \mid a \in A\}, A_{-b} = \{a-b \mid a \in A\} \tag{8-6}$$

图像膨胀与腐蚀运算的基本原理如图 8-2 所示。结构元素 B 沿着图像 A 的外侧移动时的中心轨迹包围的区域即为 B 对 A 的膨胀的结果，B 对 A 的腐蚀则相反。

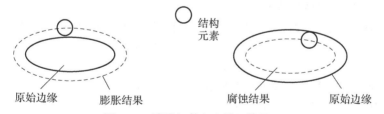

图 8-2 膨胀运算和腐蚀运算原理

形态学开运算与闭运算是膨胀运算与腐蚀运算的组合，开运算是先膨胀再腐蚀，闭运算则是先腐蚀再膨胀。结构元素 B 对 A 的开运算和闭运算分别定义为 $A \circ B$ 与 $A \cdot B$，其计算公式如下：

$$A \circ B = A \ominus B \oplus B \tag{8-7}$$

$$A \cdot B = A \oplus B \ominus B \tag{8-8}$$

图 8-3 所示为开运算和闭运算的原理，两种运算均对图像具有平滑滤波作用，开运算可抑制图像边缘毛刺，分离细小的接触带，去除小于结构元素的孤点

和斑块,平滑图像内边缘。闭运算可填补图像边缘的凹陷、弥合裂缝,平滑图像的外边缘。开运算特有的几何形状匹配和消除噪声斑点的性质,对于图像滤波降噪具有重要意义。

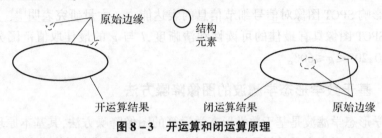

图8-3 开运算和闭运算原理

8.2.3 图像形状特征参数提取

在图像模式识别领域,常用的特征参数主要包括灰度统计特征、边缘纹理特征与几何形状特征。在实际应用中根据图像的自身特点选择合适的特征参数刻画图像特征信息。根据 8.2.1 节分析可知,不同信号的 SPCT 图像的差异主要表现为几何形状的不同,因此本章选择几何形状特征参数刻画 SPCT 图像。常用的图像形状特征参数主要包括区域面积、区域边界、区域质心、方向角、与区域具有相同标准二阶中心矩的椭圆的长轴长度、短轴长度和离心率等。

(1)区域面积:区域内所有图像的像素总和。图8-4(a)包含5个白色像素点,则该区域面积为5。

(2)区域边界:包含区域的最小外接矩形。图8-4(a)包含5个像素点的绿色外接矩形即为该区域边界。

(3)区域质心:根据区域内所有像素点计算得到的区域重心坐标,计算公式为

$$\bar{x} = \frac{1}{A} \sum_{(x,y) \in R} x, \bar{y} = \frac{1}{A} \sum_{(x,y) \in R} y \qquad (8-9)$$

式中:x 与 y 分别表示区域内点的横纵坐标;A 为区域面积。图8-4(a)中红色圆点即为白色像素图区域质心。

(4)与区域具有相同标准二阶中心矩的椭圆:覆盖区域且与该区域具有相同二阶标准中心矩的椭圆。图8-4(b)中红色椭圆即为白色像素区域的目标椭圆。该椭圆的长轴长度、短轴长度和离心率均可以作为图像特征参数。图8-4(c)中蓝色长线与短线分别为椭圆的长、短轴。

(5)方向角:与区域具有相同标准二阶中心矩的椭圆长轴与水平线的夹角。图8-4(c)中的蓝色长线与虚线的夹角即为区域的方向角。

本章选取区域面积、区域质心、方向角、与区域具有相同标准二阶中心矩的椭圆的长轴长度、短轴长度和离心率作为 SPCT 图像的形状特征参数。

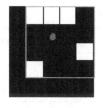  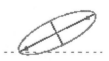

(a) 边界与质心　　(b) 与区域具有相同标准　　(c) 方向角
　　　　　　　　　　二阶中心矩的椭圆

图 8 – 4　图像形状特征参数示意图(见彩插)

8.2.4　缸盖振动信号的对称极坐标图像分析

8.2.4.1　对称极坐标变换参数选择

由 4.2.1 节分析可知，SPCT 中通常取 $\theta = 60°$，此时图像形状取决于参数 l 和 g。为使缸盖振动信号 SPCT 图像获取最佳的特征辨识度，本章采用图像相关性分析法确定 l 和 g 的最佳取值。令 $\theta = 60°$，$l = 1,2,\cdots,10$，$g = 20°,30°,40°$，$50°,60°$，分别以不同的 (l,g) 参数组合对表 3 – 1 中的柴油机 6 种工况下 2 个工作循环内降噪后的缸盖振动信号进行对称极坐标变换，得到其 SPCT 图像。进而对各工况下的 SPCT 图像进行两两互相关分析，取所有互相关系数之和最小时对应的 (l,g) 组合作为最佳参数。图像互相关系数 r 的计算公式如下：

$$r(A,B) = \frac{\sum_m \sum_n (A_{mn} - \bar{A})(B_{mn} - \bar{B})}{\sqrt{\left[\sum_m \sum_n (A_{mn} - \bar{A})^2\right]\left[\sum_m \sum_n (B_{mn} - \bar{B})^2\right]}} \quad (8-10)$$

式中：A 与 B 表示图像的 $m \times n$ 阶二维矩阵；$\bar{A}$ 与 $\bar{B}$ 分别为 A 与 B 的平均值。$r \in [0,1]$，r 越大，图像的相关性越强。

通过计算比较，可得当 $l = 5$，$g = 40°$ 时，柴油机 6 种工况下的缸盖振动信号的 SPCT 图像两两之间的互相关系数之和最小。由于柴油机工况及 (l,g) 参数组合较多，本小节不一一列举所有互相关系数计算结果，仅给出 $l = 5$ 时不同 g 值下的各故障工况与正常工况的 SPCT 图像互相关系数如表 8 – 1 所列。其中 $r(A,B_2)$、$r(A,B_3)$、$r(A,B_4)$、$r(A,B_5)$、$r(A,B_6)$ 分别表示正常工况 1 与故障工况 2~6(工况编号如表 3 – 1 所示)的缸盖振动信号 SPCT 图像之间的互相关系数。

由表 8 – 1 中的数据可以看出，当 $l = 5$，$g = 40°$ 时，各故障工况与正常工况的 SPCT 图像的互相关系数均可取得最小值，而且随着故障严重程度的增加，互相关系数逐渐减小，说明故障越严重，其 SPCT 图像与正常工况的区分度越高。

表 8-1　SPCT 图像互相关系数

g 取值	$r(A, B_2)$	$r(A, B_3)$	$r(A, B_4)$	$r(A, B_5)$	$r(A, B_6)$
20°	0.7612	0.7316	0.6212	0.4839	0.2983
30°	0.7155	0.6962	0.6075	0.4720	0.2447
40°	0.6722	0.6405	0.5908	0.4617	0.2421
50°	0.6957	0.6512	0.6157	0.4682	0.2568
60°	0.7218	0.7008	0.6370	0.4715	0.3032

8.2.4.2　缸盖振动信号对称极坐标图像

研究发现,信号的 SPCT 图像质量除受 SPCT 算法中计算参数的影响外,同时与信号长度有关。信号长度越短,SPCT 图像成像质量越差,甚至导致特征信息不完整;信号长度越长,SPCT 图像越清晰,同时计算量越大,分析速度越慢。为获取柴油机工作过程中完整的状态特征信息,本章截取柴油机工作循环整数倍长度的缸盖振动信号进行分析。由 3.3.1 节可知,缸盖振动信号的采样频率为 40kHz,柴油机转速为 1000r/min,则柴油机单工作循环时间为 0.12s,采样点数为 4800。在柴油机正常工况下,分别截取长度 $N=4800$、9600、14400、19200 的缸盖振动信号进行对称及左边变换,得到 SPCT 图像如图 8-5 所示。

分析图 8-5 可知,随着信号长度的增加,SPCT 图像越来越清晰,花瓣逐渐饱满,特征信息逐渐丰富。当 $N=4800$ 时,SPCT 图像比较模糊,花瓣较短较窄;当 $N=9600$ 时,SPCT 图像相对清晰,花瓣加长加宽,但是花心位置仍比较模糊;当 $N=14400$ 与 19200 时,SPCT 图像清晰,花瓣形状饱满,图像质量高。综合考虑计算速度与成像精度,本章选取 $N=14400$ 作为缸盖振动信号对称极坐标变换的数据长度。

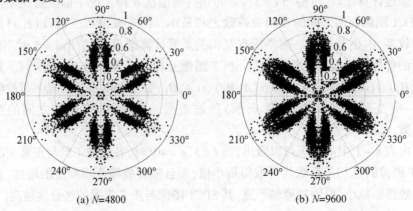

(a) $N=4800$　　　　　　(b) $N=9600$

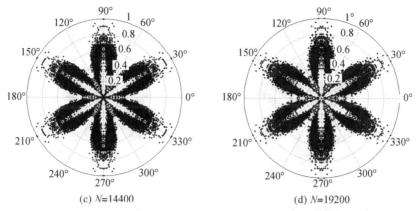

(c) $N=14400$　　　　　　(d) $N=19200$

图 8-5　正常工况下不同长度信号的对称极坐标图像

在表 3-1 所列的柴油机 6 种工况下,分别截取 3 个工作循环($N=14400$)内的缸盖振动信号数据,首先对信号进行等角度采样与降噪预处理,然后进行对称极坐标变换($l=5, g=40°, \theta=60°$),得到各工况下的缸盖振动信号的 SPCT 图像,如图 8-6 所示。

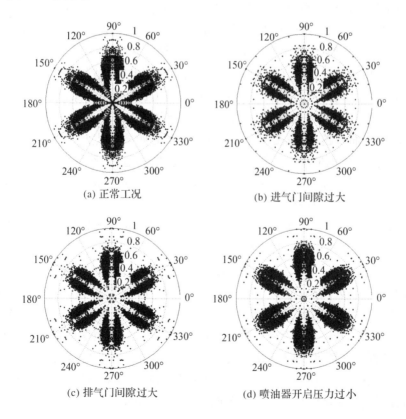

(a) 正常工况　　　　　　(b) 进气门间隙过大

(c) 排气门间隙过大　　　　　　(d) 喷油器开启压力过小

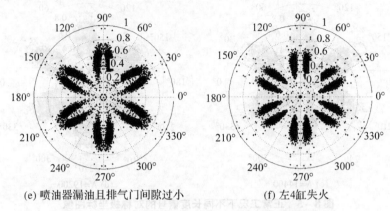

(e) 喷油器漏油且排气门间隙过小　　　　(f) 左4缸失火

图 8-6　不同工况的缸盖振动信号的对称极坐标图像

由图 8-6 可以看出,不同工况下的缸盖振动信号的 SPCT 图像的形状具有明显的区别。正常工况下,缸盖振动信号的有效频带分布较宽,不同频率的分量较多,且能量较大,各分量经 SPCT 后在极坐标空间中的点的极径大小不同,使得图像中的像素点分布较广,图像面积较大,花瓣饱满且较长较宽。同时,正常工况的缸盖振动信号以低频燃爆冲击分量为主,在 SPCT 图像产生较多极径较小且偏转角较大的点,使得图像质心距离极点较近,方向角较大。当气缸发生故障时,缸盖振动信号中的高频成分的比重增大,低频成分被削弱或覆盖,整体能量减小,能量较大的不同频率分量减少,使得 SPCT 图像中的像素点分布范围缩小,图像面积减小,花瓣变窄变短,质心与原点距离增大。柴油机故障越严重,SPCT 图像的面积越小,花瓣形状越窄越短,质心距原点越远。对于图 8-6 (b)、(c)、(d) 所示的单一故障工况,虽故障程度相近,但图像花瓣的形状仍有明显不同,可通过提取相应特征参数进行区分。由上述分析可知,缸盖振动信号的 SPCT 图像可有效反映不同工况下信号的幅值和频率差异,为利用其形状特征进行柴油机故障诊断奠定了基础。本章通过对大量实验数据的分析,发现柴油机6种工况下的 SPCT 图像均具有很好的重复性和一致性。

由图 8-6 可以看出,各工况下缸盖振动信号的 SPCT 图像中均含有噪声,在花瓣末端、靠近花心位置以及花瓣之间均存在较多离散的噪点。因此,为提高图像形状特征提取精度,需要对 SPCT 图像进行降噪处理。由 4.2.2 节分析可知,数学形态学开运算可有效消除图像中分散的噪点,平滑图像边界,同时不明显改变其面积。因此,本章利用形态学开运算对缸盖振动信号的 SPCT 图像进行降噪。经过实验分析,选用半径为3的圆形结构元素对图 8-6 中的 SPCT 图像进行降噪,得到降噪后的二值化图像如图 8-7 所示。由图可见,不同工况下的缸盖振动信号 SPCT 图像的形状特征差异明显,同时相同工况下的图像具有良好的一致性,为从图像中提取形状特征参数进行柴油机故障诊断提供了依据和支撑。

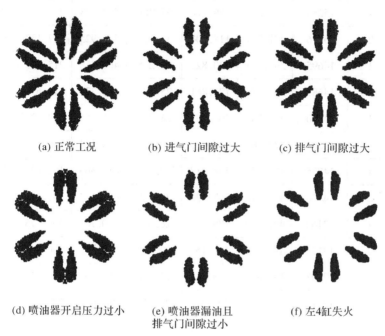

(a) 正常工况　　　　(b) 进气门间隙过大　　　(c) 排气门间隙过大

(d) 喷油器开启压力过小　(e) 喷油器漏油且　　　(f) 左4缸失火
　　　　　　　　　　　　排气门间隙过小

图 8-7　形态学降噪之后的二值化 SPCT 图像

8.2.5　缸盖振动信号对称极坐标图像形状特征参数提取

基于上述分析,本节提取缸盖振动信号 SPCT 图像的形状特征参数进行柴油机故障诊断。其主要参数为区域面积、区域质心、方向角、与区域具有相同标准二阶中心矩椭圆的长轴长度、短轴长度和离心率。由于 SPCT 图像具有镜像对称特性,所以只提取其中两个花瓣的特征参数,即可反映图像的整体特性。本章选取图 8-7 中各图像第一象限中的两个花瓣进行分析,利用 Matlab 中的 regionprops 函数提取上述形状特征参数,得到七维特征矢量。柴油机 6 种工况下缸盖振动信号形状特征参数计算结果如表 8-2 所列。表中各符号的含义如下: A 为区域面积,$\bar{x}$ 与 $\bar{y}$ 分别为区域质心的横纵坐标,θ 为方向角,Max、Min 和 E 分别为与区域具有相同标准二阶中心矩椭圆的长轴长度、短轴长度和离心率。其中,质心坐标单位和长、短轴长度的单位均为像素,极坐标中心极点为(0,0)像素点。

表 8-2 不同工况下的 SPCT 图像的形状特征参数

工况	样本	A	$\bar{x}$	$\bar{y}$	θ	Max	Min	E
1	1	15285	270.397	119.178	32.268	537.503	209.076	0.789
1	2	15276	271.201	118.904	31.173	536.925	207.138	0.790
2	1	14695	396.408	170.823	26.265	468.518	215.365	0.646
2	2	14689	397.187	171.861	25.672	470.220	216.671	0.650
3	1	14820	380.833	167.135	26.760	485.261	218.631	0.692
3	2	14801	379.106	165.865	25.102	486.188	216.526	0.708
4	1	14735	395.532	198.218	28.757	459.366	191.823	0.728
4	2	14730	396.718	197.426	30.085	457.115	192.676	0.730
5	1	13168	491.472	189.247	28.076	340.701	206.175	0.595
5	2	13174	491.368	190.156	29.785	338.336	204.875	0.602
6	1	12803	550.815	225.301	25.262	287.552	201.628	0.485
6	2	12817	551.635	226.216	24.715	285.901	203.356	0.493

分析表 8-2 中的数据可知,柴油机不同工况下的缸盖振动信号 SPCT 图像的各形状特征参数均表现出一定的规律性和区分性。A、θ、Max、E 的值在正常工况时最大,发生故障时数值减小,且故障越严重数值越小;质心位置坐标 ($\bar{x}$, $\bar{y}$) 与极点距离在正常工况时最近,发生故障时距离增大,且故障越严重距离越大;Min 的值在各工况下相差不大。各特征参数可较好地区分出正常工况 1、复合故障工况 5 和失火故障工况 6 的故障。对于故障程度相近的三种单一故障工况(工况 2、工况 3、工况 4),Max 和 θ 可较好地区分气门类故障(工况 2、工况 3)与喷油器故障(工况 4),Max 和 E 可较好地区分工况 2 与工况 3 两种不同的气门类故障。综上所述,缸盖振动信号的 SPCT 图像的形状特征参数能够较好地实现柴油机故障诊断。

为验证上述特征参数的分类性能,本节利用交叉验证寻优的 KELM 对其进行分类实验。分别选取各工况下的 30 组缸盖振动信号数据,利用本节所提方法提取信号 SPCT 图像的形状特征参数,每种工况均得到 30 个故障特征样本,将所有样本按照 7:3 的比例随机划分为 126 个训练样本与 54 个测试样本。10 次独立重复实验的测试分类准确率的平均值如图 8-8 所示。由图可知,SPCT

图像的形状特征参数对正常工况和失火故障工况的分类准确率最高,分别达到了 97.35% 与 98.26%。对其他故障工况的识别率也较高,分别为 89.66%、88.74%、90.32%、92.67%,整体的平均分类准确率达到了 92.83%。

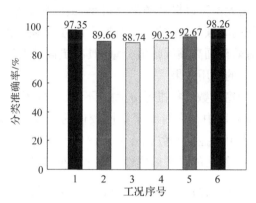

图 8-8　柴油机故障分类准确率

8.3　基于同步提取广义 S 变换的振动信号时频分析

S 变换(ST)是基于 STFT 与 CWT 的信号时频分析方法,可有效增强高频低振幅分量,具有更高的时频分析精度和噪声鲁棒性,对非线性、非平稳信号具有良好的时频分析效果。广义 S 变换(GST)通过在 ST 中引入窗函数调节参数以自适应调节 ST 的分析窗宽,从而提高算法的自适应性和时频分辨率。

8.3.1　广义 S 变换理论

ST 本质上是可变窗函数的短时傅里叶变换,本小节根据 STFT 理论推导出 ST。对于一维连续信号 $x(t)$,其 STFT 的定义如下:

$$\text{STFT}(\tau,f) = \int_{-\infty}^{+\infty} x(t) w(\tau - t) e^{-i2\pi f t} dt \quad (8-11)$$

式中:t 为时间,f 为频率;τ 为时间轴位移参数;$w(t)$ 为高斯窗函数;其定义为

$$w(t) = \frac{1}{\sqrt{2\pi}\sigma} e^{-\frac{t^2}{2\sigma^2}} \quad (8-12)$$

式中:$\sigma = 1/|f|$ 表示窗函数的标准差。

已知高斯窗函数满足归一化条件:

$$\int_{-\infty}^{+\infty} \frac{|f|}{\sqrt{2\pi}\sigma} e^{-\tau^2 f^2/2} d\tau = 1 \quad (8-13)$$

进而,将式(8-12)、式(8-13)代入式(8-11)可得 ST 的表达式为

$$S_x(\tau,f) = \int_{-\infty}^{+\infty} x(t) \frac{|f|}{\sqrt{2\pi}} e^{-\frac{f^2(\tau-t)^2}{2}} e^{-i2\pi ft} dt \qquad (8-14)$$

由式(8-14)可知,ST 采用高斯窗函数,窗宽在时间尺度和频率尺度上自适应调节。在低频段增大窗宽以提高频率分辨率,高频段减小窗宽以提高时间分辨率,从而获取最佳的时频分析效果。ST 克服了 STFT 窗宽固定和 CWT 相位局部化的问题,能够有效刻画高频低幅值分量,具有更高的时频分辨率,在信号时频分析中取得了良好的应用效果[184]。

然而,由于 ST 中窗函数的标准差 σ 固定不变,削弱了其分析不同频段信号的自适应性,在实际应用中存在时频聚集性较低的问题。因此,Djurovic 等[187]提出了 GST,在 ST 中引入控制参数 p,令 $\sigma = 1/|f|^p$,通过调节窗函数标准差控制窗宽大小,从而提高算法的时频聚集性。GST 的变换公式为

$$S_x^p(\tau,f) = \int_{-\infty}^{+\infty} x(t) w_f^p(t-\tau) e^{-i2\pi ft} dt \qquad (8-15)$$

$$w_f^p(t) = \frac{|f|^p}{\sqrt{2\pi}} e^{-\frac{t^2 f^{2p}}{2}} \qquad (8-16)$$

式中,$w_f^p(t)$ 为 GST 的自适应高斯窗函数,$p \in (0,1]$。通过选取最佳的 p 值,可使 GST 获得最高的时频分辨率。易知,当 $p=1$ 时,GST 即为标准 ST。

利用 GST 对信号进行时频分析时,为选取参数 p 的最佳值,本章通过定义时频聚集性评价指标 $E_x(p)$ 定量评价 p 对时频分析结果的影响,从而选取其最佳值[120]。$E_x(p)$ 的定义如下:

$$E_x(p) = \Big(\sum_{n=1}^{N} \sum_{k=1}^{K} |\bar{S}_x^p(n,k)|^{\frac{1}{q}} \Big)^q \qquad (8-17)$$

式中:$q>1$ 为常数,通常取 $q=2$。$\bar{S}_x^p(n,k)$ 为归一化的 GST 系数,表示信号能量,满足归一化条件:

$$\sum_{n=1}^{N} \sum_{k=1}^{K} \bar{S}_x^p(n,k) = 1 \qquad (8-18)$$

$E_x(p)$ 表征 GST 的时频聚集程度,其值越小,说明能量越集中,即 GST 的时频聚集性越好。

8.3.2 同步提取广义 S 变换理论

尽管 GST 能够提高信号的时频聚集性,但是由于其使用高斯窗函数,使得其时频谱中的某时刻的能量总是分布在瞬时频率附近的较宽频带范围内,引起瞬时频率能量泄露和发散,导致频谱模糊、频带混叠和时频分辨率难以达到最优。Daubechies 等[220]基于 CWT 提出了同步压缩变换(SST),通过将较宽频带

第8章 缸盖振动信号的图像特征提取方法

内的能量压缩叠加到信号瞬时频率附近,提高信号的时频聚集性。黄忠来等[224]将同步压缩思想引入 S 变换提出了同步压缩 S 变换(SSST),获得了较高的时频分辨率。Yu 等[317]研究发现,同步压缩算法将所有的时频系数叠加到瞬时频率位置,易受噪声干扰影响,仍存在频谱能量发散的问题。因此,该文献基于 STFT 提出了同步提取变换(Synchroextracting Transform,SET),利用同步提取算子提取瞬时频率脊线上的时频系数,并剔除能量发散的时频系数,从而将信号能量聚集到瞬时频率脊线上,提高了时频聚集性、时频分辨率和算法的噪声鲁棒性,而且该算法参数设置简单,计算速度较快。鉴于 GST 在信号时频分析中的优越性能,本章将同步提取思想引入 GST,提出同步提取广义 S 变换(SEGST)时频分析方法,其理论推导过程如下:

令 $g_f(t) = w_f^p(t-\tau) \mathrm{e}^{\mathrm{i}2\pi ft}$,由于 $w_f^p(t-\tau) = \overline{w_f^p(t-\tau)}$,则式(8-15)可变换为

$$S_x^p(\tau,f) = \int_{-\infty}^{+\infty} x(t)\,\overline{g_f(t)}\,\mathrm{d}t \quad (8-19)$$

根据 STFT 的 Parseval 定理和 Plancherel 定理,式(8-19)可表示为

$$S_x^p(\tau,f) = \frac{1}{2\pi}\int_{-\infty}^{+\infty} \hat{x}(\xi)\,\overline{\hat{g}_f(\xi)}\,\mathrm{d}\xi \quad (8-20)$$

$$\hat{g}_f(\xi) = \int_{-\infty}^{+\infty} g_f(t)\mathrm{e}^{-\mathrm{i}\xi t}\mathrm{d}t = \int_{-\infty}^{+\infty} w_f^p(t-\tau)\mathrm{e}^{\mathrm{i}2\pi ft}\mathrm{e}^{-\mathrm{i}\xi t}\mathrm{d}t \quad (8-21)$$

式中:$\hat{x}(\xi)$ 与 $\hat{g}_f(\xi)$ 分别表示 $x(t)$ 与 $g_f(t)$ 的 STFT,$\overline{\hat{g}_f(\xi)}$ 表示 $\hat{g}_f(\xi)$ 的 STFT 的复共轭函数。

令 $\tau' = t - \tau$,则式(8-21)变换为

$$\hat{g}_f(\xi) = \int_{-\infty}^{+\infty} w_f^p(\tau')\mathrm{e}^{\mathrm{i}2\pi f(\tau+\tau')}\mathrm{e}^{-\mathrm{i}\xi(\tau+\tau')}\mathrm{d}\tau'$$

$$= \mathrm{e}^{\mathrm{i}2\pi f\tau - \mathrm{i}\xi\tau}\int_{-\infty}^{+\infty} w_f^p(\tau')\mathrm{e}^{\mathrm{i}2\pi f\tau' - \mathrm{i}\xi\tau'}\mathrm{d}\tau'$$

$$= \mathrm{e}^{\mathrm{i}2\pi f\tau - \mathrm{i}\xi\tau}\cdot\hat{w}_f^p(2\pi f - \xi) \quad (8-22)$$

将式(8-22)代入式(8-19)可得

$$S_x^p(\tau,f) = \frac{1}{2\pi}\int_{-\infty}^{+\infty}\hat{x}(\xi)\,\overline{\mathrm{e}^{\mathrm{i}2\pi f\tau - \mathrm{i}\xi\tau}\cdot\hat{w}_f^p(2\pi f - \xi)}\,\mathrm{d}\xi$$

$$= \mathrm{e}^{-\mathrm{i}2\pi f\tau}\cdot\frac{1}{2\pi}\int_{-\infty}^{+\infty}\hat{x}(\xi)\cdot\hat{w}_f^p(2\pi f - \xi)\mathrm{e}^{\mathrm{i}\xi\tau}\mathrm{d}\xi \quad (8-23)$$

设 $x(t) = A\cos(2\pi f_0 t)$ 为单分量谐波信号,则其 STFT 表达式为

$$\hat{x}(\xi) = A\pi[\delta(\xi - 2\pi f_0) + \delta(\xi + 2\pi f_0)] \quad (8-24)$$

将式(8-24)代入式(8-23)可得

$$S_x^p(\tau,f) = \frac{A}{2}\mathrm{e}^{-\mathrm{i}2\pi(f-f_0)\tau}\hat{w}_f^p(2\pi f - 2\pi f_0) \quad (8-25)$$

将式(8-25)对 τ 求偏导,可得

$$\frac{\partial S_x^p(\tau,f)}{\partial \tau} = iA\pi(f-f_0)\mathrm{e}^{-\mathrm{i}2\pi(f-f_0)\tau}\hat{w}_f^p(2\pi f - 2\pi f_0) \tag{8-26}$$

进而,可得信号 $x(t)$ 的瞬时频率为

$$f_0 = f_x^p(\tau,f) = f + \frac{\partial S_x^p(\tau,f)}{\partial \tau} \cdot \frac{1}{\mathrm{i}2\pi S_x^p(\tau,f)} \tag{8-27}$$

理论上,单分量信号 $x_n(t)$ 的时频谱能量集中于 $f=f_0$ 的瞬时频率位置。但是由于 GST 采用加窗运算,使得信号能量分布在 $[f-f_0,f+f_0]$ 范围内,且在 $f=f_0$ 处能量最大,此即为信号的瞬时频率脊线,其具有最好的噪声鲁棒性。同步提取算法通过对瞬时频率脊线外的时频系数进行零值化处理,将信号能量聚集到瞬时频率脊线上,得到重排后的 SEGST 时频谱如下:

$$\mathrm{SEGST}_x^p(\tau,f) = S_x^p(\tau,f) \cdot \delta(f-f_0) \tag{8-28}$$

式中: $\delta(f-f_0)$ 为同步提取算子。

将上述过程推广到多分量信号的情形,设多分量信号 $y(t)$ 为

$$y(t) = \sum_{n=1}^{N} y_n(t) = \sum_{n=1}^{N} A_n(t)\cos(\phi_n(t)) \tag{8-29}$$

式中:对于 $\forall t, n, A_n(t) > 0, \phi_n'(t) > 0, \phi_n'(t)$ 表示 $\phi_n(t)$ 的导数,即 $y_n(t)$ 的瞬时频率。

由于 GST 为线性变换,多分量信号的 GST 可以表示为各单分量信号 GST 的线性叠加[165],则

$$S_y^p(\tau,f) = \sum_{n=1}^{N} S_{y_n}^p(\tau,f_n) \tag{8-30}$$

$$S_{y_n}^p(\tau,f_n) = \int_{-\infty}^{+\infty} y(t) \frac{|f_n|^p}{\sqrt{2\pi}} \mathrm{e}^{-\frac{(t-\tau)^2 f_n^{2p}}{2}} \mathrm{e}^{-\mathrm{i}2\pi f_n t} \mathrm{d}t \tag{8-31}$$

根据式(8-27)可得各单分量信号 $y_n(t)$ 的瞬时频率为

$$\phi_n'(t) = f_{y_n}^p(\tau,f_n) = f_n + \frac{\partial S_{y_n}^p(\tau,f_n)}{\partial \tau} \cdot \frac{1}{\mathrm{i}2\pi S_{x_n}^p(\tau,f_n)} \tag{8-32}$$

则多分量信号 $y(t)$ 的瞬时频率为

$$f_y^p(\tau,f) = \sum_{n=1}^{N} \left\{ \delta(f-f_n) \cdot \left[f_n + \frac{\partial S_{y_n}^p(\tau,f_n)}{\partial \tau} \cdot \frac{1}{\mathrm{i}2\pi S_{y_n}^p(\tau,f_n)} \right] \right\} \tag{8-33}$$

式中: δ 表示脉冲函数。

根据式(8-28)可得多分量信号 $y(t)$ 的 SEGST 时频谱如下:

$$\mathrm{SEGST}_x^p(\tau,f) = S_x^p(\tau,f) \cdot \delta(f-f_x^p(\tau,f)) \tag{8-34}$$

由上述分析过程可知,SEGST 仅保留信号 GST 时频谱中瞬时频率脊线上的

时频系数,削弱了噪声干扰,增强了真实瞬时频率的能量特征,改善了同步压缩变换噪声鲁棒性差和 GST 频谱涂抹与混叠现象,可有效提高信号时频谱的分辨率和可读性。

8.3.3 仿真信号分析

为对比研究不同时频分析方法的性能以说明 SEGST 的有效性,构造含有多个调幅-调频分量的非平稳多分量混合仿真信号 $x(t)$:

$$\begin{cases} x(t) = x_1(t) + x_2(t) + x_3(t) + x_4(t) \\ x_1(t) = 1.5\sin(2\pi1100t) \cdot \exp(-10^5 \cdot (t - \text{floor}(15t)/15)^2) \\ x_2(t) = 0.8\sin(1600\pi t + 30\cos(12\pi t)) \\ x_3(t) = \sin(1040\pi t + 600\pi t^2 \cdot \cos(2.5\pi t)) \\ x_4(t) = \cos(2\pi200t^2) \end{cases} \quad (8-35)$$

式中:$x_1(t)$ 为高频低振幅的周期性脉冲衰减信号,模拟实测信号中的振动冲击成分;$x_2(t)$、$x_3(t)$ 和 $x_4(t)$ 为非线性非平稳的调幅-调频分量。

设置信号采样频率为 10kHz,采样时间为 0.5s,得到仿真信号 $x(t)$,其时域波形与幅频谱如图 8-9 所示。

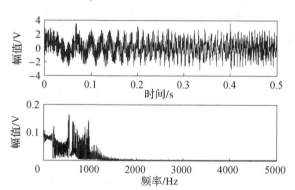

图 8-9 仿真信号的时域波形及其频谱

分别使用 STFT、CWT、ST、GST、SESTFT、SECWT、SEST、SEGST 对仿真信号 $x(t)$ 进行时频分析。选择 morlet 小波作为 CWT 和 SECWT 的小波函数,根据 8.3.1 节中的时频聚集性指标确定 GST 与 SEGST 中窗函数调节参数 p 的最佳值。本章设置 p 的取值范围为 $p = [0.05:0.05:1]$,根据不同的 p 值计算仿真信号的时频聚集度,并得到两者的关系曲线如图 8-10 所示。由图可知,信号的时频聚集度随着 p 值的变化先下降后上升,当 $p=0.85$ 时取得最小值。因此,对仿真信号进行 GST 与 SEGST 处理时的调节参数 p 的最佳取值为 0.85。

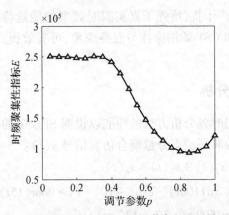

图 8-10 时频聚集性指标 E 随调节参数 p 的变化曲线

上述各种不同时频分析方法得到的仿真信号时频谱如图 8-11 所示。图中颜色深浅代表相对能量大小。

由图 8-11 可知,STFT 时频谱的分辨率较低,各频带的能量泄露严重,谱线分布较宽、模糊失真,频谱涂抹和混叠现象严重,时频分析效果较差。SESTFT 通过提取时频脊线使得频带变窄,但是频带能量较小,谱线不清晰,时频分辨率和聚集性较差,甚至丢失了 $x_1(t)$ 和 $x_4(t)$ 两个信号分量。与 STFT 相比,CWT 时频谱中各分量的频带分布形态更准确,不存在明显失真。但是各频带能量较小且泄露较多,频谱涂抹和混叠现象较严重,特别是 $x_1(t)$ 和 $x_2(t)$ 的频带能量泄露严重,谱线分布宽、不清晰且混叠严重,整体的时频分辨率较低。SECWT 具有一定的能量聚集和增强效果,使得各频带谱线变窄且更清晰,但是各频带仍存在频谱涂抹和混叠现象,时频分辨率不足,特别是对高频低振幅的振动冲击分量 $x_1(t)$ 的分辨效果差。

与 STFT 与 CWT 相比,ST 时频谱的分辨率较高,各分量的时频分布形态相对清晰准确。但各频带分布仍然较宽,能量比较分散,谱线清晰度和分辨率不足,$x_1(t)$、$x_2(t)$、$x_3(t)$ 的谱线存在较大混叠。SEST 对各频带的能量聚集和增强效果优于 SESTFT 和 SECWT,各频带能量相对集中,谱线比较清晰,比 ST 具有更高的时频分辨率。但是,在 $x_2(t)$ 和 $x_3(t)$ 的末端与频率较近位置仍存在频谱涂抹和混叠现象,同时对 $x_1(t)$ 的分辨率较低。GST 的时频分辨率明显优于 STFT、CWT 和 ST,各频带的能量集中,谱线清晰度高,能够有效增强并分辨出高频低振幅分量 $x_1(t)$。但是 $x_1(t)$ 仍存在能量泄露和谱线较宽的问题,$x_1(t)$、$x_2(t)$ 和 $x_3(t)$ 的末端及频率相近位置存在频带混叠。

与上述所有方法相比,SEGST 时频谱的能量聚集性和分辨率最高,各频带的能量集中,谱线分布窄、清晰度和高分辨率高,基本不存在频谱涂抹和混叠现象。特别是对高频低振幅冲击信号 $x_1(t)$ 的增强与分辨效果好。上述仿真分析结果表明,对于多分量、宽频带、非线性的复杂信号,本章提出的 SEGST 方法可以获取时频聚集性和分辨率高的信号时频谱,非常适用于缸盖振动信号的时频分析处理。

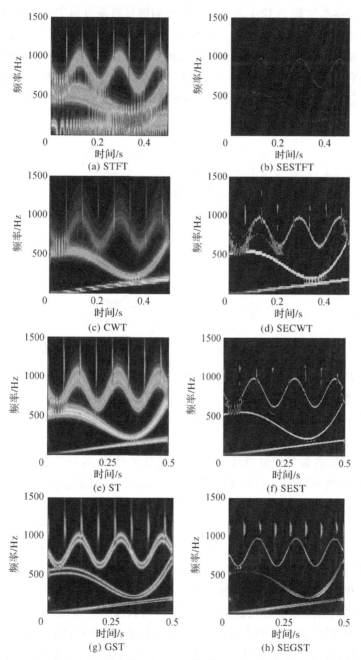

图 8-11　不同方法得到的仿真信号时频谱

8.3.4 柴油机缸盖信号的 SEGST 时频分析

为说明本章所提 SEGST 方法在缸盖振动信号时频分析中的有效性，分别利用 CWT、ST、GST、SECWT、SEST、SEGST 对图 3-8(a) 所示的正常工况下降噪后的缸盖振动信号进行时频分析。选择 morlet 小波作为 CWT 和 SECWT 的小波函数，根据 8.3.1 节中的时频聚集性指标确定 GST 与 SEGST 中窗函数调节参数 p 的最佳值，并得到两者的关系曲线如图 8-12 所示，据图选取 p 的最佳值为 0.8。

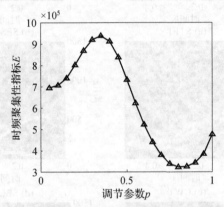

图 8-12 时频聚集性指标 E 随调节参数 p 的变化曲线

不同方法得到的正常工况下缸盖振动信号的时频谱如图 8-13 所示。图中颜色深浅代表相对能量的大小。

由图 8-13 可知，CWT 时频谱中各频带能量泄露较大，谱线较宽且相互交叠，频谱涂抹现象比较严重，无法分辨高频分量，时频聚集性和分辨率较差。SECWT 可提取各频带能量脊线，但能量聚集效果较差，各频带能量较低，谱线不清晰，时频分辨率较低。ST 时频分辨率高于 CWT，基本能够分辨出能量较大的燃爆冲击低频分量，但对气门关闭引起的能量相对较小高频分量分辨效果较差。各分量仍存在能量泄露，频带分布较宽，存在频谱涂抹与混叠，整体时频分辨率和聚集度不足。SEST 提高了时频谱的能量聚集性，一定程度上抑制了频谱涂抹和混叠，但各分量的频带中心能量较低，谱线不清晰，特别是对高频低振幅分量的分辨率较低。GST 的时频分辨率明显优于 ST，可分辨出信号中的各频带分量，但高频段仍存在能量泄露和混叠现象。与其他方法相比，SEGST 的能量聚集和增强效果好，各频带中心的能量较大，谱线清晰，有效抑制了频谱涂抹和混叠，可分辨出各频带分量，整体时频分辨率高，时频纹理特征明显。上述分析结果进一步说明，本章提出的 SEGST 方法对非线性、多分量的缸盖振动信号具有较强的时频分析能力,可以得到时频分辨率和聚集度高的时频谱,有利于提高特征提取和故障诊断精度。

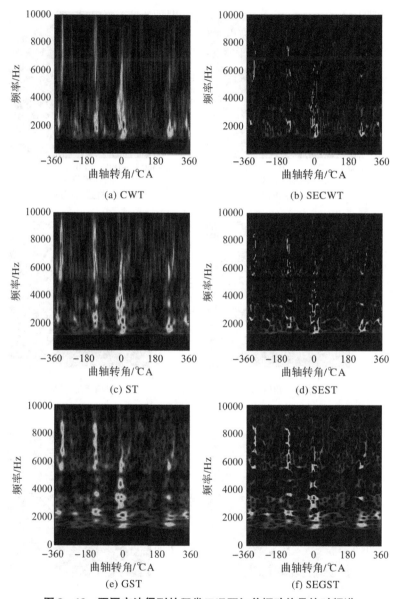

图 8-13 不同方法得到的正常工况下缸盖振动信号的时频谱

图 8-14 所示为利用 SEGST 得到的 6 种不同工况下的缸盖振动信号的时频谱,各图中颜色深浅代表相对能量的大小。分析图 8-14 可知,各工况下的缸盖振动信号的 SEGST 时频谱中各频带的能量强度和分布特征与 3.4.3 节中的

图3-8相同,在此不再赘述。不同工况下的信号SEGST时频谱的图像特征均比较清晰,且差异明显,通过提取相应图像特征参数可有效区分不同工况。

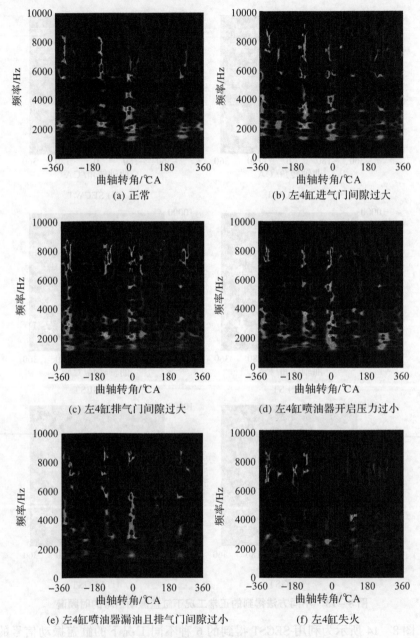

图8-14 不同工况的缸盖振动信号SEGST时频谱

8.4 基于二维非负矩阵分解的缸盖振动信号时频特征提取

柴油机缸盖振动信号的 SEGST 时频谱中含有大量故障特征信息,可用于柴油机故障诊断。本章所得 SEGST 时频谱的维数为 2000×4000,由于其维数过高,若将其直接作为故障特征进行分类识别,势必会大大增加计算复杂度。因此,为提高计算速度,节省存储空间,需要对时频分布矩阵进行降维处理,以进一步提取其内部的低维特征。二维非负矩阵分解(2 - Dimentional Nonnegative Matrix Factorization,2DNMF),通过对二维矩阵进行数据压缩与特征提取,可获得完整准确的矩阵特征信息,具有计算速度快和特征提取效果好的优点,适于对高维时频矩阵进行特征提取[30]。因此,本节利用 2DNMF 对缸盖振动信号 SEGST 时频谱进行维数约简与特征提取,建立低维故障特征矢量用于柴油机故障诊断。

8.4.1 非负矩阵分解

设任意非负矩阵 V,NMF 通过寻找两个非负矩阵 W 和 H,使得

$$V_{N\times n}=W_{N\times r}H_{r\times n} \qquad (8-36)$$

式中:N 与 n 分别表示样本维数和个数;W 表示基矢量矩阵;H 表示 V 在 W 上的投影系数矩阵;r 表示 W 中基向量的个数,即低维特征空间维数。通常,$r \ll N$,n,且满足 $(N+n)r < Nn$。

NMF 的分解过程即求取 W 和 H 最优值的过程。本章采用最小化修正的 Kullback - Laebler 散度为目标函数对 W 和 H 进行寻优,则 NMF 分解算法转化为目标优化问题:

$$\text{minimize} D(V \parallel WH) = \sum_{ij}\left(V_{ij}\log\frac{V_{ij}}{(WH)_{ij}} - V_{ij} + (WH)_{ij}\right)$$

$$\text{subject to} \quad W,H \geq 0 \qquad (8-37)$$

采用乘性迭代规则求解式(8-37),得到各矩阵迭代更新公式如下:

$$H_{au} \leftarrow H_{au}\frac{\sum_{i}W_{ia}V_{iu}/(WH)_{iu}}{\sum_{k}W_{ka}} \qquad (8-38)$$

$$W_{ia} \leftarrow W_{ia}\frac{\sum_{u}H_{au}V_{iu}/(WH)_{iu}}{\sum_{v}H_{av}} \qquad (8-39)$$

$$W_{ia} = \frac{W_{ia}}{\sum_{i}W_{ia}} \qquad (8-40)$$

NMF 的分析结果主要取决于矩阵 W、H 和参数 r。在 NMF 算法中,W 和 H 采用随机初始化的方法进行赋值,进而利用式(8-38)~式(8-40)进行迭代求解。参数 r 决定了图像降维后的低维特征空间维数,在 NMF 处理之前需要预先对 r 值进行估计。其主要的估计方法包括 K 均值聚类、模糊 C 均值聚类、PCA 方法等[27]。由于 PCA 算法相对简单,参数估计精度较高,本章选用 PCA 算法对参数 r 值进行估计。

8.4.2 二维非负矩阵分解

2DNMF 通过在行列方向上分别对矩阵进行分解,实现二维矩阵数据的压缩与特征提取。设 $\{|A|_k^{p \times q}, k=1,2,\cdots,m\}$ 为非负矩阵集合,则 2DNMF 的分析过程如下:

(1)行分解。构造 $p \times qm$ 阶级联矩阵 $U = [A_1, A_2, \ldots, A_m]$,利用 NMF 将其按行分解为

$$U_{p \times qm} = L_{p \times d} H_{d \times qm} \quad (8-41)$$

式中:L 与 H 分别为行基矩阵和系数矩阵;d 为特征维数。将 H 划分为 m 个 $d \times q$ 维矩阵,即 $H = [H_1, H_2, \cdots, H_k, \cdots, H_m]$,则 H_k 为 A_k 的系数矩阵,即

$$A_k = LH_k, \quad k=1,2,\cdots,m \quad (8-42)$$

(2)列分解。构造 $q \times pm$ 阶级联矩阵 $V = [A_1^T, A_2^T, \cdots, A_m^T]$,利用 NMF 将其按列分解为

$$V_{q \times pm} = R_{q \times g} H_{g \times pm} \quad (8-43)$$

式中:R 与 H 分别为列基矩阵和系数矩阵;g 为特征维数。将 H 划分为 m 个 $g \times p$ 维矩阵,即 $H = [H_1, H_2, \cdots, H_k, \cdots, H_m]$,则 H_k 为 A_k^T 的系数矩阵,即

$$A_k^T = RH_k, \quad k=1,2,\cdots,m \quad (8-44)$$

(3)同时对 U 和 V 进行 NMF 分解,即可得到非负矩阵 $A_k, k=1,2,\cdots,m$ 在低维空间中的 $d \times g$ 维特征矩阵 $D_k^{d \times g}$ 为

$$D_k = L^T A_k R \quad (8-45)$$

8.4.3 基于 2DNMF 的缸盖振动信号时频特征提取

在表 7-1 所示的柴油机 6 种工况下,分别选取 30 组缸盖振动信号数据,并利用 8.3 节中的方法得到 180 组信号的 SEGST 时频谱,构造二维时频分布矩阵集合 $A = \{A_1, A_2, \cdots, A_{180}\}$。利用 8.4.2 节中的方法对时频矩阵集 A 进行分解,得到各时频谱的 2DNMF 特征参数。分解过程中,设置 2DNMF 的行基矩阵的秩 d 与列基矩阵的秩 g 的取值范围为 $d, g \in [2, 3, \cdots, 9, 10]$,迭代次数均设置为 100。利用 PCA 算法分别确定 d 与 g 的最佳值,PCA 分析结果如图 8-15 所示。

第 8 章　缸盖振动信号的图像特征提取方法

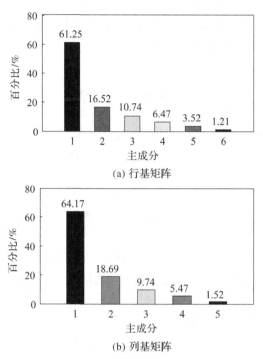

图 8-15　累积贡献率超过 99% 的主成分

由图 8-15(a) 可知，由于前 6 个主成分的累积贡献率超过 99%，因此选择 2DNMF 的行基矩阵的秩为 6。同理，选择 2DNMF 列基矩阵的秩为 5。2DNMF 分析过程中，为消除 NMF 中 W 和 H 随机初始化的影响，取 5 次独立重复分析结果的平均值作为最终特征参数。2DNMF 对时频矩阵集 A 进行分解的行基矩阵和列基矩阵如图 8-16 所示。

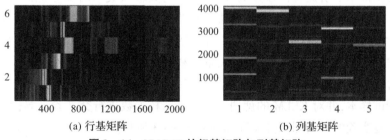

图 8-16　2DNMF 的行基矩阵与列基矩阵

利用行基矩阵与列基矩阵对缸盖振动信号的 SEGST 时频谱图进行投影变换得到维数为 6×5 的特征矩阵。每种工况下选取 4 个样本的特征矩阵进行绘图，说明特征参数的分布情况，如图 8-17 所示。每一行中的 4 张图分别代表同种工况下的 4 个特征样本,从上到下依次为工况 1 ~ 工况 6。由图可知,同一工况不同样本的特征矩阵基本相同,不同工况样本的特征矩阵有明显差别,说明基于 2DNMF 的缸盖振动信号图像特征具有良好的类内聚集性和类间离散性,分类效果良好。

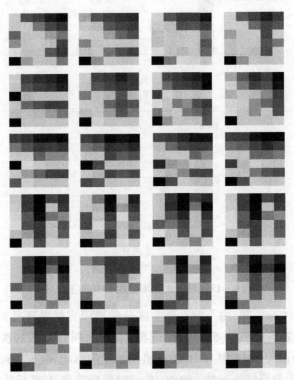

图 8 - 17　缸盖振动信号时频谱图的特征矩阵

为验证本节所提特征参数的分类性能,将其输入交叉验证寻优的 KELM 进行分类实验,并将如下特征提取方法设置为对比实验:①1DNMF 提取 GST 时频谱的时频特征;②2DNMF 提取 GST 时频谱的时频特征;③1DNMF 提取 SEGST 时频谱的时频特征。1DNMF 的基矢量的秩设置为 30,迭代次数为 50。分类实验中,按照 7∶3 的比例随机选取 126 组特征数据作为训练样本,54 组特征数据作为测试样本,并对 KELM 的惩罚系数与高斯核参数进行交叉验证寻优。10 次独立重复实验的平均测试分类准确率如表 8 - 3 所列。

分析表 8 - 3 中的数据可知,当时频谱图像相同时,基于 2DNMF 的特征参数的分类准确率高于 1DNMF,说明 2DNMF 的图像特征提取能力更强,图像特征信息更加完整准确,分类效果更好。同时,由于 2DNMF 的计算速度较快,所以整体的故障诊断效率更高。当图像分解方法相同时,SEGST 时频谱特征参数的分类准确率高于 GST，说明 SEGST 时频谱的高聚集性和高分辨率特性，有效提高了图像特征信息的表达能力，特征参数的分类效果较好。SEGST 与 2DNMF 组合的特征提取方法的故障分类准确率远高于其他方法，对柴油机 6 种工况的分类准确率均达到了 90% 以上，总体的平均故障分类准确率为 93.29%，故障诊断精度较高。综上所述，本节提出的基于 SEGST 与 2DNMF 的特征提取方法可以获取类内聚集性和类间离散性好的特征参数，有效提高柴油机故障诊断精度。

表 8 – 3 故障分类准确率

特征提取方法	测试分类准确率/%						
	工况 1	工况 2	工况 3	工况 4	工况 5	工况 6	平均值
GST + 1DNMF	84.52	80.61	81.54	82.09	84.69	85.83	83.21
GST + 2DNMF	90.36	85.72	85.25	81.69	88.31	91.68	88.17
SEGST + 1DNMF	87.58	85.36	84.21	83.73	87.06	89.29	86.21
SEGST + 2DNMF	96.02	91.11	92.25	91.46	93.15	95.76	93.29

8.5 基于增强 CSLBP 的缸盖振动信号时频谱纹理特征提取

局部二值模式（Local Binary Pattern，LBP）和均匀局部二值模式（Uniform LBP，ULBP）根据图像邻域中心与邻域像素灰度值的差异进行二进制编码，从而刻画图像的局部纹理特征，在图像识别和分类中得到了广泛应用[96]。但是，LBP 与 ULBP 的维数过高，存在冗余模式，图像特征表征能力较差。中心对称的局部二值模式（Centrally Symmetric LBP，CSLBP）仅对关于中心像素点对称的邻域像素灰度值进行编码，得到的模式维数较低，且对图像灰度梯度变化响应明显，可更加有效地表征图像的纹理特征。

8.5.1 中心对称局部二值模式

LBP 通过提取图像中的像素信息以描述图像的局部纹理特征，其基本原理如下：对于半径为 R，像素点数为 P 的圆形邻域（常见的圆形邻域如图 8 – 18 所示），设其中心像素点灰度值为 g_c，各邻域像素点灰度值为 $g_i(i=0,1,\cdots,P-1)$，LBP 算子通过比较 g_c 与 g_i 的数值大小对该邻域进行编码。若 $g_i \geq g_c$，g_i 的二进制编码为 1；若 $g_i < g_c$，g_i 的二进制编码为 0。将编码值按顺时针由高位到低位排列为

二进制数后转换为十进制数,即得该邻域中心像素的 LBP 编码值。具体计算公式如下:

$$\text{LBP}_{P,R} = \sum_{i=0}^{P-1} s_{\text{LBP}}(g_i, g_c) \times 2^i \qquad (8-46)$$

$$S_{\text{LBP}}(g_i, g_c) = \begin{cases} 1, & g_i - g_c \geq 0 \\ 0, & g_i - g_c < 0 \end{cases} \qquad (8-47)$$

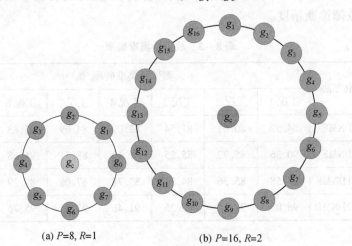

(a) $P=8, R=1$ (b) $P=16, R=2$

图 8-18　圆形邻域示意图

由式(8-46)可知,LBP 的最大模式维数为 2^P。对于 $P=8, R=1$ 的圆形邻域,LBP 的模式维数为 256,而在所有模式中,仅有少数表征图像特征的重要模式。ULBP 是 LBP 对应的二进制串中从 0 到 1 或从 1 到 0 的跳变次数不超过 2 的所有模式[96]。对于 $P=8, R=1$ 的圆形邻域,ULBP 的模式维数为 59。与 LBP 相比,ULBP 降低了模式维数,提高了计算效率,同时保留了表征图像特征的重要模式。然而,在实际应用中,ULBP 刻画的纹理特征仍然过细,模式维数仍然较高。CSLBP 仅仅比较关于中心对称的邻域像素灰度值的大小并进行编码,计算公式如下:

$$\text{CSLBP}_{P,R} = \sum_{i=0}^{(P/2)-1} s_{\text{CSLBP}}(g_i, g_{i+P/2}) \times 2^i \qquad (8-48)$$

$$s_{\text{CSLBP}}(g_i, g_{i+P/2}) = \begin{cases} 1, & g_i - g_{i+P/2} \geq 0 \\ 0, & g_i - g_{i+P/2} < 0 \end{cases} \qquad (8-49)$$

由式(8-48)可知,CSLBP 的最大模式维数为 $2^{P/2}$,对于 $P=8, R=1$ 的圆形邻域,CSLBP 的模式维数仅为 16,与 LBP 和 ULBP 相比,大大减小了模式数量,降低了特征冗余,提高了计算速度和特征辨识度。

8.5.2 增强 CSLBP 算法

由 4.5.1 节分析可知,CSLBP 的编码方式仅研究关于中心对称的邻域像素灰度值之间的梯度关系,而丢失了中心像素灰度值与邻域像素灰度值之间的梯度信息,导致图像纹理特征信息不完整,降低了特征分类精度。针对该问题,本节提出了增强 CSLBP(Enhanced CSLBP,ECSLBP)算法,通过设计一种新的编码规则,在 CSLBP 中加入局部邻域中心与其邻域像素之间的灰度梯度特征信息,从而获取更加完整的图像纹理特征,提高特征参数辨识度。

对于 $P=8,R=1$ 的圆形邻域,ECSLBP 算子的编码计算公式如下:

$$\text{ICSLBP}_{8,1} = s_{\text{ICSLBP}}(g_c,g_m) \times 2^0 + s_{\text{ICSLBP}}(g_0,g_4) \times 2^1 + s_{\text{ICSLBP}}(g_1,g_5) \times 2^2 + s_{\text{ICSLBP}}(g_2,g_6) \times 2^1 + s_{\text{ICSLBP}}(g_3,g_7) \times 2^4 \qquad (8-50)$$

$$s_{\text{ICSLBP}}(g_i,g_j) = \begin{cases} 1, & g_i - g_j \geqslant 0 \\ 0, & g_i - g_j < 0 \end{cases} \qquad (8-51)$$

$$g_m = (g_0 + g_1 + g_2 + g_3 + g_4 + g_5 + g_6 + g_7)/8 \qquad (8-52)$$

根据式(8-50)可知,对于 $P=8,R=1$ 的邻域,ECSLBP 的最大模式维数为 32。与 CSLBP 相比,虽然模式维数增加,但是获取的图像纹理特征信息更加丰富。与 LBP 和 ULBP 相比,ECSLBP 的模式维数较少,特征冗余小,具有较高的计算速度和特征表征能力。

将上述问题推广到任意像素点数 P 与半径长度 R 的圆形邻域,则 ECSLBP 算子的计算公式为

$$\text{ECSLBP}_{P,R} = s_{\text{ICSLBP}}(g_c,g_m) \times 2^0 + \sum_{i=0}^{(P/2)-1} s_{\text{ICSLBP}}(g_i,g_{i+P/2}) \times 2^i \qquad (8-53)$$

式中:$g_m = \frac{1}{P}\sum_{i=1}^{P} g_i$。易知,ECSLBP 的最大模式维数为 $2^{(P/2)+1}$,满足计算速度和分类精度的要求。

为定量描述图像的纹理特征,本小节提出基于 ECSLBP 的图像纹理谱特征参数 $H(h)$ 作为量化指标,其计算公式如下:

$$H(h) = \sum K\{\text{ICSLBP}_{P,R} = h-1\}/MN \qquad (8-54)$$

式中:$h=1,2,\cdots,2^{(P/2)+1}$,当 $\text{ICSLBP}_{P,R}=h-1$ 时,$K\{\text{ICSLBP}_{P,R}=h-1\}=1$,否则,$K\{\text{ICSLBP}_{P,R}=h-1\}=0$,$M$ 与 N 分别表示二维图像矩阵的行数与列数。

8.5.3 缸盖振动信号的 ECSLBP 纹理谱特征提取

本节利用 ECSLBP 算子对图 8-14 所示的不同工况下的缸盖振动信号的

SEGST 时频谱进行分析处理,计算得到 ECSLBP 纹理谱特征参数进行柴油机故障诊断。同时,分别将 LBP、ULBP 和 CSLBP 设置为对比实验,提取相应的纹理谱特征参数。实验中,各方法的邻域参数统一设置为 $P=8, R=1$。图 8-19 所示为利用不同方法提取的各工况下缸盖振动信号 SEGST 时频图的纹理谱特征参数分布图像,每种工况包含 10 个样本。

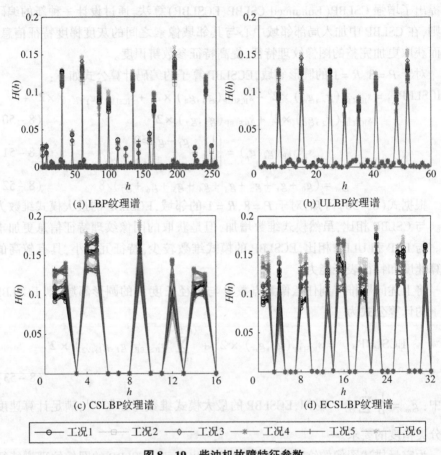

图 8-19 柴油机故障特征参数

由图 8-19 可知,LBP 纹理谱的 256 个模式中仅有少数重要模式,存在大量冗余模式,不同工况的特征参数混叠现象较严重,无法有效表征时频谱的纹理特征,分类效果较差,而且计算量大、运算效率较低。与 LBP 相比,ULBP 的模式维数为 59,其减小了模式维数,且保留了重要的模式信息,一定程度上增强了故障分类效果。但是,不同工况的特征参数间仍存在较大混叠,分类准确率不高。与 LBP、ULBP 相比,CSLBP 的模式维数为 16,降低了特征冗余且包含所有的重要模式,故障分类效果较好。但是,由于 CSLBP 丢失了邻域中心的灰度特征信息,导致图像特征信息不完整,细节表征能力不足,对故障程度相近的气门、喷油器等单一部件故障的分类精度较低,特征分类能力有待提高。与 CSLBP 相比,ECSLBP 通过引入邻域中心的灰度梯度特征信息,在抑制特征冗余的同时提高了特征维度,图像特征信息更加丰富,特征参数的区分度更高,故障分类效果好。

选取 6 种工况下的 30 组缸盖振动信号的 SEGST 时频谱,分别利用 LBP、ULBP、CSLBP 和 ECSLBP 进行特征提取,得到 180 组故障特征样本。将所有样本按照 7∶3 的比例划分为训练样本集与测试样本集,并将其输入交叉验证寻优的 KELM 网络进行分类实验,实验设置与 8.4.3 节相同。不同特征参数对 6 种工况的测试分类准确率如表 8 – 4 所列。

表 8 – 4 故障分类准确率

特征提取方法	测试分类准确率/%						
	工况 1	工况 2	工况 3	工况 4	工况 5	工况 6	平均值
LBP	84.27	82.36	81.70	82.49	83.55	85.20	83.26
ULBP	87.38	83.51	84.27	84.09	85.61	88.34	85.53
CSLBP	91.23	88.09	87.35	89.26	90.09	92.26	89.71
ECSLBP	95.61	91.37	92.11	92.76	93.10	96.55	93.58

分析表 8 – 4 中数据可知,由于 LBP 纹理特征中含有大量的冗余特征且特征区分度较低,导致其对各工况的分类准确率及总体平均分类准确率均最低。与 LBP 相比,ULBP 通过降低特征冗余,提高了分类精度。与 LBP 和 ULBP 相比,CSLBP 采用中心对称的编码规则,进一步降低了特征冗余,提高了特征辨识度,具有较高的分类准确率。本章提出的 ECSLBP 通过设计新的编码规则,引入邻域中心的灰度梯度特征信息,解决了 CSLBP 的特征丢失问题,获取的图像纹理特征的分类效果更好,总体平均故障分类准确率达到了 93.58%。实际应用中,虽然 ECSLBP 的特征维数高于 CSLBP,但是利用 KELM 进行训练与测试的耗时相差极小,完全满足工程应用需求。综上所述,本章提出的基于 ECSLBP 的图像纹理谱特征提取方法,可从缸盖振动信号的 SEGST 时频谱中获取类内聚集性和类间离散性较好的特征参数,从而提高柴油机故障诊断准确率。

8.6 本章小结

本章将缸盖振动信号的一维时间序列转换为二维图像,并利用图像处理技

术提取相应特征参数,实现了柴油机故障诊断。本章具体研究内容和结论如下:

(1)鉴于 SPCT 图像可以较好地反映信号幅值与频率的变化规律,提出了基于 SPCT 的缸盖振动信号特征提取方法,详细研究了信号的 SPCT 图像生成、降噪和特征提取方法,通过提取区域面积、质心、方向角等图像特征参数建立了七维的故障特征矢量,对柴油机故障分类准确率为 92.83%。

(2)针对现有时频变换方法普遍存在的能量发散、频谱涂抹及时频分辨率较低等问题,提出了 SEGST 方法,通过将信号能量聚集到瞬时频率脊线上,提高了时频聚集性。仿真信号与缸盖振动信号分析结果表明,与 CWT、ST、GST、SECWT、SEST 等方法相比,SEGST 的时频聚集性和分辨率更高,时频谱更加清晰,可以更好地刻画信号的时频分布特征。

(3)为提取缸盖振动信号 SEGST 时频谱的低维特征,提出了基于 2DNMF 的 SEGST 时频谱图像特征提取方法,得到了 30 维的故障特征矢量。柴油机故障诊断实验结果表明,该类特征参数具有较好的分类性能,柴油机故障诊断准确率达到 93.30%。

(4)针对 CSLBP 在图像纹理特征提取中丢失邻域中心特征信息的问题,提出了 ECSLBP 算法,通过设计新的编码规则,在 CSLBP 中加入局部邻域中心与其邻域像素之间的灰度梯度特征信息,从而获取更加完整的图像纹理特征,提高了特征参数辨识度。利用 ECSLBP 提取缸盖振动信号 SEGST 时频谱的纹理特征参数,得到了 32 维的故障特征矢量,对柴油机故障分类准确率达到 93.58%。

第9章 多域多类型故障特征数据集融合分类方法

9.1 引言

第7章与第8章分别利用不同方法提取了柴油机缸盖振动信号的一维时间序列特征和二维图像特征,从多个角度全面地表征了柴油机故障状态。本章利用上述所有特征参数构造具有差异性和互补性的多域多类型故障特征数据集,研究多特征融合分类方法,在特征融合层次实现柴油机故障诊断。目前,在故障诊断领域,基于神经网络、支持向量机(SVM)、极限学习机与核极限学习机(KELM)等机器学习算法的智能分类方法是应用最广泛且效果较好的主流分类方法。相比之下,KELM 在样本需求量、网络泛化性、计算速度和精度上具有更强的综合优势,更适用于解决本章中样本量有限、计算速度和精度要求较高的柴油机故障诊断问题。由于 KELM 网络的分类能力受核参数和惩罚系数取值的影响较大,需要对上述结构参数进行优化。目前,遗传算法、鱼群算法、蚁群算法、粒子群算法等计算智能算法在参数优化领域应用广泛。但上述方法普遍存在计算时间长和容易陷入局部最优等问题。因此,本章提出了基于量子粒子群优化的 KELM 分类模型(KELM Based on Quantum Particle Swarm Optimization,QPSO - KELM),基于 QPSO 算法较强的全局搜索能力对 KELM 的结构参数进行寻优,以提高 KELM 的学习速度和分类精度,进而提高柴油机故障诊断准确率。

在利用 KELM 进行柴油机故障诊断时,首先需要利用故障特征样本对分类器进行训练,以建立故障分类模型。然而,在实际的工程应用中,往往难以获得大量准确、完备的已知故障样本,因此无法通过一次性学习建立高精度的故障分类模型。在柴油机运行过程中,会连续不断地产生大量的未知故障样本,其中含有丰富的故障特征信息。通过对新的未知故障样本的不断学习,可以有效增强故障分类模型的性能。半监督学习可利用标记样本的类别信息和无标记样本中丰富的特征信息,提高模型的学习效率与分类能力。同时,由于未标记样本是连续产生的,所以分类器的学习训练过程也是连续和在线的。因此,本章针对故障分类模型的在线学习问题,研究了 QPSO-KELM 的在线半监督建模方法,提出了增量半监督稀疏核极限学习机,通过对在线数据的自适应学习,不断更新网络结构参数,以增强模型分类能力,提高故障诊断准确率,更好地解决工程实际中的柴油机故障诊断问题。

9.2 基于量子粒子群优化的核极限学习机分类方法研究

9.2.1 核极限学习机的基本原理

给定训练样本集为 $S = \{(\boldsymbol{x}_i, \boldsymbol{y}_i)\}_{i=1}^{t}$,其中 $\boldsymbol{x}_i \in \mathbf{R}^n$ 与 $\boldsymbol{y}_i \in \mathbf{R}^m$ 分别表示输入样本和目标输出。对于输入样本 $\boldsymbol{x}_i$,ELM 的输出可表示为

$$f(\boldsymbol{x}_i) = \sum_{j=1}^{L} \beta_j h_j(\boldsymbol{x}_i) = \boldsymbol{h}(\boldsymbol{x}_i)\boldsymbol{\beta} \qquad (9-1)$$

式中:L 为隐层节点数,$\boldsymbol{\beta} = [\beta_1, \cdots, \beta_L]^T$ 为隐层输出权重矢量;$\boldsymbol{h}(\boldsymbol{x}_i) = [h_1(\boldsymbol{x}_i), h_2(\boldsymbol{x}_i), \cdots, h_L(\boldsymbol{x}_i)]$ 是从 n 维输入空间到 L 维隐层特征空间的特征映射矢量。

根据 KKT 理论,可通过求解如下对偶优化问题训练多分类 ELM 模型:

$$L_{\mathrm{PELM}} = \frac{1}{2}\|\boldsymbol{\beta}\|^2 + \gamma \frac{1}{2}\sum_{i=1}^{t}\|\boldsymbol{\xi}_i\|^2 - \sum_{i=1}^{t}\lambda_i(\boldsymbol{h}(\boldsymbol{x}_i)\boldsymbol{\beta} - \boldsymbol{y}_i + \boldsymbol{\xi}_i) \qquad (9-2)$$

式中:γ 为惩罚参数;$\boldsymbol{\xi}_i$ 为 $f(\boldsymbol{x}_i)$ 与 $\boldsymbol{y}_i$ 之间的误差;λ_i 为拉格朗日乘子。

根据 KKT 最优化条件求解式(9-2)可得

$$\boldsymbol{\beta} = \boldsymbol{H}^T(\gamma^{-1}\boldsymbol{I} + \boldsymbol{H}\boldsymbol{H}^T)^{-1}\boldsymbol{y} \qquad (9-3)$$

式中:$\boldsymbol{H} = [\boldsymbol{h}(\boldsymbol{x}_1)^T, \cdots, \boldsymbol{h}(\boldsymbol{x}_t)^T]^T$ 表示输入层到隐层的映射矩阵。

应用 Mercer's 条件定义核矩阵 $\boldsymbol{G} = \boldsymbol{H}\boldsymbol{H}^T$:$G(i,j) = \boldsymbol{h}(\boldsymbol{x}_i) \cdot \boldsymbol{h}(\boldsymbol{x}_j)^T = k(\boldsymbol{x}_i, \boldsymbol{x}_j)$。进而得到 KELM 的模型输出为

$$\begin{aligned} f(\cdot) &= \boldsymbol{h}(\cdot)\boldsymbol{H}^T(\gamma^{-1}\boldsymbol{I} + \boldsymbol{H}\boldsymbol{H}^T)^{-1}\boldsymbol{y} \\ &= \boldsymbol{k}(\cdot)\boldsymbol{\alpha} = \sum_{i=1}^{t}\alpha_i k(\boldsymbol{x}_i, \cdot) \end{aligned} \qquad (9-4)$$

式中:$\boldsymbol{k}(\cdot)$ 为核函数矩阵;$\boldsymbol{\alpha}$ 为 KELM 的输出核权重矩阵:

$$\boldsymbol{k}(\cdot) = [k(\boldsymbol{x}_1, \cdot), \cdots k(\boldsymbol{x}_t, \cdot)] \qquad (9-5)$$

$$\boldsymbol{\alpha} = [\alpha_1, \alpha_2, \cdots, \alpha_t] = (\gamma^{-1}\boldsymbol{I} + \boldsymbol{G})^{-1}\boldsymbol{y} \qquad (9-6)$$

核函数的选择直接影响 KELM 的分类性能,常用的核函数包括线性核函数、多项式核函数、高斯核函数和 Sigmoid 核函数等。本节选用非线性映射能力较强的高斯核函数构建 KELM 网络,其函数表达式为 $K(\boldsymbol{x}_i, \boldsymbol{x}_j) = \exp(-(\|\boldsymbol{x}_i - \boldsymbol{x}_j\|^2/$

σ)), σ 表示核参数。于是,KELM 的性能主要取决于惩罚参数 γ 与核参数 σ。为获取(γ,σ)的最佳参数组合以构建结构功能最优化的 KELM 网络,本节提出了基于量子粒子群优化的核极限学习机方法。

9.2.2 基于量子粒子群优化的核极限学习机

QPSO 通过将 PSO 算法中的粒子迭代更新过程进行量子化而减小了算法复杂度,提高了算法收敛速度快和全局搜索能力的优点。QPSO 的基本原理如下:

设 Ω 为 d 维搜索空间,空间的种群粒子数为 M,第 i 个粒子的位置可以表示为

$$V_i = (v_{i1}, v_{i2}, \cdots, v_{id}) \tag{9-7}$$

设粒子的个体最优位置与全局最优位置分别为 $p_{i\text{best}}$ 和 $p_{g\text{best}}$:

$$p_{i\text{best}} = (p_{i1}, p_{i2}, \cdots, p_{id}) \tag{9-8}$$

$$p_{g\text{best}} = (p_{g1}, p_{g2}, \cdots, p_{gd}) \tag{9-9}$$

粒子通过迭代运算寻找并更新其个体最优位置 p_i 和群体最优位置 p_g,引入平均最优位置 m_{best} 作为群体最优中心。则粒子寻优过程可以表示为

$$m_{\text{best}} = \frac{1}{M}\sum_{i=1}^{M} p_{i\text{best}} = \left[\frac{1}{M}\sum_{i=1}^{M} p_{i1}, \frac{1}{M}\sum_{i=1}^{M} p_{i2}, \cdots, \frac{1}{M}\sum_{i=1}^{M} p_{id}\right] \tag{9-10}$$

$$p_{id} = \varphi p_{id} + (1-\varphi)p_{gd}, \varphi \in (0,1) \tag{9-11}$$

$$v_{id} = p_{id} \pm \alpha \mid m_{\text{best}} - v_{id} \mid \ln(1/u), u \in (0,1) \tag{9-12}$$

式中:α 为收缩扩张因子,在迭代运算中根据下式动态调节。

$$\alpha = (\alpha_1 - \alpha_2) \times \frac{N-t}{N} + \alpha_2 \tag{9-13}$$

式中:N 表示最大迭代次数;α_1 与 α_2 分别为 α 的初值和终值,通常取 $\alpha_1 = 0.5$,$\alpha_2 = 1$。

QPSO - KELM 的建模流程如图 9-1 所示。

QPSO - KELM 的建模过程具体如下:

(1)初始化种群粒子位置,设置粒子群规模、迭代步长、终止条件等参数。

(2)分别将各粒子当前位置初始化为 $p_{i\text{best}}$,定义 KELM 的测试分类准确率为适应度函数,并计算各粒子适应度值,将适应度值最大的粒子位置初始化为 $p_{g\text{best}}$。

(3)根据式(9-10)~式(9-12)更新粒子位置。

(4)计算各粒子适应度值,以最佳适应度值为判据分别更新个体最优位置 p_{best}、群体最优位置 $p_{g\text{best}}$ 以及群体最优中心 m_{best}。

(5)判断终止条件是否成立,若成立,则停止计算并输出结果;否则返回(3)。

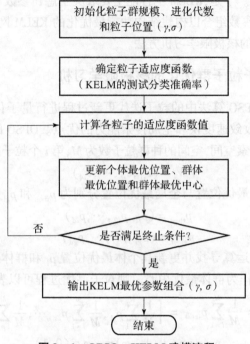

图9-1 QPSO-KELM 建模流程

9.2.3 标准数据库分类实验

本节选用 UCI 数据库中的 Diabetes、Image Segmentation、Satimage 和 Page Blocks 数据集进行分类实验,各数据集的具体信息如表9-1所列。实验中,QPSO-KELM 的核函数选用高斯核函数,将参数组合(γ,σ)作为基本粒子进行初始化,参数的取值范围设置为$\gamma \in [0.1,1000]$,$\sigma \in [0.01,100]$。分别将粒子群规模和迭代步长设置为 10 和 30,以 KELM 的分类准确率 η 为适应度函数,终止条件设为 $\eta = 0.99$。将 PSO-KELM 和基于交叉验证寻优的支持向量机(Cross Validation SVM,CV-SVM)分类模型设置为对比实验。其中,PSO-KELM 的核函数同样选用高斯核函数,(γ,σ)参数寻优范围等实验条件设置与 QPSO-KELM 相同。

表9-1 UCI 数据集信息

数据库	特征维数	类别数目	训练样本/个	测试样本/个
Diabetes	8	2	576	192
Image Segmentation	19	7	1500	810

续表

数据库	特征维数	类别数目	训练样本/个	测试样本/个
Satimage	36	7	3217	3218
Page Blocks	10	5	1500	3973

利用 4 个不同数据集对 QPSO – KELM 和 PSO – KELM 进行训练时,分类准确率随迭代步长的变化曲线如图 9 – 2 所示。

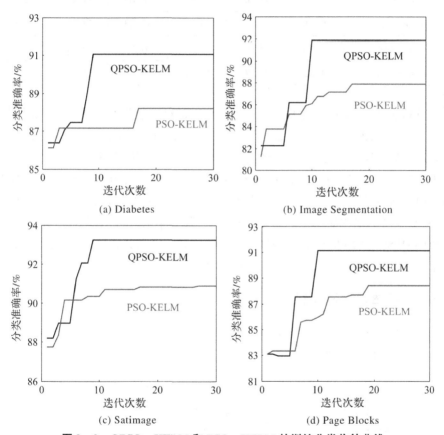

图 9 – 2 QPSO – KELM 和 PSO – KELM 的训练分类收敛曲线

从图 9 – 2 可以看出,对于各数据集,QPSO – KELM 的收敛速度与分类准确率均明显高于 PSO – KELM。说明与 PSO 相比,QPSO 算法在参数寻优方面具有较大优势,QPSO – KELM 更适用于故障特征分类。利用上述最优化的结构参数分别构建 QPSO – KELM 和 PSO – KELM 分类器对各数据集中的所有测试样本进行分类试验。同时,利用 CV – SVM 对各数据集进行训练与测试分类实验,得到各分类模型的训练时间和测试分类准确率如表9-2所列。所有实验均在3.4 GHz 的 IntelCorei7-6700 CPU、8G RAM 和 Matlab 7.13.0 环境下进行。

表9-2 不同分类器的分类结果

数据集	QPSO-KELM 训练时间/s	QPSO-KELM 测试准确率/%	PSO-KELM 训练时间/s	PSO-KELM 测试准确率/%	CV-SVM 训练时间/s	CV-SVM 测试准确率/%
Diabetes	2.25	91.68	8.37	88.05	14.18	92.55
Image Segmentation	6.21	92.13	16.75	87.83	27.37	91.86
Satimage	10.17	93.62	25.46	90.68	36.21	92.75
Page Blocks	4.36	91.26	12.18	88.36	21.17	93.49

分析表9-2中的数据可知：QPSO-KELM 对各数据集的学习训练时间远远小于 PSO-KELM，而分类准确率大于或等于 PSO-KELM，说明与 PSO 相比，QPSO 算法在对网络参数进行寻优时的收敛速度更快且精度更高。QPSO-KELM 与 CV-SVM 对各数据集的分类准确率相差不大，但是 QPSO-KELM 的训练时间远远小于 CV-SVM，说明 QPSO-KELM 在建模速度上具有绝对的优势，具有更高的工程实用性。综上所述，UCI 数据集分类实验结果表明，本章所提出的 QPSO-KELM 分类网络具有更高的计算速度和分类精度，可应用于柴油机缸盖振动信号特征参数的分类，从而实现柴油机故障诊断。

9.2.4 柴油机故障特征分类实验

第3章与第4章分别利用不同方法、从不同角度提取了大量的柴油机故障特征参数，如表9-3所列。

表9-3 柴油机故障特征参数数据集

特征提取方法	特征参数	特征维数
数值分析	时频域波形特征	14
独立变分模态分解(IVMD)	复合多尺度模糊熵偏均值	6
	双标度分形维数	2
对称极坐标变换(SPCT)	SPCT 图像特征	7
同步提取广义 S 变换(SEGST)	2DNMF 时频特征	30
	ECSLBP 纹理谱	32

本节将表9-3中的多域多类型故障特征参数组成联合故障特征矢量,对柴油机进行故障诊断,分别选取柴油机6种工况下的40组特征矢量作为故障特征样本,并按照7:3的比例将所有样本随机划分为训练样本与测试样本,最终得到168个训练样本与72个测试样本。将所有样本输入QPSO-KELM、PSO-KELM和CV-SVM进行故障分类实验。实验中相关参数的设置与9.1.4节相同。QPSO-KELM与PSO-KELM网络训练过程中的收敛曲线与分类准确率如图9-3所示。

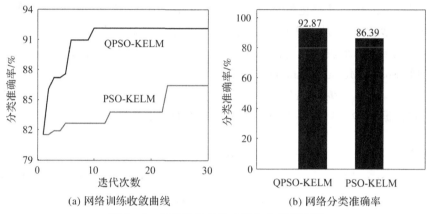

图9-3 分类网络收敛曲线与分类准确率

由图9-3可知,QPSO-KELM的迭代次数为10,PSO-KELM的迭代次数为23,实际计算时间分别为8.36s和25.37s,说明QPSO算法的计算效率远远高于PSO。QPSO-KELM与PSO-KELM的分类准确率分别为92.87%和86.39%,说明QPSO对参数的全局寻优能力更强,而PSO则陷入局部最优。CV-SVM的训练时间和分类准确率分别为39.37s和93.19%,其分类准确率与QPSO-KELM相差不大,但是训练时间却远远大于QPSO-KELM。柴油机故障分类实验进一步说明了QPSO-KELM在提高柴油机故障分类速度和精度方面的可行性和优越性。

9.3 增量半监督稀疏核极限学习机的在线建模方法研究

在线学习过程中,随着未标记样本的不断输入,训练样本不断累积,KELM的规模将会不断增大,从而导致计算复杂度和计算时间急剧增大,模型的在线学习效率和网络泛化性大大降低。由于在线产生的未标记样本中存在大量冗余和干扰,因此通过筛选有效样本并删除冗余样本对训练样本集进行稀疏化处理,可有效提高在线建模效率。目前,众多学者对基于样本稀疏化和增量式建模的在线学习方法进行了深入研究。虽然在线学习模型在一定程度上提高了在线学习效率,但是仍存在以下问题:样本前向稀疏化,即有效样本的筛选主要依赖于计算误差阈值、互相关系数阈值等参数,自适应性较差,且未充分考虑新样本对模型的有效性。样本的后向删减,即冗余样本的删除主要利用滑动时间窗法,由于该方法删除的是窗内距离当前时刻最远的旧样本,而不是对模型最无效的样本,所以存在丢失有效样本信息的风险。

针对上述问题,本节提出了增量半监督稀疏核极限机(Incremental Semi-supervised Sparse Kernel Extreme Learning Machine, ISSKELM),提出基于样本有效信息度量的样本稀疏化策略和改进的增量建模方法,建立更加高效的在线学习和故障诊断模型,从而实现柴油机故障在线诊断并提高故障诊断准确率。

首先根据稀疏表征理论,将式(9-5)中核函数矩阵 $k(\cdot)$ 在 t 时刻的稀疏测量矩阵(Sparse Measured Matrix, SMM)定义为 $\boldsymbol{\Phi}_t$:

$$\boldsymbol{\Phi}_t = \{k(\boldsymbol{c}_1, \cdot), k(\boldsymbol{c}_2, \cdot), \cdots, k(\boldsymbol{c}_m, \cdot)\} \quad (9-14)$$

则根据式(9-4)可得 ISSKELM 在 t 时刻的输出为

$$f_t(\cdot) = \sum_{i=1}^{m} \alpha_{i,t} k(\boldsymbol{c}_i, \cdot) \quad (9-15)$$

式中: $\{\boldsymbol{c}_1, \cdots, \boldsymbol{c}_m\} \subset \{\boldsymbol{x}_1, \cdots, \boldsymbol{x}_t\}$, $\boldsymbol{c}_i$ 为第 i 个核中心样本; $m \ll t$ 为有效样本数,定义为 t 时刻模型的阶数; $\alpha_{i,t}$ 为 t 时刻第 i 个核函数的权重, $\boldsymbol{\alpha} = \{\alpha_{i,t}, i = 1, 2, \cdots, m\}$ 表示 ISSKELM 的核权重矩阵(Kernel Weight Matrix, KWM)。

ISSKELM 使用的在线样本为无标记样本,需要首先对无标记样本进行分类标记,方可用于模型训练。因此,本节引入基于 Tri-training 算法的半监督学习方法,充分利用少量已标记样本的类别信息与大量无标记样本的特征信息进行在线建模,以提高故障诊断模型的分类性能。

9.3.1 基于 Tri-training 算法的样本预标记

Tri-training 算法[182]是在线半监督学习中协同训练的扩展算法,是一种建立具有3个基分类器的集成分类模型的方法。利用3个不同的分类器分别对未标记样本进行类别预测,选择置信度较高的分类结果作为样本类别标签,从而实现未标记样本的分类和预标记。其基本过程如下:

(1)从已标记训练样本集 S 中可重复地随机选取 m 个样本,得到3个已标记训练样本子集 S_1、S_2、S_3。

(2)分别选择 RBF, Sigmoid 和多项式函数作为 ISSKELM 的核函数,并分别利用 S_1、S_2、S_3 训练得到3个具有较高泛化性和结构差异性的基分类器 F_1、F_2、F_3。其中,各核函数表达式为:①径向基函数(Radial Basis Function, RBF): $K(\boldsymbol{x}_i, \boldsymbol{x}_j) = \exp(-(\|\boldsymbol{x}_i - \boldsymbol{x}_j\|^2/\theta))$;②Sigmoid 内积函数: $K(\boldsymbol{x}_i, \boldsymbol{x}_j) = \tanh$

$(v(\boldsymbol{x}_i \cdot \boldsymbol{x}_j) + \chi)$;③多项式函数:$K(\boldsymbol{x}_i, \boldsymbol{x}_j) = (\boldsymbol{x}_i \cdot \boldsymbol{x}_j + 1)^\rho$,$\boldsymbol{x}$ 表示样本矢量,ρ、χ、θ 表示核参数。

（3）设 $t+1$ 时刻得到未标记样本 $\boldsymbol{x}_{t+1}$,分别利用 F_1、F_2、F_3 对其进行分类，利用集成学习中的投票法选择具有较高置信度的结果作为类别标签构造初始预标记样本 $(\boldsymbol{x}_{t+1}, \boldsymbol{y}_{t+1})$：

$$\boldsymbol{y}_{t+1} = f_t(\boldsymbol{x}_{t+1}) = \sum_{i=1}^{m} \alpha_{i,t} k(\boldsymbol{c}_i, \boldsymbol{x}_{t+1}) \qquad (9-16)$$

（4）利用 $(\boldsymbol{x}_{t+1}, \boldsymbol{y}_{t+1})$ 分别对 3 个基分类器进行训练更新。然后，利用基于投票表决的 ISSKELM 集成分类器进行故障诊断。

为从设备运行过程中连续产生的大量初始预标记样本中选取有效样本对 ISSKELM 集成分类模型进行增量建模，本章提出了基于样本信息度量选取有效预标记样本在线更新稀疏测量矩阵的方法和基于增样学习与减样学习算法相结合的核权重矩阵在线更新方法。

9.3.2 基于样本信息度量在线更新稀疏测量矩阵

9.3.2.1 样本信息度量方法

设在 t 时刻基于 RBF 核函数的学习模型为 $F(f_t, \boldsymbol{\alpha}_t, \boldsymbol{\Phi}_t)$，简记为 F_t。在 $t+1$ 时刻，获得初始预标记样本 $(\boldsymbol{x}_{t+1})$ 及其对应的核函数 $k(\boldsymbol{x}_{t+1}, \cdot)$。此时，将潜在测量矩阵记作 $\overline{\boldsymbol{\Phi}}_t = \{\boldsymbol{\Phi}_t, k(\boldsymbol{x}_{t+1}, \cdot)\}$。为判断 $k(\boldsymbol{x}_{t+1}, \cdot)$ 是否为有效核函数，本章基于信息理论[109]提出了样本信息度量方法。

设样本 $\boldsymbol{x}_{t+1}$ 在 F_t 下的条件后验概率为 $p_t(\boldsymbol{x}_{t+1} | F_t)$，则将 $\boldsymbol{x}_{t+1}$ 对当前测量矩阵 $\boldsymbol{\Phi}_t$ 的有效信息量定义为 $\boldsymbol{x}_{t+1}$ 在时刻 t 的条件概率自信息量 $I(\boldsymbol{x}_{t+1} | F_t)$：

$$I(\boldsymbol{x}_{t+1} | F_t) = -\ln p_t(\boldsymbol{x}_{t+1} | F_t) \qquad (9-17)$$

设测量矩阵 $\boldsymbol{\Phi}_t$ 在 F_t 下原子个数为 m，核中心 $\boldsymbol{c}_i (1 \leq i \leq m)$ 的条件后验概率为 $p_t(\boldsymbol{c}_i | F_t)$，则将 $\boldsymbol{\Phi}_t$ 在时刻 t 所具有的平均自信息量定义为 $\boldsymbol{\Phi}_t$ 的条件概率熵 $S(\boldsymbol{\Phi}_t | F_t)$：

$$S(\boldsymbol{\Phi}_t | F_t) = -\sum_{i=1}^{m} p_t(\boldsymbol{c}_i | F_t) \ln p_t(\boldsymbol{c}_i | F_t) \qquad (9-18)$$

对于 F_t 下的 $\boldsymbol{\Phi}_t = \{k(\boldsymbol{c}_1, \cdot), \cdots, k(\boldsymbol{c}_m, \cdot)\}$，利用核密度估计(Kernel Density Estimation, KDE) 计算得到核中心 $\boldsymbol{c}$ 的条件后验概率为

$$p_t(\boldsymbol{c} | \theta, F_t) = \frac{1}{m} \sum_{i=1}^{m} k(\boldsymbol{c}, \boldsymbol{c}_i) \qquad (9-19)$$

式中：θ 表示核参数。

因此，$\boldsymbol{x}_{t+1}$ 的条件概率自信息量和 $\boldsymbol{\Phi}_t$ 的条件概率熵分别表示为

$$I(\bm{x}_{t+1} \mid \theta, F_t) = -\ln\frac{1}{m}\sum_{i=1}^{m} k(\bm{x}_{t+1}, \bm{c}_i) \tag{9-20}$$

$$S(\bm{\Phi}_t \mid \theta, F_t) = -\sum_{i=1}^{m}\left\{\left[\frac{1}{m}\sum_{j=1}^{m} k(\bm{c}_i, \bm{c}_j)\right]\ln\left[\frac{1}{m}\sum_{j=1}^{m} k(\bm{c}_i, \bm{c}_j)\right]\right\} \tag{9-21}$$

本章基于 $I(\bm{x}_{t+1} \mid \theta, F_t)$ 和 $H(\bm{\Phi}_t \mid \theta, F_t)$ 筛选有效样本并删除冗余样本，在线构造稀疏测量矩阵，其基本过程包括矩阵的在线扩充与在线修剪。

9.3.2.2 稀疏测量矩阵在线扩充

设 ISSKELM 的最佳阶数为 M，则当 $m < M$ 时，在 $t+1$ 时刻将利用有效预标记样本对 $\bm{\Phi}_t$ 进行扩充。由式(9-19)可得 $\bm{\Phi}_t$ 中所有核中心的条件后验概率矩阵为 $p_t(\bm{c} \mid \theta, F_t)$：

$$\begin{cases} p_t(\bm{c} \mid \theta, F_t) = \bm{W}_t/m \\ \bm{W}_t = \left[\sum_{i=1}^{m} k(\bm{c}_1, \bm{c}_j), \sum_{i=1}^{m} k(\bm{c}_2, \bm{c}_j), \cdots, \sum_{i=1}^{m} k(\bm{c}_m, \bm{c}_j)\right]^{\mathrm{T}} \end{cases} \tag{9-22}$$

根据式(9-21)得到 $\bm{\Phi}_t$ 的条件概率熵为

$$S(\bm{\Phi}_t \mid \theta, F_t) = -\left(\frac{\bm{W}_t^{\mathrm{T}}}{m}\right)\ln\left(\frac{\bm{W}_t}{m}\right) \tag{9-23}$$

$t+1$ 时刻，矩阵 $\bm{W}_t$ 更新为 $\overline{\bm{W}}_t$，且有

$$\overline{\bm{W}}_t = \begin{bmatrix} \bm{W}_t + \bm{k}_{t+1} \\ 1 + \sum \bm{k}_{t+1} \end{bmatrix} \tag{9-24}$$

式中：$\bm{k}_{t+1} = [k(\bm{c}_1, \bm{x}_{t+1}), \cdots, k(\bm{c}_m, \bm{x}_{t+1})]^{\mathrm{T}} \in \bm{R}^{m \times 1}$。

此时，$\overline{\bm{\Phi}}_t$ 的条件概率熵为

$$S(\overline{\bm{\Phi}}_t \mid \theta, \overline{F}_t) = -\left(\frac{\overline{\bm{W}}_t^{\mathrm{T}}}{m+1}\right)\ln\left(\frac{\overline{\bm{W}}_t}{m+1}\right) \tag{9-25}$$

定义矩阵 $\bm{\Phi}_t$ 和 $\overline{\bm{\Phi}}_t$ 的冗余系数分别为 Q_t 和 $\overline{Q}_t$：

$$Q_t = 1 - \frac{S(\bm{\Phi}_t \mid \theta, F_t)}{\ln |\bm{\Phi}_t|} = 1 - \frac{S(\bm{\Phi}_t \mid \theta, F_t)}{\ln |m|} \tag{9-26}$$

$$\overline{Q}_t = 1 - \frac{S(\overline{\bm{\Phi}}_t \mid \theta, \overline{F}_t)}{\ln |\overline{\bm{\Phi}}_t|} = 1 - \frac{S(\overline{\bm{\Phi}}_t \mid \theta, \overline{F}_t)}{\ln |m+1|} \tag{9-27}$$

如果 $\overline{Q}_t < Q_t$，说明加入新的核函数减小了测量矩阵的冗余，新的训练样本被纳入学习模型，则 $t+1$ 时刻的模型阶数为 $m+1$，且 $\bm{\Phi}_{t+1} = \{\bm{\Phi}_t, k(\bm{x}_{t+1}, \cdot)\}$，$R_{t+1} = \overline{R}_t$，$\bm{W}_{t+1} = \overline{\bm{W}}_t$，$S(\bm{\Phi}_{t+1} \mid \theta, F_t) = S(\overline{\bm{\Phi}}_t \mid \theta, \overline{F}_t)$；否则，将新的训练样本作为无效样本直接删除，各参数保持不变。

9.3.2.3 稀疏测量矩阵在线修剪

当 $m = M$，在 $t+1$ 时刻将利用有效预标记样本对 $\overline{\bm{\Phi}}_t$ 进行修剪。从 $M+1$ 个

潜在原子中删除第 $i(1 \leqslant i \leqslant M+1)$ 个冗余原子,使得测量矩阵的条件概率熵最大,即其冗余系数最小。当第 i 个原子被删除后,剩余原子构成的新测量矩阵 $\overline{\boldsymbol{\Phi}}_t^{-i}$ 的条件概率熵为

$$\begin{cases} S(\overline{\boldsymbol{\Phi}}_t^{-i} \mid \theta, \overline{F}_t^{-i}) = -\left(\dfrac{(\overline{\boldsymbol{W}}_t^{-i})^T}{M}\right) \log\left(\dfrac{\overline{\boldsymbol{W}}_t^{-i}}{M}\right) \\ i = \underset{1 \leqslant i \leqslant M+1}{\operatorname{argmax}} \{ S(\overline{\boldsymbol{\Phi}}_t^{-i} \mid \theta, \overline{F}_t^{-i}) \} \end{cases} \quad (9-28)$$

式中:i 为要删除的样本对象的下标。若 $i=M+1$,则舍弃新样本核函数 $k(\boldsymbol{x}_{t+1}, \cdot)$,且原测量矩阵与各参数保持不变;否则,用 $k(\boldsymbol{x}_{t+1}, \cdot)$ 替换第 i 个核函数 $k(\boldsymbol{c}_i, \cdot)$,且有 $\boldsymbol{\Phi}_{t+1} = \overline{\boldsymbol{\Phi}}_t^{-i}, W_{t+1} = \overline{W}_t^{-i}$。

由以上分析可知,本章提出的样本稀疏化方法无须预先定义稀疏化参数,而是根据新旧样本的有效信息量对大规模样本进行无监督地前向稀疏与后向删减,具有较高的自适应性和稀疏化效率。通过在最佳阶数内扩充与修剪测量矩阵,选取有效新样本的同时删除无效旧样本,从而得到故障信息最丰富且数量最精简的样本集训练分类模型,可使模型始终保持规模和结构最优化,防止模型膨胀和冗余,从而提高在线建模速度和分类精度。

9.3.3 ISSKELM 的核权重矩阵在线更新

当新样本为有效样本时,SMM 更新,同时 KWM 也需要更新。为匹配稀疏测量矩阵在线扩充与修剪过程,实现核权重矩阵的快速更新,本章提出一种增样学习算法和减样学习算法相结合的核权重矩阵在线更新方法。

9.3.3.1 增样学习算法

核权重矩阵增样更新过程对应于测量矩阵 $\boldsymbol{\Phi}_t$ 在线扩充过程。当 $m < M$ 时,若新样本为有效样本,则用于扩充 $\boldsymbol{\Phi}_t$,同时更新相应核权重矩阵。ISSKELM 的核权重矩阵为 $\boldsymbol{\alpha} = (\gamma^{-1} \boldsymbol{I} + \boldsymbol{G})^{-1} \boldsymbol{y}$。在时刻 t,记 $\boldsymbol{C}_t = \gamma^{-1} \boldsymbol{I} + \boldsymbol{G}_t$。

当 $t+1$ 时刻产生有效预标记新样本 $(\boldsymbol{x}_{t+1}, \boldsymbol{y}_{t+1})$ 时,$\boldsymbol{C}_{t+1}$ 为

$$\boldsymbol{C}_{t+1} = \begin{bmatrix} \boldsymbol{C}_t & \boldsymbol{k}_{t+1} \\ \boldsymbol{k}_{t+1}^T & \lambda_{t+1} \end{bmatrix} \quad (9-29)$$

式中:$\lambda_{t+1} = \gamma^{-1} + 1, \boldsymbol{k}_{t+1} = [k(\boldsymbol{c}_1, \boldsymbol{x}_{t+1}), k(\boldsymbol{c}_2, \boldsymbol{x}_{t+1}), \cdots, k(\boldsymbol{c}_m, \boldsymbol{x}_{t+1})]^T$。

利用 Hermitian 矩阵分块求逆公式可得 $\boldsymbol{C}_{t+1}$ 的逆矩阵为

$$\begin{cases} \boldsymbol{C}_{t+1}^{-1} = \begin{bmatrix} \boldsymbol{C}_t^{-1} + \boldsymbol{C}_t^{-1} \boldsymbol{k}_{t+1} \rho_{t+1}^{-1} \boldsymbol{k}_{t+1}^T \boldsymbol{C}_t^{-1} & -\boldsymbol{C}_t^{-1} \boldsymbol{k}_{t+1} \rho_{t+1}^{-1} \\ -\rho_{t+1}^{-1} \boldsymbol{k}_{t+1}^T \boldsymbol{C}_t^{-1} & \rho_{t+1}^{-1} \end{bmatrix} \\ \rho_{t+1} = \lambda_{t+1} - \boldsymbol{k}_{t+1}^T \boldsymbol{C}_t^{-1} \boldsymbol{k}_{t+1} \end{cases} \quad (9-30)$$

此时,核权重矩阵更新为 $\boldsymbol{\alpha}_{t+1} = \boldsymbol{C}_{t+1}^{-1}\boldsymbol{y}_{t+1}$。其中,$\boldsymbol{y}_{t+1} = [y_1, y_2, \cdots, y_m, y_{t+1}]^T$,$y_i$ 表示第 i 个核中心对应的目标输出值。

9.3.3.2 减样学习算法

核权重矩阵减样学习过程对应于测量矩阵 $\boldsymbol{\Phi}_t$ 的在线修剪过程。当 $m = M$ 时,为实现在最佳阶数 M 下的模型更新,本章提出一种利用有效样本替换冗余样本的减样学习算法。

将 $\boldsymbol{C}_t$ 的第 i 行、第 i 列分别与其第 1 行、第 1 列互换得到矩阵 $\tilde{\boldsymbol{C}}_t$,其中 i 是由式(9-28)搜索到的矩阵原子下标。将 $\tilde{\boldsymbol{C}}_t$ 表示为块矩阵的形式:

$$\tilde{\boldsymbol{C}}_t = \begin{bmatrix} \lambda_t & \hat{\boldsymbol{k}}_t \\ \hat{\boldsymbol{k}}_t^T & \boldsymbol{C}_t^{(-i)} \end{bmatrix} \quad (9-31)$$

式中:$\hat{\boldsymbol{k}}_t = [k_{i,1}, \cdots, k_{i,i-1}, k_{i,i+1}, \cdots, k_{i,m}]$,$\lambda_t = \gamma^{-1} + 1$;$\boldsymbol{C}_t^{(-i)}$ 表示 $\boldsymbol{C}_t$ 中删除第 i 行和第 i 列之后的矩阵。利用 Hermitian 矩阵分块求逆公式对 $\tilde{\boldsymbol{C}}_t$ 求逆可得

$$\tilde{\boldsymbol{C}}_t^{-1} = \beta_t^{-1} \begin{bmatrix} 1 & -\hat{\boldsymbol{k}}_t(\boldsymbol{C}_t^{(-i)})^{-1} \\ -(\boldsymbol{C}_t^{(-i)})^{-1}\hat{\boldsymbol{k}}_t^T & (\boldsymbol{C}_t^{(-i)})^{-1}\hat{\boldsymbol{k}}_t^T\hat{\boldsymbol{k}}_t(\boldsymbol{C}_t^{(-i)})^{-1} \end{bmatrix} + \begin{bmatrix} 0 & \boldsymbol{O} \\ \boldsymbol{O} & (\boldsymbol{C}_t^{(-i)})^{-1} \end{bmatrix}$$

$$(9-32)$$

式中:$\beta_t = \lambda_t - \hat{\boldsymbol{k}}_t(\boldsymbol{C}_t^{(-i)})^{-1}\hat{\boldsymbol{k}}_t^T$。

当 $t+1$ 时刻产生新样本 $(\boldsymbol{x}_{t+1}, \boldsymbol{y}_{t+1})$ 时,$\boldsymbol{C}_{t+1}$ 为

$$\boldsymbol{C}_{t+1} = \begin{bmatrix} \boldsymbol{C}_t^{(-i)} & \boldsymbol{k}_{t+1} \\ \boldsymbol{k}_{t+1}^T & \lambda_{t+1} \end{bmatrix} \quad (9-33)$$

利用 Hermitian 矩阵分块求逆公式对 $\boldsymbol{C}_{t+1}$ 求逆可得其逆矩阵 $\boldsymbol{C}_{t+1}^{-1}$:

$$\boldsymbol{C}_{t+1}^{-1} = \bar{\rho}_t^{-1} \begin{bmatrix} (\boldsymbol{C}_t^{(-i)})^{-1}\boldsymbol{k}_{t+1}\boldsymbol{k}_{t+1}^T(\boldsymbol{C}_t^{(-i)})^{-1} & -(\boldsymbol{C}_t^{(-i)})^{-1}\boldsymbol{k}_{t+1} \\ -\boldsymbol{k}_{t+1}^T(\boldsymbol{C}_t^{(-i)})^{-1} & 1 \end{bmatrix} + \begin{bmatrix} (\boldsymbol{C}_t^{(-i)})^{-1} & \boldsymbol{O} \\ \boldsymbol{O} & 0 \end{bmatrix}$$

$$(9-34)$$

式中:$\lambda_{t+1} = \gamma^{-1} + 1$,$\bar{\rho}_t = \lambda_{t+1} - \boldsymbol{k}_{t+1}^T(\boldsymbol{C}_t^{(-i)})^{-1}\boldsymbol{k}_{t+1}$,$\boldsymbol{k}_{t+1} = [k(\boldsymbol{c}_1, \boldsymbol{x}_{t+1}), k(\boldsymbol{c}_2, \boldsymbol{x}_{t+1}), \cdots, k(\boldsymbol{c}_m, \boldsymbol{x}_{t+1})]^T$。

根据式(9-32)和式(9-34)可求得 $\boldsymbol{C}_{t+1}^{-1}$。进而可得核权重矩阵更新为 $\boldsymbol{\alpha}_{t+1} = \boldsymbol{C}_{t+1}^{-1}\boldsymbol{y}_{t+1}$,$\boldsymbol{y}_{t+1} = [y_1, \cdots, y_{i-1}, y_{i+1}, \cdots, y_m, y_{t+1}]^T$。

上述提出的增量建模方法在最佳阶数内对当前模型核权重矩阵进行增样与减样更新,可有效防止模型膨胀和冗余,降低了计算复杂度,从而提高了

ISSKELM 的在线建模效率。

9.4 基于 ISSKELM 的柴油机故障在线诊断实验

为说明 ISSKELM 的有效性,本节将利用柴油机故障特征数据进行 ISSKELM 在线建模与分类实验。在柴油机 6 种工况下分别提取 200 组特征矢量得到 1200 个故障样本,将其按照 7∶3 的比例随机划分为 840 个训练样本与 360 个测试样本,将训练样本按照 1∶6 的比例划分为 120 个标记样本和 720 个未标记样本。标记样本用于分类模型离线初始化,未标记样本模拟在线数据流在线更新模型。ISSKELM 的离线初始化与在线学习流程如图 9-4 所示。

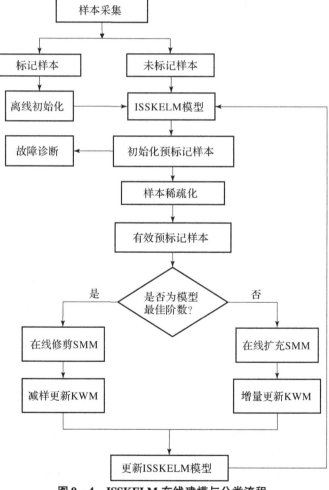

图 9-4 ISSKELM 在线建模与分类流程

为说明 ISSKELM 的优越性,分别将基于在线半监督学习的 W – OSVM、WCF – OKELM、WCCH – OKELM 集成分类模型设置为对比实验。根据 9.3.1 节中的 Tri – training 算法,选择高斯函数、Sigmoid 函数、多项式函数作为上述各集成分类模型中 3 个基分类器的核函数。在离线训练阶段,采用 QPSO 算法对各基分类器的结构参数进行寻优,各参数设置如下:正则化参数 $\gamma \in [0.1,1000]$,核参数 $\theta \in [0.01,100]$、$\chi \in [0.01,100]$、$\rho \in [1,10]$,时间窗长 $L \in [10,150]$,模型阶数 $m \in [10,150]$,粒子群大小为 20,进化代数为 30,适应度函数为分类精度,其阈值设为 95%。所有实验均在 3.4GHz 的 IntelCorei7 – 6700 CPU、8G RAM 和 Matlab 7.13.0 环境下进行。4 种集成分类模型的三种基分类器的训练收敛曲线分别如图 9 – 5(a)、(b)、(c)所示,离线训练得到的 4 种集成分类模型的测试分类准确率如图 9 – 5(d)所示。

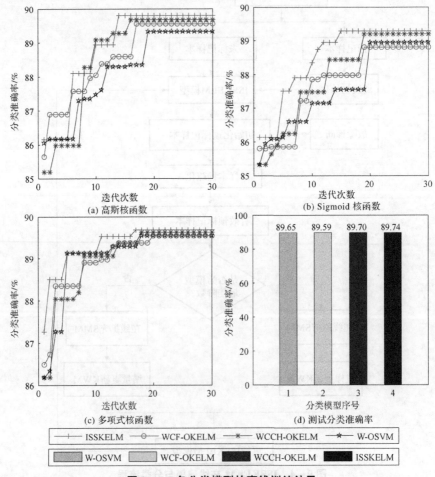

图 9 – 5 各分类模型的离线训练结果

由图 9-5 可知,对于各分类模型的所有基分类器,QPSO 均可在 20 代内搜索得到其最优结构参数。当选取相同核函数时,与其他分类模型相比,ISSKELM 模型的基分类器的收敛速度均最快,但分类准确率与其他模型相差不大,且均低于 90%。说明利用少量已标记的训练样本对分类模型进行离线初始化的准确率较低。因此,需要利用大量未标记样本进一步训练各分类模型,以提高其分类精度。将 720 个未标记样本分别输入各分类模型进行预标记,并对各模型进行在线更新。在线学习过程,WCCH – OKELM 筛选有效样本的互相关系数阈值设为 0.9。在线学习完成后,利用 360 个测试样本对各集成分类模型进行分类测试。4 种分类模型的三种基分类器的在线学习时间随着初始预标记样本数的变化曲线分别如图 9 – 6(a)、(b)、(c) 所示,在线学习得到的 4 种集成分类模型的测试分类准确率如图 9 – 6(d) 所示。

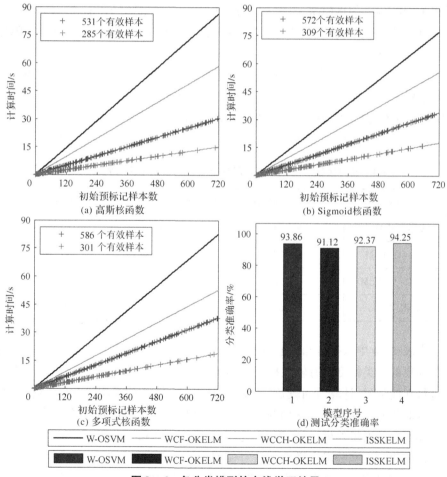

图 9 – 6　各分类模型的在线学习结果

由图 9-6 可知,随着初始预标记样本数的增加,4 种模型基分类器的在线学习时间呈线性增长。通过比较分析发现,同一模型的核函数不同的三个基分类器的在线学习时间相差不大。当核函数相同时,不同模型基分类器的在线学习时间相差较大。以图 9-6(a)所示的高斯核函数为例,W-OSVM 基分类器的在线学习时间最长,这是由于该模型的在线学习方式是利用所有的初始预标记样本重复离线建模过程极大地增加了计算量。与 W-OSVM 相比,WCF-OKELM 基于 Cholesky 分解进行增量建模,计算时间缩短,但由于其对所有初始预标记样本进行在线学习,耗时仍然较长。WCCH-OKELM 基于互相关准则与滑动时间窗对初始预标记样本进行前向稀疏与后向删减,共选取了 531 个有效新样本对模型进行增量更新,进一步降低了计算复杂度,缩短了在线学习时间。比较 ISSKELM 与 WCCH-OKELM 的在线训练过程曲线可知,在整个在线学习过程中,WCCH-OKELM 选取的有效样本分布比较均匀,且相对密集,而 ISSKELM 选取的有效样本不断减少。这是由于 ISSKELM 根据样本内的故障信息量筛选有效样本并删除无效样本,随着初始预标记样本数的不断增加,模型内的故障信息逐渐完备,有效新样本数逐渐减少。最终,ISSKELM 选取了 285 个有效新样本用于在线增量建模,极大地缩短了计算时间,提高了在线学习效率。4 种集成分类模型的在线学习时间、离线测试分类准确率、在线测试分类准确率结果如表 9-4 所列。表中数据均为 20 次独立重复实验结果的平均值。

表 9-4 各分类模型对柴油机故障特征数据的在线学习时间与测试精度

分类模型	在线学习时间/s	离线分类准确率/%	在线分类准确率/%
W-OSVM	82.25	89.65	93.86
WCF-OKELM	54.73	89.59	91.12
WCCH-OKELM	37.36	89.70	92.37
ISSKELM	15.68	89.74	94.25

由表 9-4 中数据可知,经在线学习后,4 种集成分类模型对柴油机故障特征数据集的分类精度均有较大提高。但 W-OSVM 与 WCF-OKELM 对所有样本进行在线学习,计算时间较长,且受冗余样本干扰,导致模型泛化性下降,分类精度相对较低。WCCH-OKELM 基于时间窗与互相关准则选取有效样本并删除旧样本进行增量建模,一定程度上提高了计算速度和分类精度。但是,由于其样本稀疏化时未充分考虑样本信息对模型训练的有效性,基于互相关准则选取有效样本时可能引入冗余样本,时间窗法删除旧样本时易丢失有效信息,导致样

本稀疏化效果较差,从而限制了其在线学习速度与精度。ISSKELM 根据样本内的故障信息量进行样本稀疏化,得到故障信息最丰富且数量最精简的样本集,消除了冗余和无效样本干扰,并结合增样与减样算法对模型进行增量递推更新,大大提高了模型的在线学习速度和分类精度。与其他三种分类模型相比,ISSKELM 的在线学习时间极大地缩短,仅为 15.68s,分类准确率较高,达到 94.25%。上述实验结果证明,本章提出的 ISSKELM 在线分类模型具有较高的在线建模速度和分类精度,提高了柴油机故障在线诊断效率和准确率,为解决实际工程应用中的柴油机故障诊断问题提供了新的有效途径。

9.5 本章小结

为对缸盖振动信号多域多类型故障特征数据集进行融合分类,并提高分类速度和精度,本章提出了 QPSO - KELM 分类模型,并对其在线半监督建模方法进行了深入研究,提出了 ISSKELM 在线学习模型。本章具体研究内容和结论如下:

(1)针对 KELM 网络结构中的惩罚系数与核参数的取值问题,提出了基于 QPSO 的参数优化算法,建立了结构最优化的 QPSO - KELM 分类模型。UCI 数据集与柴油机故障特征数据集的分类实验结果表明,与 PSO - KELM 和 CV - SVM 分类模型相比,QPSO - KELM 在分类速度和精度上具有更强的综合优势,可有效提高柴油机故障诊断效率和准确率。

(2)针对 QPSO - KELM 在线建模中的样本稀疏化和增量建模问题,提出了 ISSKELM 在线学习模型。该模型基于样本信息度量对在线样本进行无监督的前向稀疏与后向删减,得到信息最丰富且数量最精简的样本集,增强了样本稀疏化效果,提高了在线学习效率。同时,利用增样学习与减样学习算法对核权重矩阵进行增量更新,无须重复离线建模过程,提高了在线建模速度。柴油机故障特征数据集在线分类实验结果表明,与 W - OSVM、WCF - OKELM、WCCH - OKELM 等现有方法相比,ISSKELM 不仅提高了网络泛化性和分类精度,同时大大缩短了在线学习时间,提高了柴油机故障在线诊断效率和准确率,为解决实际工程应用中的柴油机故障诊断问题提供了新的有效途径。

第10章 基于 LLTSA 特征降维与 DSmT 决策层融合的故障诊断方法研究

10.1 引言

第9章研究了多域多类型故障特征数据集融合分类方法，理论上可有效提高柴油机故障诊断精度。但是经对比发现，与单类故障特征的诊断精度相比，多域联合故障特征融合诊断的精度并未显著提高。这是由于多域多类型故障特征数据集的维度过高，存在大量冗余特征和干扰特征，从而降低了故障诊断精度。同时，由于特征集维数过高，导致分类模型的计算量增大，计算时间过长，故障诊断效率降低。因此，本章对原始高维故障特征数据集进行维数约简，以去除干扰和冗余特征，通过对多域多类型故障特征进行融合降维，以提取故障敏感度更高的低维特征数据，从而提高柴油机故障诊断效率和准确率。

流形学习是一种非线性降维方法，可有效挖掘非线性数据的内在特征和本质信息。线性局部切空间排列(LLTSA)是一种新的流形学习降维算法，具有较高的计算速度、泛化性和降维能力，在数据降维中应用效果较好。然而，由于 LLTSA 存在丢失样本的类别信息和邻域参数固定不变的问题，限制了算法的自适应性和降维效果的进一步提升。因此，本章提出了自适应半监督 LLTSA 算法，通过半监督学习和自适应调整邻域参数，提高算法自适应性和降维能力。利用该方法对原始高维故障特征数据集进行维数约简，得到具有较高分类精度的低维特征集，从而提高柴油机故障诊断速度与精度。

在数据融合分析过程中，决策层融合可通过对多个分类模型的局部结论进行综合判断决策，得到置信度更高的一致性结论。常用的决策层融合分析方法包括投票表决、加权平均、模糊推理、神经网络、D-S 证据理论(Dempster-Shafer Theory,DST)等。其中，DST 在不确定性信息表示、测量和组合方面具有很强的综合性优势，广泛应用于融合推理决策过程，并取得了良好的效果。但是，DST 无法处理高冲突信息，在证据高冲突和模糊的情况下融合效果较差。Dezert-Smarandache 证据理论(Dezert-Smarandache Theory,DSmT)是 DST 的改进算法,能够同时对不确定性和高冲突信息进行快速融合分析,比 DST 具有更强的融合分析能力。因此,本章将 DSmT 引入柴油机故障诊断过程,通过对多源多模型互冲突的诊断结果进行融合决策,得到置信度更高的一致性结论,从而提高柴油机故障诊断准确率。

10.2 自适应半监督线性局部切空间排列

线性局部切空间排列(LLTSA)是经典流形学习算法 LTSA 的线性逼近算法,通过利用线性映射代替非线性映射,获得由高维空间到低维空间的解析映射函数,可直接对新数据进行降维处理而不需要重复学习,降低了计算复杂度,提高了算法的泛化性和可移植性,具有比 LTSA、LLE、LPP 等更好的降维效果。

10.2.1 LLTSA 的基本原理

对于高维空间 $\mathbf{R}^D$ 中点数为 N 的数据集 $\boldsymbol{X} = [x_1, x_2, \cdots, x_N]$,LLTSA 的目标是寻找映射矩阵 $\boldsymbol{A}$,将 $\boldsymbol{X}$ 转换为低维空间 $\mathbf{R}^d(d \ll D)$ 中的数据集 $\boldsymbol{Y} = [y_1, y_2, \cdots, y_N]$,即

$$\boldsymbol{Y} = \boldsymbol{A}^\mathrm{T} \boldsymbol{X} \boldsymbol{H}_N \tag{10-1}$$

式中:$\boldsymbol{A}^\mathrm{T}$ 表示 $\boldsymbol{A}$ 的转秩;$\boldsymbol{H}_N = \boldsymbol{I} - \boldsymbol{e}\boldsymbol{e}^\mathrm{T}/N$ 表示中心化矩阵,$\boldsymbol{I}$ 表示单位矩阵,$\boldsymbol{e}$ 表示 N 维单位列矢量。

选取 $\boldsymbol{X}$ 中的任意数据点 x_i 的 k 个近邻点组成邻域矩阵 $\boldsymbol{X}_i = [x_{i1}, x_{i2}, \cdots, x_{ij}, \cdots, x_{ik}]$,其中 $i = 1, 2, \cdots, N, j = 1, 2, \cdots, k$。则 $\boldsymbol{X}_i$ 在局部切空间中的线性逼近问题可以表述为

$$\arg\min_{x_i, \Theta_i, Q_i} \sum_{j=1}^{k} \| x_{ij} - \bar{x}_i - \boldsymbol{Q}_i \theta_j \|_2^2 = \arg\min_{\Theta_i, Q_i} \| \boldsymbol{X}_i \boldsymbol{H}_k - \boldsymbol{Q}_i \boldsymbol{\Theta}_i \|_2^2 \tag{10-2}$$

式中:$\bar{x}_i = \sum_{j=1}^{k} x_{ij}$ 表示 x_i 所有邻域点的均值;$\boldsymbol{Q}_i$ 表示切空间的正交基矢量矩阵,表示 $\boldsymbol{X}_i \boldsymbol{H}_k$ 经奇异值分解后的 d 个最大奇异值对应的左矢量矩阵;$\boldsymbol{\Theta}_i$ 表示 x_i 在局部切空间中的投影坐标,可表示为

$$\boldsymbol{\Theta}_i = \boldsymbol{Q}_i \boldsymbol{X}_i \boldsymbol{H}_k = [\theta_1^i, \theta_2^i, \cdots, \theta_j^i, \cdots, \theta_k^i,], \theta_j^i = \boldsymbol{Q}_i^\mathrm{T}(x_{ij} - \bar{x}_i) \tag{10-3}$$

基于 N 个局部投影坐标,利用式(10-4)计算得到全局投影坐标 $y_i, i = 1, 2, \cdots, N$。

$$y_{i,j} = \bar{y}_i + \boldsymbol{L}_i \theta_j^i + \varepsilon_j^i, \quad i = 1, 2, \cdots, N, j = 1, 2, \cdots, k \tag{10-4}$$

式中:$\bar{y}_i$ 表示 $y_{i,j}$ 的平均值;ε_j^i 表示 x_i 的局部重构误差;$\boldsymbol{L}_i$ 为局部仿射矩阵。

若令 $Y_i = [y_{i1}, y_{i2}, \cdots, y_{ik}]$,$E_i = [\varepsilon_1^i, \varepsilon_2^i, \cdots, \varepsilon_k^i]$,则

$$Y_i H_k = L_i \Theta_i + E_i \quad (10-5)$$

根据式(10-6)最小化全局重构误差,以尽可能多地在低维空间中保留原始数据集的局部结构特征。

$$\arg\min_{Y_i, L_i} \sum_i \| E_i \|_2^2 = \arg\min_{Y_i, L_i} \sum_i \| Y_i H_k - L_i \Theta_k \|_2^2 \quad (10-6)$$

进而,仿射矩阵 L_i 的最优化矩阵计算公式为

$$L_i = Y_i H_k \Theta_i^+ \quad (10-7)$$

式中:Θ_i^+ 表示 Θ_i 的 Moore–Penrose 广义逆矩阵。

令 $Y = [y_1, y_2, \cdots, y_N]$,设 S_i 为 0~1 的选择矩阵,则 $YS_i = Y_i$,进而式(10-2)可以转换为

$$\arg\min_Y \| YSW \|_F^2 = \arg\min_Y \operatorname{tr}(YSWW^T S^T Y^T) \quad (10-8)$$

式中:$S = [S_1, S_2, \cdots, S_N]$,$W = \operatorname{diag}(W_1, W_2, \cdots, W_N)$,$W_i = H_k(I - \Theta_i \Theta_i^+)$。

若设 V_i 为 $X_i H_k$ 经奇异值分解后的 d 个最大奇异值对应的右矢量矩阵,则 W_i 可以表示为

$$W_i = H_k(I - V_i V_i^T) \quad (10-9)$$

设式(10-1)中的 A 为线性映射矩阵,为确保 Y 的唯一性,施加约束 $YY^T = I_d$。则将式(10-1)代入式(10-8)可得

$$\begin{cases} \arg\min_Y \operatorname{tr}(A^T X H_N B H_N X^T A) \\ A^T X H_N X^T A = I \end{cases} \quad (10-10)$$

式中:$B = SWW^T S^T$。

将上述最优化问题转换为特征值求解问题,即

$$X H_N B H_N X^T \alpha = \lambda X H_N X^T \alpha \quad (10-11)$$

设式(10-11)中特征值为 $\lambda_1, \lambda_2, \cdots, \lambda_d$,对应的列矢量分别为 $\alpha_1, \alpha_2, \cdots, \alpha_d$,则可得到 LLTSA 的线性映射矩阵为 $A_{\text{LLTSA}} = (\alpha_1, \alpha_2, \cdots, \alpha_d)$,根据式(10-1)即可得到 X 降维后的 d 维特征数据集 Y。

根据以上分析,LLTSA 的具体计算过程总结如下:

(1)数据集 X 预处理。实际应用中由于数据的 $N \ll D$,导致 $XH_N X^T$ 多为奇异矩阵,无法进行 LLTSA 处理。因此,首先对原始数据集进行主成分分析矩阵的奇异性后再进行降维处理。记转换矩阵为 A_{PCA},为方便起见,后文仍用 $X = [x_1, x_2, \cdots, x_N]$ 表示数据集合。

(2)构建局部邻域。利用 k 近邻或 ε 近邻方法构建数据点 x_i 的局部邻域,本章选用 k 近邻方法构建局部邻域。

(3) 提取局部信息。对 X_iH_k 进行奇异值分解,得到其 d 个最大奇异值对应的右矢量矩阵 V_i,根据式(10-9)计算 W_i。

(4) 构造排列矩阵。首先初始化 $B=0$,然后根据式(10-12)构造排列矩阵。

$$B(I_i,I_i) \leftarrow B(I_i,I_i) + W_iW_i^T \quad (10-12)$$

(5) 计算低维空间特征数据集 Y。求解式(10-11)的特征问题,得到线性映射矢量 A_{LLTSA},结合 PCA 得到转换矩阵 $A=A_{PCA}A_{LLTSA}$,进而根据式(10-1)可得 Y。

传统的 LLTSA 存在以下问题:

(1) LLTSA 算法中邻域参数对算法性能具有重要影响,通常 LLTSA 采用全局统一的邻域参数。但是,在实际应用中,由于数据往往是不均匀分布的,统一的邻域参数无法有效跟踪数据流形结构的变化,降低了算法的自适应性和降维效果。

(2) LLTSA 算法采用无监督学习模式,仅根据数据点的欧式距离构建局部邻域,未充分利用数据集中的类别信息,导致数据降维效果欠佳。

针对上述问题,本章提出了自适应半监督线性局部切空间排列算法(Adaptive Semi-supervised LLTSA,ASLLTSA),将局部聚集系数[160]引入 KNN 算法,根据数据点的聚集程度自适应选择邻域参数,从而提高算法的自适应性和维数约简能力。同时,采用半监督学习模式,充分利用部分标记样本的类别信息与大量未标记样本,以更加准确地获取数据集的本质流形结构。

10.2.2 基于局部聚集系数的邻域参数自适应调整

邻域参数自适应调整算法要求其能够根据数据点的空间分布变化动态自适应改变邻域参数值,以确保在流形曲率大、数据点稀疏时选取较小的邻域值;在流形曲率小、数据点密集时选取较大的邻域值。从而获取相互重叠的局部邻域,更好地重构原高维数据的全局结构特征。局部聚集系数可有效表征数据集中数据点的平均聚集程度和关联程度,能够满足邻域参数自适应调整的要求。因此,本节将其引入 KNN 算法,自适应选择最佳的邻域参数 k。

给定长度为 N 的数据集 $X=[x_1,x_2,\cdots,x_i,\cdots,x_N]$,设任意数据点 x_i 的邻域矩阵为 $X_i=[x_{i1},x_{i2},\cdots,x_{ij},\cdots,x_{ik}]$,则 x_{ij} 的 k 邻域局部聚集系数计算公式为

$$C_{ij} = \frac{2E_{ij}}{k(k-1)} \quad (10-13)$$

式中:E_{ij} 表示 x_{ij} 与邻域点互为邻域的次数。已知 x_{ij} 为 x_i 的邻域点,若 x_{ij} 同时又是 x_{ig} 的邻域点,则 $E_{ij}=E_{ij}+1$。其中,$g=1,2,\cdots,k$,且 $g \neq j$。

将 x_i 与其 k 个邻域点的平均欧氏距离记为 d_i,则有

$$d_i = \sum_{j=1}^{k} \frac{\| x_i - x_{ij} \|}{k}, \quad i = 1, 2, \cdots, N \qquad (10-14)$$

式中：d_i 的值越大，x_i 的邻域数据越稀疏；d_i 的值越小，x_i 的邻域数据越密集。

全局流形结构的平均欧式距离为

$$D_m = \sum_{i=1}^{N} \frac{d_i}{N} \qquad (10-15)$$

则自适应邻域参数调节公式为

$$k_i = \frac{kD_m}{d_i} \qquad (10-16)$$

由式(10-16)可知，k_i 与 d_i 成反比，当 d_i 较大时，邻域数据较稀疏，k_i 取值较小，从而防止非近邻点进入邻域，形成错误映射，保证恢复数据的局部线性结构；当 d_i 较小时，邻域数据较密集，k_i 取值较大，从而增强不同邻域的关联性与重叠度，确保有效重构数据集全局流形结构特征。

10.2.3 半监督学习算法设计

在故障诊断的工程实践过程中，通常会得到少量的标记样本与大量未标记样本。半监督学习模式可以同时对标记样本与未标记样本进行学习，既充分利用了样本的类别信息，又增加了样本密度，减小了过学习风险，提高了学习效率和计算精度。在数据流形学习降维过程中，相同类别的数据点的流形结构相同，构造局部邻域时的欧式距离应小于不同类别数据，将数据类别信息加入局部邻域构造过程，可提高邻域构造精度，增强算法的降维能力。因此，本节通过引入数据的类别信息，提出新的距离计算公式如下：

$$D' = \begin{cases} \sqrt{1 - e^{-D^2/D_m}}, & b_i = b_j \\ \sqrt{e^{D^2/D_m} - \alpha}, & b_i \neq b_j \end{cases} \qquad (10-17)$$

式中：D 为数据点间的欧式距离；D' 为加入样本类别信息后计算的距离；D_m 为全局流形结构的平均欧式距离。b_i 与 b_j 分别表示第 i 与第 j 类数据点的类别标签。α 为控制参数，取值为[0,1]的经验值，它通过调节不同类别样本之间的距离控制不同局部邻域的关联性。从而确保同类数据的类内距离小于异类数据的类间距离，增强了数据的类内聚集性与类间离散性。

10.2.4 基于 ASLLTSA 的柴油机故障特征降维

本节利用 ASLLTSA 算法对表 9-3 中的 91 维高维特征数据集进行降维处理，并将 PCA、LPP 和 LLTSA 设置为对比实验。实验过程中，6 种工况的样本数均为 60，总样本数为 360。将所有样本按照 1∶3 的比例随机划分为 90 个标记样本与 270 个未标记样本。为确定各降维方法的最佳降维维数,将降维后的所有样本按照 7∶3 的比例随机划分为 252 个训练样本与 108 个测试样本,输入 QPSO – KELM 进行分类,准确率最高的维数即为最佳降维维数。4 种降维方法的降维步长均设置为 2,不同降维维数与 QPSO – KELM 的测试分类准确率之间的对应关系如图 10 – 1 所示。

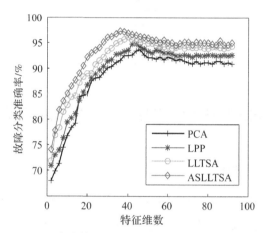

图 10 – 1　不同方法的降维维数与故障分类准确率的关系曲线

从图 10 – 1 中可以看出,4 种方法降维后的特征参数的故障分类准确率均随着降维维数的增加而先增大后减小最终趋于稳定。PCA、LPP、LLTSA、ASLLTSA 的最佳降维维数依次减小,最高分类准确率依次增大。由于 PCA、LPP、LLTSA 方法采用无监督学习模式,而且在全局内选取统一固定的邻域参数,导致丢失了样本的类别信息,削弱了算法的自适应性和特征提取能力,所以降维后的故障特征分类准确率均低于 ASLLTSA。ASLLTSA 根据原始样本空间的结构特征自适应选取最佳的邻域参数构造局部邻域,并将样本的类别信息引入距离计算公式,提高了算法的自适应性和特征提取能力,增强了同类数据的类内聚集性与异类数据的类间离散性,所以 ASLLTSA 的特征降维能力更强,降维后的故障特征的分类准确率更高。PCA、LPP、LLTSA 和 ASLLTSA 的最佳降维维数及其对应的最高分类准确率如表 10 – 1 所列。

由表 10 – 1 中的数据可知,与其他降维方法相比,ASLLTSA 方法得到的故障特征维数最低,且分类准确率最高。与前文各章中的单类型故障特征参数的分类准确率及降维之前的联合故障特征集的分类准确率相比,ASLLTSA 降维后的故障特征集的分类准确率较高,说明 ASSLTSA 通过对多域多类型故障特征参数的融合分析,实现了二次特征提取,得到了分类性能更好的低维故障特征数据,从而可有效提高柴油机故障诊断的速度和精度。

表 10-1　不同算法的最高分类识别正确率

算法	降维维数	最高分类准确率/%
PCA	46	93.25
LPP	42	94.78
LLTSA	40	95.86
ASLLTSA	36	96.72

10.3　基于 DSmT 决策层融合的故障诊断方法研究

10.3.1　DSmT 证据理论

DSmT 是贝叶斯理论和 DST 的扩展,通过在广义辨识框架的超幂集融合空间内对各证据体的广义基本信度分配函数按一定规则进行融合分析得到一致性结论。DSmT 克服了 DST 无法处理高冲突信息的问题,具有更强的多源数据融合分析能力。

在模式识别问题中,辨识框架是指所有识别目标模式的集合。设含有 n 个元素的辨识框架为 $\Theta = \{\theta_1, \theta_2, \cdots, \theta_n\}$,则其超幂集为空集和所有元素两两之间的交集与并集构成的集合,记为 D^Θ,此即为 DSmT 的融合空间。若 $\Theta = \{\theta_1, \theta_2\}$,则其超幂集为 $D^\Theta = \{\phi, \theta_1, \theta_2, \theta_1 \cup \theta_2, \theta_1 \cap \theta_2\}$,其中 ϕ 表示空集。设 $A \subseteq D^\Theta$ 为 D^Θ 中的事件,定义一组映射 $m(\cdot): D^\Theta \to [0,1]$ 满足式(10-18)所示的条件,则称 $m(A)$ 为事件 A 在 Θ 上的广义基本信度分配函数(Generalized Basic Belief Assignment,GBBA),表示对事件 A 的信任程度。

$$\begin{cases} m(\varnothing) = 0 \\ 0 \leqslant m(A) \leqslant 1 \\ \sum_{A \subseteq D^\Theta} m(A) = 1 \end{cases} \quad (10-18)$$

假设事件 A 在同一辨识框架 Θ 上存在 N 个独立等可靠的证据体,则 DSmT 根据相应的融合规则对各证据体的 GBBA 进行融合分析,得到事件 A 的融合广义基本信度分配函数。常用的融合规则包括自由 DSm 融合规则、混合 DSm 融合规则、比例冲突分配规则等。本章选用融合效果较好的混合 DSm 融合规则,其计算公式如下:

$$\begin{cases} m_{\text{DSmH}}(A) = \delta(A)[S_1(A) + S_2(A) + S_3(A)] \\ S_1(A) = \sum_{\substack{X_1, X_2, \cdots, X_N \in D^\Theta \\ X_1 \cap X_2 \cap \cdots X_N = A}} \prod_{i=1}^{N} m_i(X_i) \\ S_2(A) = \sum_{\substack{X_1, X_2, \cdots, X_N \in \varnothing \\ [u=A] \vee [(u \in \varnothing) \wedge (A=I_t)]}} \prod_{i=1}^{N} m_i(X_i) \\ S_3(A) = \sum_{\substack{X_1, X_2, \cdots, X_N \in D^\Theta \\ X_1 \cap X_2 \cap \cdots X_N = \varnothing \\ X_1 \cup X_2 \cup \cdots X_N = A}} \prod_{i=1}^{N} m_i(X_i) \end{cases} \quad (10-19)$$

式中：$u = u(X_1) \cup u(X_2) \cup \cdots \cup u(X_N)$，表示组成 X 的全部元素 θ_i 的并集；$I_t = \theta_1 \cup \theta_2 \cup \cdots \cup \theta_N$ 表示全部的未知信息；$\delta(A)$ 表示事件 A 的非空特征函数，若 $A \notin \varnothing$，则 $\delta(A) = 1$；若 $A = \varnothing$，则 $\delta(A) = 0$。

利用上述方法对 D^Θ 中的所有事件进行融合分析，得到各事件的融合信度分配函数，然后根据决策判定规则判断待识别目标的具体模式，输出最终的融合分析结果。最常用的基于最大融合广义基本信度分配函数的决策规则算法简单且置信度较高，融合分析效果较好[214]。该决策规则的基本原理如下：

设 $\exists A_1, A_2 \in D^\Theta$，令 $m(A_1) = \max\{m(A_i), A_i \in D^\Theta\}$，$m(A_2) = \max\{m(A_j), A_j \in D^\Theta \& A_j \neq A_1\}$，若 $m(A_1)$ 与 $m(A_2)$ 满足：

$$\begin{cases} m(A_1) > \varepsilon_1 \\ m(A_1) - m(A_2) > \varepsilon_2 \\ m(A_2) > m(\Theta) \end{cases} \quad (10-20)$$

则 A_1 为最终的判定结果。否则判定结果不确定。其中，ε_1 与 ε_2 为预先设置的阈值，通常取 $\varepsilon_1 = 0.5, \varepsilon_2 = 0.1$。

根据上述分析可得基于 DSmT 决策层融合的故障诊断方法的基本流程如下：

(1) 建立辨识框架。将所有待识别的柴油机故障模式纳入辨识框架。

(2) 构造结构功能差异性子分类器。基于支持向量机、核极限学习机等机器学习算法构造多个具有结构和功能差异性的子分类器，对柴油机故障进行初级诊断，获取各故障模式的 GBBA。

(3) 计算融合广义基本信度分配函数。首先利用各差异性子分类器分别对经 ASLLTSA 降维后的柴油机故障特征数据集进行分类，得到相互独立的初级诊断结果；其次对各初级诊断结果进行处理得到各故障模式的 GBBA，进而根据式(10-19)所示的混合 DSm 融合规则得到各故障模式的融合 GBBA。

(4)输出融合诊断结果。根据式(10-20)的最大融合 GBBA 的决策准则对各故障模式的融合 GBBA 进行决策判定,得到最终的融合诊断结果。

10.3.2 结构功能差异性初级分类器构造方法

在 DSmT 融合分析过程中,为保证初级诊断结果的多样性和全面性,增强融合分析效果,各初级分类器必须在结构和功能方面具有一定的差异性。通常构造差异性初级分类器的方法主要包括以下两种:①通过构造样本数量与特征维数各不相同的训练样本集训练差异性初级分类器;②构造模型不同、激活函数不同的差异性初级分类器。常用的构造样本量与特征维数不同的样本集方法包括折叠分割算法、打包算法、随机子空间法和特征消除法等。本章采用折叠分割算法与随机子空间法相互结合的方法构造差异性训练样本集。其具体过程如下:

(1)根据折叠分割算法,将所有训练样本随机划分为 p 个相互独立的样本子集,按照依次删除 1 个子集,并将剩余的 $p-1$ 个子集组成新训练样本集的方式,获得 p 个样本数量不同的训练样本集。

(2)根据随机子空间法,分别从 p 个训练样本集中有放回地随机抽取 q 个特征子集得到 $p \times q$ 个特征数量和类型各不相同的训练样本集。

为构造模型不同、激活函数不同的差异性初级分类器,本章以 SVM、KELM 两种分类模型为基础,分别选择高斯核函数与 Sigmoid 核函数作为激活函数,构造 4 种差异性初级分类器。综上所述,通过构造不同的训练样本集与不同的分类模型最终获得 $p \times q \times 4$ 个差异性初级分类器。将各初级分类器的初级诊断结果作为独立证据体进行 DSmT 融合分析,即可得到置信度更高的融合诊断结果。

10.3.3 分类器的广义基本信度分配函数计算方法

在 DSmT 中,首先需要合理分配与计算各证据体的 GBBA。基于 SVM 与 KELM 的子分类器的输出结果均无法直接作为 DSmT 的 GBBA 进行融合分析。因此,本小节提出相应算法将 SVM 与 KELM 的输出结果转换为 GBBA,为 DSmT 融合分析奠定基础。

10.3.3.1 SVM 的 GBBA 转换方法

对于二分类 SVM,本节基于 Sigmoid 函数建立将 SVM 的输出转换为后验概率的公式如下:

$$P(i|j;\boldsymbol{x}) = \frac{1}{1+e^{-g(x)}} = \frac{1}{1+e^{-w\varphi(x)-b}} \qquad (10-21)$$

式中:$P(i|j;\boldsymbol{x})$ 表示 SVM 判定 $\boldsymbol{x}$ 属于第 i 类的后验概率;$g(\boldsymbol{x}) = w\varphi(\boldsymbol{x}) + b$ 表

示 SVM 未标签化的输出。

已知对于类别数为 k 的多分类问题,通常利用 $L=k(k-1)/2$ 个二分类 SVM 构造多分类器,并通过投票表决的方法得到最终决策结果。因此,本章利用投票表决法将 $k(k-1)/2$ 个二分类 SVM 的输出后验概率合成为多分类 SVM 的输出后验概率:

$$P(i|\boldsymbol{x}) = \frac{\sum_{j=1,j\neq i}^{L} P(i|j;\boldsymbol{x})}{\sum_{i=1}^{L}\sum_{j=1,j\neq i}^{L} P(i|j;\boldsymbol{x})} = \frac{1}{k(k-1)}\sum_{j=1,j\neq i}^{L} P(i|j;\boldsymbol{x}) \quad (10-22)$$

设 SVM 对第 i 类样本的分类准确率为 $r(i)$,将样本 $\boldsymbol{x}$ 属于第 i 类记为时间 A_i,则将 A_i 基于 SVM 的 GBBA 定义为

$$m(A_i) = r(i)P(i|\boldsymbol{x}) \quad (10-23)$$

$$m(\bar{A}_i) = r(i)[1-P(i|\boldsymbol{x})] \quad (10-24)$$

$$m(\Theta) = 1 - r(i) \quad (10-25)$$

10.3.3.2 KELM 的 GBBA 转换方法

在进行样本分类时,KELM 网络根据输出层各节点的输出值判定样本类别。假设某分类问题中的样本类别数为 k,则 KELM 的输出层节点数为 k。理论上,KELM 的类别判定规则为:对于样本 $\boldsymbol{x}$,若 KELM 判定其为第 i 类样本,则 KELM 输出层的第 i 个节点的输出值为 1,其他节点的输出值为 0。在实际应用过程中,KELM 输出层各节点的输出值并不是非 0 即 1,而是绝对值大于 0 小于 1 的数值,其中输出绝对值最大的节点序号即为样本类别。由此可知,KELM 输出层各节点的绝对值即代表样本属于各类别的概率。因此,本章基于 KELM 输出层各节点的输出值定义其广义基本信度分配函数。

设 KELM 对第 i 类样本的分类准确率为 $r(i)$,将样本 $\boldsymbol{x}$ 属于第 i 类记为事件 A_i,则将 A_i 基于 KELM 的 GBBA 定义为

$$m(A_i) = r(i)P(i|\boldsymbol{x}) \quad (10-26)$$

$$m(\bar{A}_i) = r(i)[1-P(i|\boldsymbol{x})] \quad (10-27)$$

$$m(\Theta) = 1 - r(i) \quad (10-28)$$

10.4 基于 DSmT 决策层融合的柴油机故障诊断实验

10.4.1 UCI 数据库分类实验

为说明 DSmT 决策层融合分析方法在提高数据分类精度方面的有效性,本

小节选用 UCI 数据库中的 Satimage 和 Page Blocks 数据集进行分类实验,各数据集的相关信息如表 10-2 所列。

表 10-2 UCI 数据集信息

数据集	特征维数	类别数目	训练样本/个	测试样本/个
Satimage	36	7	3217	3218
Page Blocks	10	5	1500	3973

实验中,DSmT 的初级分类器选用 SVM 与 KELM,两者的惩罚系数与核参数均选用 QPSO 算法进行寻优。对 Satimage 和 Page Blocks 两个数据集,分别利用 10.3.2 节中的方法构造 $5 \times 3 \times 4 = 60$ 个结构功能差异性初级分类器,其中 $5 \times 3 \times 2 = 30$ 个 SVM 分类器,$5 \times 3 \times 2 = 30$ 个 KELM 分类器。分别利用两个数据集对各子/初级分类器进行训练与测试,并利用 DSmT 对各分类器的分类结果进行融合分析。作为对比实验,分别利用基于投票表决、贝叶斯网络和 D-S 证据理论的决策层数据融合分析方法对各初级分类器的输出结果进行融合分析。利用上述方法进行 10 次独立重复实验,得到 Satimage 和 Page Blocks 两个数据集的分类实验结果分别如表 10-3 和表 10-4 所列。其中,分类准确率为测试样本的分类准确率,SVM 与 KELM 的分类准确率分别表示两类模型的所有初级分类器的平均分类准确率。

表 10-3 Satimage 数据集分类实验结果

实验次数	SVM/%	KELM/%	投票表决/%	贝叶斯网络/%	D-S 证据理论/%	DSmT/%
1	91.78	92.51	94.82	95.11	95.26	96.37
2	92.35	93.76	95.29	95.28	95.19	97.35
3	92.61	93.18	94.96	95.15	94.96	96.59
4	90.85	92.90	95.28	95.37	95.28	97.17
5	91.59	93.25	95.37	94.96	95.65	96.55
6	92.26	93.39	94.70	95.09	96.01	96.83
7	91.87	92.75	95.01	94.87	95.59	97.09
8	93.06	93.16	94.96	95.98	95.18	96.58

续表

实验次数	SVM/%	KELM/%	投票表决/%	贝叶斯网络/%	D-S证据理论/%	DSmT/%
9	92.11	93.55	94.98	95.27	95.40	96.46
10	91.83	93.18	95.16	95.02	95.63	97.01
平均分类准确率	92.03	93.16	95.05	95.21	95.42	96.80

表 10-4 Page Blocks 数据集分类实验结果

实验次数	SVM/%	KELM/%	投票表决/%	贝叶斯网络/%	D-S证据理论/%	DSmT/%
1	92.16	91.82	93.71	93.89	94.21	95.68
2	92.59	91.76	93.26	94.20	94.17	95.72
3	92.37	91.35	94.29	93.76	93.95	95.37
4	93.09	92.08	93.46	93.95	94.27	94.86
5	92.89	91.94	93.70	94.18	94.86	95.79
6	92.78	91.68	93.58	94.09	94.55	95.66
7	93.15	92.15	93.35	93.99	93.88	94.91
8	92.64	91.92	94.16	94.15	94.41	95.83
9	92.87	91.76	93.52	93.79	94.19	95.46
10	92.39	92.09	93.18	94.11	94.76	95.29
平均分类准确率	92.69	91.86	93.62	94.01	94.33	95.46

分析表 10-3 和表 10-4 中的数据可知，单个 SVM 或 KELM 分类器对两个数据集的分类准确率均较低，当采用投票表决、模糊推理、贝叶斯网络和 DSmT 等决策层数据融合分析方法对各单分类器的分类结果进行融合分析时，分类准确率均得到了提升，说明通过对多个分类模型决策结果进行融合判断，得出了更加准确的结论，获得了更高的分类准确率。在 4 种决策层数据融合分析方法中，

DSmT 对 Satimage 和 Page Blocks 两个数据集分类准确率均最高,分别为 96.80% 和 95.46%。上述实验结果表明,本章提出的基于 DSmT 决策层融合分析的方法可进一步提高特征数据分类准确率。

10.4.2 柴油机故障诊断实验

由 10.2.4 节可知,柴油机多域多类型故障特征数据集经 ASLLTSA 降维后得到了 36 维的低维故障特征数据集,有效提高了特征参数的故障分类性能。因此,本小节基于降维后的低维故障特征数据集,利用 DSmT 方法对柴油机故障进行决策层融合诊断。在 DSmT 融合诊断过程中,选用 SVM 与 KELM 构造初级分类器,两者的核参数与惩罚系数均采用 QPSO 方法进行寻优。利用 10.3.2 节中的方法构造 $5 \times 3 \times 4 = 60$ 个结构功能差异性初级分类器,其中 $5 \times 3 \times 2 = 30$ 个 SVM 分类器,$5 \times 3 \times 2 = 30$ 个 KELM 分类器。为说明 DSmT 算法的优越性,将投票表决、贝叶斯网络和 D-S 证据理论设置为决策层融合诊断对比实验。将 10.2.4 节中得到的 360 个柴油机低维故障特征数据样本按照 7:3 的比例随机划分为 252 个训练样本和 108 个测试样本,分别对各初级分类器进行训练与测试,并分别利用不同融合分析方法对各分类器的诊断结果进行融合判断,得到最终的故障诊断结果。不同故障诊断方法的 10 次独立重复实验的故障诊断准确率如表 10-5 所列。

表 10-5 柴油机故障特征数据集分类实验结果

实验次数	SVM/%	KELM/%	投票表决/%	贝叶斯网络/%	D-S 证据理论/%	DSmT/%
1	94.35	95.63	95.31	95.23	96.57	98.73
2	95.19	94.71	95.85	96.06	97.05	97.35
3	94.50	95.22	96.19	96.15	96.97	98.25
4	94.33	94.37	95.65	98.23	97.09	98.36
5	95.32	93.85	95.70	96.18	96.78	99.01
6	95.08	94.26	97.58	96.29	96.87	98.36
7	94.60	96.12	96.05	95.35	97.10	98.02
8	93.32	94.87	94.82	96.51	96.68	97.23
9	94.20	93.76	96.11	95.29	97.01	98.43

续表

实验次数	SVM/%	KELM/%	投票表决/%	贝叶斯网络/%	D-S证据理论/%	DSmT/%
10	94.33	94.39	95.73	96.26	97.08	98.18
平均故障诊断精度	94.52	94.72	95.89	96.15	96.92	98.19

分析表 10-5 中的数据可知,采用决策层融合诊断的方法得到的柴油机故障诊断精度高于单分类器故障诊断精度。与其他三种决策层融合诊断方法中,基于 DSmT 的融合诊断方法的故障诊断精度最高,为 98.19%。上述实验结果表明,本章提出的基于 ASLLTSA 特征降维与 DSmT 决策层融合的故障诊断方法可有效实现柴油机故障诊断,并提高故障诊断效率和准确率。

10.5 本章小结

为进一步提高柴油机故障诊断速度和精度,本章针对柴油机多域多类型故障特征数据集的维数约简方法和基于决策层数据融合的故障诊断方法进行了深入研究。本章具体研究内容和结论如下:

(1)针对 LLTSA 算法中的邻域参数固定不变和丢失样本类别信息的缺陷,提出了 ASLLTSA 算法,通过引入局部聚集系数自适应选择邻域参数,提高了算法的自适应性;设计了半监督学习算法,在计算样本间距离时引入样本类别信息,确保同类数据的类内距离小于异类数据的类间距离,增强了同类数据的相似性与异类数据的可分性。柴油机故障特征数据集降维实验结果说明,与 PCA、LPP、LLTSA 等方法相比,ASLLTSA 降维效果更好,所得低维特征数据集的分类精度更高。

(2)为进一步提高柴油机故障诊断准确率,提出了基于 DSmT 的决策层融合诊断方法。研究了基于 SVM、KELM 的结构功能差异性初级分类器的构造方法,以及分类器的广义基本信度分配函数计算方法。利用 DSmT 对各 SVM、KELM 初级分类器的初级诊断结果进行融合分析,得到了置信度更高的诊断结果。柴油机故障诊断实验结果表明,与单故障特征诊断、单分类器诊断相比,决策层融合诊断准确率得到较大提高;与投票表决、DST 等融合分析方法相比,DSmT 的融合诊断准确率最高,达到 98.26%。

参考文献

[1] 孙宜权.盲源分离方法及其在柴油机故障诊断中的应用研究[D].石家庄:军械工程学院,2013.

[2] 余瑞锋.基于瞬时转速的多缸柴油机故障诊断技术的研究[D].武汉:武汉理工大学,2007.

[3] 肖小勇.船舶柴油机智能诊断技术与应用研究[D].武汉:武汉理工大学,2013.

[4] 程利军.基于阶比跟踪的发动机在线监测及故障诊断研究[D].石家庄:军械工程学院,2012.

[5] 肖小勇,向阳,钱思冲,等.多谐次相位法在柴油机故障诊断上的应用[J].哈尔滨工程大学学报,2014,35(8):954-960.

[6] 李娟.内燃机瞬时转速信号研究[D].济南:山东大学,2009.

[7] 马晋,江志农,高金吉.基于瞬时转速波动率的内燃机故障诊断方法研究[J].振动与冲击,2012,31(13):119-124.

[8] 周泉,王贵勇,申立中.基于带通滤波的电控柴油机各缸不均匀性检测[J].汽车工程,2012,34(9):825-829.

[9] CHANG Y, HU Y H. Monitoring and fault diagnosis system for the diesel engine based on instantaneous speed[C]//Proceedings of 2010 The 2nd International Conference on Computer and Automation Engineering,2010:780-783.

[10] 许小伟.瞬时转速诊断技术在机车柴油机状态检测中的应用研究[D].武汉:武汉理工大学,2010.

[11] 乔新勇,刘春华,谢晓阳,等.基于转速分析的装甲车辆发动机失缸判别方法[J].兵工学报,2011,32(8):945-949.

[12] 孙云岭,朴甲哲,张永祥.基于瞬时转速和双谱的内燃机故障诊断研究[J].内燃机学报,2004,22(3):241-244.

[13] 刘昱.基于振动分析的柴油机燃油系统与配气机构故障诊断研究[D].天津:天津大学,2016.

[14] 贾继德,贾翔宇,梅检民,等.基于小波与深度置信网络的柴油机失火故障诊断[J].汽车工程,2018,40(7):838-843.

[15] 张继洲.基于振动信号分析的发动机失火故障诊断方法研究[D].哈尔滨:东北林业大学,2017.

[16] 贾翔宇,贾继德,梅检民,等.一种基于广义S变换增强的柴油机失火故障特征提取方法[J].车用发动机,2017(2):67-71.

[17] 张亢,程军圣,杨宇.基于局部均值分解与形态谱的旋转机械故障诊断方法[J].振动与冲击,2013,32(9):135-140.

[18] 王余奎,李洪儒,魏晓斌,等.基于局部特征尺度分解谱熵和VPMCD的液压泵退化状态识别[J].振动与冲击,2016,35(12):188-195.

[19] 姚家驰,向阳,钱思冲,等.基于变分模态分解和鲁棒性独立成分分析的内燃机缸盖振动信号分离[J].中国机械工程,2018,29(8):923-929,936.

[20] 胡志勇,牛家骅,郭丽娜,等.基于时域能量划分和PSO-SVM的发动机故障诊断[J].汽车工程,

2016,38(1):86-90,108.

[21] 费红姿,张松娟,刘龙,等.柴油机气门故障特征提取方法研究[J].内燃机工程,2016 37(2):145-150.

[22] 王旭,岳应娟,蔡艳平,等.基于递归图纹理特征分析的可视化故障诊断方法[J].图学学报,2017,38(6):797-803.

[23] 刘鑫,贾云献,苏小波,等.基于灰度图像纹理分析的柴油机失火故障特征提取[J].振动与冲击,2019,38(2):140-145.

[24] 李阳龙,王立勇,栾忠权,等.基于振动时频域特征的气门间隙故障诊断[J].石油机械,2014,42(9):48-51.

[25] 谭瑞.内燃机气门间隙故障诊断研究[D].重庆:重庆邮电大学,2017.

[26] 王鑫.基于振动特征的柴油机气阀间隙变化识别技术研究[D].大连:大连海事大学,2017.

[27] 牟伟杰,石林锁,蔡艳平,等.基于振动时频图像和D-S证据理论的内燃机故障诊断[J].武汉科技大学学报,2017,40(3):223-229.

[28] 沈虹,曾锐利,杨万成,等.基于时频图像极坐标增强的柴油机故障诊断[J].振动测试与诊断,2018,38(1):27-33,203.

[29] 牟伟杰,石林锁,蔡艳平,等.基于KVMD-PWVD与LNMF的内燃机振动谱图像识别诊断方法[J].振动与冲击,2017,36(2):45-51,94.

[30] 岳应娟,王旭,蔡艳平.柴油机时频图像双向二维特征编码与故障识别[J].内燃机学报,2018,36(4):377-383.

[31] 张玲玲.基于振动信号分析和信息融合技术的柴油机故障诊断研究[D].石家庄:军械工程学院,2013.

[32] WU J D,CHUANG C Q. Fault diagnosis of internal combustion engines using visual dot patterns of acoustic and vibration signals[J]. NDT&E International,2005,38(8):605-614.

[33] 吕琛,宋希庚.基于Kohonen网络的柴油机噪声故障分析系统[J].振动、测试与诊断,1999,19(3):208-213.

[34] 潘晓平,王式挺.船舶柴油机异常噪声故障分析与排除[J].柴油机,2005,27(2):52-53,55.

[35] 王攀.内燃机活塞拍击及其噪声研究[D].重庆:重庆大学,2007.

[36] 王华民,陈霞,安钢,等.基于爆发噪声信号的内燃机失火故障诊断研究[J].内燃机工程,2004,25(1):47-50.

[37] 康成,安钢,乔新勇.基于复杂度的柴油机失火故障诊断方法[J].中国制造业信息化,2004,33(1):114-116.

[38] 王华民,陈霞,安钢,等.基于奇异值理论与神经网络的内燃机失火故障诊断研究[J].内燃机学报,2003,21(6):449-452.

[39] 樊新海,刘建敏,安钢,等.基于排气噪声的坦克柴油机各缸工作不均匀性评价[J].内燃机学报,2004,22(4):363-366.

[40] 樊新海,苗卿敏,安钢.基于排气噪声双谱分析的坦克柴油机失火检测[J].内燃机学报,2003,21(6):445-448.

[41] 王洪刚,张喜兵,李才良,等.利用缸盖噪声信息诊断柴油机失火故障[J].振动工程学报,2002,15(2):207-209.

[42] 李才良. 自行火炮 Pass – by 检测诊断方案及声检测方法研究[D]. 石家庄:军械工程学院,2001.

[43] 李才良,王洪刚,马吉胜,等. 柴油机声信号处理中的一种新方法[J]. 内燃机学报,2001,19(5):469 – 472.

[44] 刘松林,李才良,郑海起,等. 小波分析和曲线拟合法在柴油机声信号处理中的应用[J]. 内燃机工程,2002,23(5):19 – 22.

[45] 李才良,王洪刚,马吉胜,等. 小波神经网络技术在柴油机声信号处理中的应用[J]. 河北工业大学学报,2001,30(5):74 – 78.

[46] 郝志勇,韩军. 小波变换技术在内燃机振声信号分析中的应用[J]. 内燃机工程,2003,24(6):7 – 9.

[47] 刘月辉,郝志勇,付鲁华,等. 车用发动机表面辐射噪声的研究[J]. 汽车工程,2002,24(3):213 – 216.

[48] 卫海桥,舒歌群. 内燃机活塞拍击表面振动与燃烧噪声的关系[J]. 内燃机学报,2004,22(1):27 – 32.

[49] 廖长武,郭文勇. 柴油机低频排气噪声规律分析[J]. 噪声与振动控制,2003(2):37 – 38.

[50] 黄志强. 声信号在小型柴油机故障诊断上的应用[D]. 福州:福建农林大学,2006.

[51] 韩彦民. 柴油机噪声实用测试技术研究[J]. 铁道机车车辆,2003,23(增刊1):159 – 162.

[52] 任志英. 基于声信号技术的发动机故障诊断系统研究[D]. 福州:福州大学,2005.

[53] LI W D, PARKIN R M, Coy J, et al. Acoustic Based Condition Monitoring of A Diesel Engine Using Self – Organising Map Networks[J]. Applied Acoustics,2002,63(7):699 – 711.

[54] FOG T L, BROWN E R, HANSON H S. Monitoring Exhaust Misfire in Diesel Engines[C]//Proceedings of COMADEM, Australia,1998:269 – 278.

[55] FRIIS – HAUSEN A, FOG T L. Monitoring Exhaust Valve Leaks and Misfire in Marine Diesel Engines[C]// Proceedings of COMADEM 2001. Elsevier, Oxford. 2001:641 – 648.

[56] 康海英. 变速变载工况下齿轮箱故障诊断研究[D]. 石家庄:军械工程学院,2008.

[57] QIN S R, YANG J M, JI Z. The Study for the Implementation of Order Tracking in Order Analysis Technique of Rotating Machinery[C]//Proceedings of the Eleventh International Congress on Sound and Vibration (ICSV11), St. Petersburg, Russia, (2),2004:903 – 910.

[58] 杨炯明,秦树人,季忠. 旋转机械阶比分析技术中阶比采样实现方式的研究[J]. 中国机械工程,2005,16(3):249 – 253.

[59] 张正松,傅尚新,冯冠平,等. 旋转机械振动监测及故障诊断[M]. 北京:机械工业出版社,1991.

[60] 韩捷,张瑞林. 旋转机械故障机理及诊断技术[M]. 北京:机械工业出版社,1997.

[61] 盛兆顺,尹琦岭. 设备状态监测与故障诊断技术及应用[M]. 北京:化学工业出版社,2003.

[62] 康海英,栾军英,郑海起,等. 基于阶次跟踪和经验模式分解的齿轮故障诊断[J]. 上海交通大学学报,2007,41(9):1529 – 1532.

[63] 栾军英,康海英,郑海起,等. 基于阶次跟踪的旋转机械启动过程振动分析[J]. 军械工程学院学报,2005,17(2):2004 – 2006.

[64] FYFE K R, MUNCK E D S. Analysis of Computed Order Tracking[J]. Mechanical Systems and Signal Processing,1997,11(2):187 – 205.

[65] BOSSLEY K M, MCKENDRICK R J, HARRIS C J, et al. Hybrid Computed Order Tracking[J]. Mechanical Systems and Signal Processing,1999,13(4):627 – 641.

[66] BLOUGH J R. Improving the Analysis of Operating Data on Roataing Automotive Components[D]. Cincinnati: University of Cincinnati,1998.

[67] ANTONI J, DANIERE J, GUILLET F. Effective Vibration Analysis of IC Engines Using Cyclostationarity.

Part I – A Methodology for Condition Monitoring[J]. Journal of Sound and Vibration,2002,257(5):815 – 837.

[68] ANTONI J,DANIERE J,GUILLET F. Effective Vibration Analysis of IC Engines using Cyclostationarity. Part Ⅱ – New Results on the Reconstruction of the Cylinder Pressures[J]. Journal of Sound and Vibration,2002,257(5):839 – 856.

[69] 朱继梅. 非稳态振动信号分析(连载)[J]. 振动与冲击,2000,19(2):87 – 90.

[70] 吕琛,宋希庚,邹积斌. 基于DSP的振动信号阶比与时域同步平均分析[J]. 振动与冲击,2002,21(2):53 – 57.

[71] 吕琛,宋希庚,邹积斌. 振动、噪声信号的阶比分析与DSP实现[J]. 数据采集与处理,2001,16(4):478 – 482.

[72] 吴剑,孙秀霞,李士波. 基于样条插值的计算阶比分析方法[J]. 弹剑与制导学报,2006,26(3):211 – 213.

[73] 孔庆鹏,宋开臣,陈鹰浙. 基于分段最小二乘拟合的瞬时频率估计方法[J]. 农业机械学报,2006,37(11):204 – 206.

[74] 韩捷,李军伟,李志农. 阶比双谱及其在旋转机械故障诊断中的应用[J]. 机械强度,2006,28(6):791 – 795.

[75] 郭瑜. 基于时 – 频分析的虚拟式旋转机械特征分析仪系统的研究[D]. 重庆:重庆大学,2003.

[76] 杨炯明. 虚拟式旋转机械特征分析仪系统的研究与应用[D]. 重庆:重庆大学,2005.

[77] 杨炯明,秦树人,季忠,等. 旋转机械虚拟式振动信号特征分析仪[J]. 中国机械工程,2005,16(5):432 – 435.

[78] 郭瑜,秦树人. 无转速计旋转机械升降速振动信号零相位阶比跟踪滤波[J]. 机械工程学报,2004,40(3):50 – 55.

[79] 郭瑜,秦树人,汤宝平. 基于分段重叠零相位滤波的阶比跟踪滤波法[J]. 振动工程学报,2003,16(4):399 – 403.

[80] 康海英. 基于阶次跟踪的自行火炮变速箱性能检测与故障诊断研究[D]. 石家庄:军械工程学院,2004.

[81] 杨通强,郑海起,栾军英,等. 齿轮箱起动信号的倒阶次谱分析方法[J]. 河北工业大学学报,2005,34(6):1 – 4.

[82] 汪伟,杨通强,王红,等. 非稳态信号计算阶次分析中的重采样率研究[J]. 振动、测试与诊断,2009,29(3):349 – 351,374.

[83] 郭瑜,秦树人,汤宝平,等. 基于瞬时频率估计的旋转机械阶比跟踪[J]. 机械工程学报,2003,39(3):32 – 36.

[84] 郭瑜,秦树人. 基于瞬时频率估计及时频滤波的阶比分量提取[J]. 中国机械工程,2003,14(17):1506 – 1509.

[85] 刘洋,姜守达,孙超. 阶比谱分析瞬时频率的小波提取方法[J]. 电子学报,2007,35(12):14 – 17.

[86] 刘洋,姜守达. 阶比谱分析瞬时频率的多模式曲线拟合方法[J]. 吉林大学学报(工学版),2008,38(5):1165 – 1169.

[87] 刘坚,彭富强,于德介. 基于线调频小波路径追踪阶比跟踪算法的齿轮箱故障诊断研究[J]. 机械工程学报,2009,45(7):81 – 86.

[88] 赵晓平,侯荣涛. 基于 Viterbi 算法的 Gabor 阶比跟踪技术[J]. 机械工程学报,2009,45(11): 247-252.

[89] 赵晓平,张令弥,郭勤涛. 基于瞬时频率估计的自适应 Vold-Kalman 阶比跟踪研究[J]. 振动与冲击, 2008,27(12):112-116,183-184.

[90] 郭瑜,高艳,郑华文. 旋转机械阶比跟踪中的阶比交叠噪声消除[J]. 振动与冲击,2008,27(10):98-102,105,195.

[91] 郭瑜,迟毅林. 弗德卡曼滤波阶比跟踪解耦新方法[J]. 振动与冲击,2009,28(7):90-94,215.

[92] 孔庆鹏,宋开臣,陈鹰. 最小二乘自适应滤波旋转机械阶比跟踪研究[J]. 浙江大学学报(工学版), 2006,40(9):1648-1651.

[93] PAN M C, LIN Y F. Further Exploration of Vold-Kalman-filtering order tracking with shaft-speed information—II: Engineering applications [J]. Mechanical System and Signal Processing, 2006, 20(6): 1410-1428.

[94] PAN M C, LIAO S W, Chiu C C. Improvement on Gabor order tracking and objective comparison with Vold-Kalman filtering order tracking [J]. Mechanical System and Signal Processing, 2007, 21(2):653-667.

[95] PAN M C, WU C X. Adaptive Vold-Kalman filtering order tracking [J]. Mechanical System and Signal Processing, 2007, 21(8):2957-2969.

[96] PAN M C, CHIU C C. Investigation on improved Gabor order Tracking technique and its applications[J]. Journal of Sound and Vibration, 2006, 295(3-5):810-826.

[97] WUA J D. BAI M R. SU F C. An expert system For the diagnosis of faults in rotating machinery using adaptive Order-Tracking algorithm [J]. Expert Systems With Applications, 2009, 36(3):5424-5431.

[98] BAI M R, JENG J CHEN C Y. Adaptive order tracking technique using recursive least-square algorithm [J]. Journal of Vibration and Acoustics, 2002, 124(4):502-511.

[99] WU J D, WANG Y H, CHIANG P H, et al. A study of fault diagnosis in a scooter using adaptive order tracking technique and neural network [J]. Expert Systems With Applications, 2009, 36(1):49-56.

[100] WU J D, WANG Y H, BAI M R. Development of an expert system for fault diagnosis in scooter engine platform using fuzzy-logic inference[J]. Expert Systems With Applications, 2007, 33(4):1063-1075.

[101] WU J D, HUANG C W, CHEN J C. An order-tracking technique for the diagnosis of faults in rotating machineries using a Variable step-size affine projection algorithm[J]. Ndt&E international, 2005, 38(2): 119-127.

[102] WU J D, HUANG C W, HUANG R W. An application of a recursive Kalman filtering algorithm in rotating machinery fault diagnosis[J]. NDT&E International, 2004, 37(5):411-419.

[103] BAI M S, HUANG J M, HONG M H. Fault diagnosis of rotating machinery using an intelligent order tracking system[J]. Journal of Sound and Vibration, 2005, 280(3-5):699-718.

[104] BLOUGH J R. Development and analysis of time variant discrete fourier transform order tracking[J]. Mechanical System and Signal Processing, 2003, 17(6):1185-1199.

[105] STANDER C J. HEYNS P S. Transmission path phase Compensation for gear monitoring under fluctuating load conditions[J]. Mechanical System and Signal Processing, 2006, 20(7):1511-1522.

[106] TUMA J. Vold-Kalman order tracking filtration as a tool for machine diagnostics[C]//Proceedings of the National Conference With international Participation. Engineering Mechanics, Svratka, Czech Republic, 2001:136.

[107] TUMA J. Setting The Pass Bandwidth in The Vold – Kalman Order Tracking Filter[C]//Proceedings of the Twelfth International Congress on Sound and Vibration. Lisbon,2005:149 – 154.

[108] 赵亮. 多模态数据融合算法研究[D]. 大连:大连理工大学,2018.

[109] 陈浩. MIMO 雷达参数估计与数据融合方法研究[D]. 南京:南京大学,2018.

[110] 孙宁. 基于多源信息融合的智能汽车环境感知技术研究[D]. 镇江:江苏大学,2018.

[111] 赵崇悦. 基于多特征学习的遥感影像复原与分类[D]. 西安:西安电子科技大学,2018.

[112] 孙冬冬. 基于多模态数据融合的乳腺癌生存期预测研究[D]. 合肥:中国科学技术大学,2018.

[113] 李捷. 面向目标识别的机载多传感器数据融合技术研究[D]. 西安:电子科技大学,2018.

[114] 卫芬. 旋转机械多传感器信息融合智能故障诊断关键技术研究[D]. 哈尔滨:哈尔滨工业大学,2018.

[115] 刘敏,张英堂,李志宁,等. 奇异值能量标准谱在机械振动信号降噪中的应用研究[J]. 机械科学与技术,2017,36(1):46 – 51.

[116] 张晓涛,李伟光. 基于奇异值和奇异向量的振动信号降噪方法[J]. 振动、测试与诊断,2018,38(3):553 – 558.

[117] 陈越,刘雄英,任子良,等. 基于相空间重构和奇异谱分析的混沌信号降噪[J]. 华南理工大学(自然科学版),2018,46(3):58 – 64,91.

[118] CONG F Y,CHEN J,DONG G M,et al. Short – time matrix series based singular value decomposition for rolling bearing fault diagnosis[J]. Mechanical Systems and Signal Processing,2013,34(1/2):218 – 230.

[119] 王向红,尹东,胡宏伟,等. 基于小波包和独立分量分析的微弱多源故障声发射信号分离[J]. 上海交通大学学报,2016,50(5):757 – 763.

[120] SUN H L,ZI Y Y,HE Z J. Wind turbine fault detection using multiwavelet denoising with the data – driven block threshold[J]. Applied Acoustics,2014,77:122 – 129.

[121] WANG Z S,JIANG H K. Robust incipient fault identification of aircraft engine rotor based on wavelet and fraction[J]. Aerospace Science and Technology,2010,14(4):221 – 224.

[122] QIU H,LEE J,LIN J,et al. Wavelet filter – based weak signature detection method and its application on rolling element bearing prognostics[J]. Journal of Sound and Vibration,2006,289(4/5):1066 – 1090.

[123] 沈微,陶新民,高珊,等. 基于同步挤压小波变换的振动信号自适应降噪方法[J]. 振动与冲击,2018,37(14):239 – 247.

[124] 熊继平,蒋定德,蔡丽桑,等. 基于联合稀疏谱重构的 PPG 信号降噪算法[J]. 电子学报,2017,45(7):1646 – 1652.

[125] 王大为,王召巴. 一种强噪声背景下微弱超声信号提取方法研究[J]. 物理学报,2018,67(21):210501.

[126] 张文清,何清波,丁晓喜,等. 基于时域流形稀疏重构方法的滚动轴承故障特征增强研究[J]. 振动与冲击,2016,35(24):189 – 195.

[127] LI C. LIANG M. Continuous – scale mathematical morphology – based optimal scale band demodulation of impulsive feature for bearing defect diagnosis[J]. Journal of Sound and Vibration,2012,331(26):5864 – 5879.

[128] LI B,ZHANG P L,WANG Z J,et al. Gear fault detection using multi – scale morphological filters[J]. Measurement,2011,44(10):2078 – 2089.

[129] 张西宁,唐春华,周融通,等. 一种自适应形态滤波算法及其在轴承故障诊断中的应用[J]. 西安交通

[130] 邓飞跃,杨绍普,郭文武,等.基于自适应多尺度形态学 AVG-Hat 滤波的滚动轴承故障特征提取方法[J].振动工程学报,2017,30(6):1056-1065.

[131] 钱林,康敏,傅秀清,等.基于 VMD 的自适应形态学在轴承故障诊断中的应用[J].振动与冲击,2017,36(3):227-233.

[132] CHEN G H,QIE L F,ZHANG A J,et al. Improved CICA algorithm used for single hannel compound fault diagnosis of rolling bearings[J]. Chinese Journal of Mechanical Engineering,2016,19(1):204-211.

[133] 陆建涛,成玮,訾艳阳,等.结合改进粒子群的非线性盲源分离方法研究[J].西安交通大学学报,2016,50(6):15-22.

[134] XIANG J W,ZHONG Y T,GAO H F. Rolling element bearing fault detection using PPCA and spectral kurtosis[J]. Measurement,2015,75:180-191.

[135] HUANG N E,SHEN Z,LONG S R,et al. The empirical mode decomposition and the Hilbert spectrum for nonlinear and time series analysis[J]. Proceedings of the Royal Society A:Mathematical,physical and Engineering Science,1998,454(1971):903-905.

[136] ZHAO H Y,WANG J D,LEE J,et al. A compound interpolation envelope local mean decomposition and its application for fault diagnosis of reciprocating compressors[J]. Mechanical Systems and Signal Processing,2018,110:273-295.

[137] ZHENG J D,CHENG J S,YANG Y. A rolling bearing fault diagnosis approach based on LCD and fuzzy entropy[J]. Mechanism and Machine Theory,2013,70:441-453.

[138] HE Q B,WU E H,PAN Y Y. Multi-Scale stochastic resonance spectrogram for fault diagnosis of rolling element bearings[J]. Journal of Sound and Vibration,2018,420:174-184.

[139] DRAGOMIRETSKIY K,ZOSSO D. Variational mode decomposition[J]. IEEE Transactions on Signal Processing,2014,62(3):531-544.

[140] 费鸿禄,刘梦,曲广建,等.基于集合经验模态分解-小波阈值方法的爆破振动信号降噪方法[J].爆炸与冲击,2018,38(1):112-118.

[141] 王亚萍,匡宇麒,葛江华,等.CEEMD 和小波半软阈值相结合的滚动轴承降噪[J].振动、测试与诊断,2018,38(1):80-86,207.

[142] 武哲,杨绍普,张建超.基于 LMD 自适应多尺度形态学和 Teager 能量算子方法在轴承故障诊断中的应用[J].振动与冲击,2016,35(3):7-13.

[143] ASSAAD B,ELTABACH M,ANTONI J. Vibration based condition monitoring of a multistage epicyclic gearbox in lifting cranes[J]. Mechanical Systems and Signal Processing,2014,42:351-367.

[144] ZHANG J H,MA W P,LIN J W,et al. Fault diagnosis approach for rotating machinery based on dynamic model and computational intelligence[J]. Measurement,2015,59:73-87.

[145] SHARMA A,AMARNATH M,KANKAR P K. Feature extraction and fault severity classification in ball bearings[J]. Journal of Vibration and Control,2016,22(1):176-192.

[146] 王斐,房立清,齐子元.基于多尺度样本熵和 VPMCD 的自动机故障诊断[J].振动、测试与诊断,2018,38(3):564-569.

[147] 刘忠,袁翔,邹淑云,等.基于改进 EMD 与关联维数的水轮机空化声发射信号特征提取[J].动力工程学报,2019,39(5):366-372.

[148] HAN M H,PAN J L. A fault diagnosis method combined with LMD,sample entropy and energy ratio for roller

bearings[J]. Measurement,2015,76:7-19.

[149] 郑近德,陈敏均,程军圣,等.多尺度模糊熵及其在滚动轴承故障诊断中的应用[J].振动工程学报, 2014,27(1):145-151.

[150] ZHENG J D, PAN H Y, CHENG J S. Rolling bearing fault detection and diagnosis based on composite multiscale fuzzy entropy and ensemble support vector machines [J]. Mechanical Systems and Signal Processing,2017,85:746-759.

[151] WU S D, WU C W, LIN S G, et al. Analysis of complex time series using refined composite multiscale entropy[J]. PhysicsLetters A,2014,378(20):1369-1374.

[152] ZHENG J D, JIANG Z W, PAN H Y. Sigmoid-based refined composite multiscale fuzzy entropy and t-SNE based fault diagnosis approach for rolling bearing[J]. Measurement,2018,129:332-342.

[153] CHEN X H, CHENG G, LI H Y, et al. Diagnosing planetary gear faults using the fuzzy entropy of LMD and ANFIS[J]. Journal of Mechanical Science and Technology,2016,30:2453-2462.

[154] LIAN J J, LIU Z, WANG H J, et al. Adaptive variational mode decomposition method for signal processing based on mode characteristic[J]. Mechanical Systems and Signal Processing,2018,107:53-77.

[155] XU J F, JIAN Z Y, LIAN X. An application of box counting method for measuring phase fraction[J]. Measurement,2017,100:297-300.

[156] LIN J S, CHEN Q. Fault diagnosis of rolling bearing based on multifractal detrended fluctuation analysis and Mahalanobis distance criterion[J]. Mechanical Systems and Signal Processing,2013,38(2):515-533.

[157] WANG B, HU X, LI H R. Rolling bearing performance degradation condition recognition based on mathematical morphological fractal dimension and fuzzy C-means[J]. Measurement,2017,109:1-8.

[158] 林近山,陈前.基于非平稳时间序列双标度指数特征的齿轮箱故障诊断[J].机械工程学报,2012,48(13):108-114.

[159] WANG X., LIU C W, BI F R, et al. Fault diagnosis of diesel engine based on adaptive wavelet-packets and EEMD-fraction dimension[J]. Mechanical Systems and Signal Processing,2013,41:581-597.

[160] LIU H M, WANG X, LU C. Rolling bearing fault diagnosis based on LCD-TEO and multifractal detrended fluctuation analysis[J]. Mechanical Systems and Signal Processing 2015,60/61:273-288.

[161] ZHENG Z, JIANG W, WANG Z, et al. Gear fault diagnosis method based on local mean decomposition and generalized morphological fractal dimensions[J]. Mechanism and Machine Theory,2015,91:151-167.

[162] 董玉兰.基于变分模态分解和广义分形维数的滚动轴承故障诊断[D].秦皇岛:燕山大学,2016.

[163] 崔雪.基于多重分形检测的故障识别方法研究[D].秦皇岛:燕山大学,2014.

[164] 张云强,张培林,吴定海,等.齿轮箱振动信号的分数阶时频谱多重分形特征提取研究[J].振动与冲击,2015,34(21):76-81.

[165] 张云强.基于广义时频变换的机械振动信号特征提取与分类研究[D].石家庄:军械工程学院,2016.

[166] CAO J F, CHEN L, ZHANG J L, et al. Fault diagnosis of complex system based on nonlinear frequency spectrum fusion[J]. Measurement,2013,46(1):125-131.

[167] CHENG J S, YANG Y, YU D J. The envelope order spectrum based on generalized demodulation time-frequency analysis and its application to gear fault diagnosis[J]. Mechanical Systems and Signal Processing, 2010,24(2):508-521.

[168] 唐贵基,邓飞跃,张超,等.基于倒谱预白化和奇异值分解的滚动轴承故障特征提取方法[J].中国电

机工程学报,2014,34(35):6355-6361.

[169] 蔡剑华,胡惟文,王先春.基于高阶统计量的滚动轴承故障诊断方法[J].振动、测试与诊断,2013,33(2):298-301,342-343.

[170] 蒋永华,李荣强,焦卫东,等.应用EMD和双谱分析的故障特征提取方法[J].振动、测试与诊断,2017,37(2):338-342,407.

[171] 沈虹,赵红东,梅检民,等.基于角域四阶累积量切片谱的柴油机连杆轴承故障特征提取[J].振动与冲击,2014,33(11):90-94.

[172] 孙伟,李新民,金小强,等.应用EMD和倒包络谱分析的故障提取方法[J].振动、测试与诊断,2018,38(5):1057-1062,1087-1088.

[173] 杜冬梅,张昭,李红,等.基于LMD和增强包络谱的滚动轴承故障分析[J].振动、测试与诊断,2017,37(1):92-96,201.

[174] STOCKWELL R G,MANSINHA L,LOWE R P. Localization of the complex spectrum:the S transform[J]. IEEE Transactions on Signal Processing,1996,44(4):998-1001.

[175] FAN X F,ZUO M J. Gearbox fault feature extraction using Hilbert transform,S-transform,and a statistical indicator[J]. Journal of Testing and Evaluation,2007,35(5):477-485.

[176] RICCI R,PENNACCHI P. Diagnostics of gear faults based on EMD and automatic selection of intrinsic mode functions[J]. Mechanical Systems and Signal Processing,2011,25(3):821-838.

[177] CHENG J S,ZHANG K,YANG Y. An order tracking technique for the gear fault diagnosis using local mean decomposition method[J]. Mechanisim and Machine Theory,2012,55(9):67-76.

[178] 陈俊杰,王晓峰,刘飞,等.针对滚动轴承故障诊断的新时频特征提取方法[J].机械传动,2016,40(7):126-131.

[179] ZHANG Z W,CHEN H H,LI S M,et al. A novel sparse filtering approach based on time-frequency feature extraction and softmax regression for intelligent fault diagnosis under different speeds[J]. J. Cent. South Univ,2019,26:1607-1618.

[180] LI P,KONG F R,HE Q B,et al. Multiscale slope feature extraction for rotating machinery fault diagnosis using wavelet analysis[J]. Measurement,2013,46(1):497-505.

[181] KANKAR P K,SHARMA S C,HARSHA S P. Fault diagnosis of rolling element bearing using cyclic autocorrelation and wavelet transform[J]. Neurocomputing,2013,110:9-17.

[182] COCCONCELLI M,ZIMROZ R,RUBINI R,et al. STFT based approach for ball bearing fault detection in a varying speed motor[M]. FAKHFAKH T,BARTELMUS W,CHAARI F,et al(eds). Condition Monitoring of Machinery in Non-Stationary Operations. Berlin:Springer,2012:41-50.

[183] 童水光,张依东,徐剑,等.频带多尺度复合模糊熵及其在轴承故障诊断中的应用[J].浙江大学学报(工学版),2018,52(8):1509-1516.

[184] 王余奎,李洪儒,黄之杰,等.S变换相对谱熵及其在液压泵退化状态识别中的应用[J].兵工学报,2016,37(6):979-987.

[185] MCFADDEN P D,COOK J G,FORSTER L M. Decomposition of gear vibration signals by the generalized S transform[J]. Mechanical Systems and Signal Processing,1999,13(5):691-707.

[186] SEJDI E,DJUROVI I,JIANG J. A window width optimized S-transform[J]. Eurasip Journal on Advances in Signal Processing,2008,2008. DOI:10.1155/2008/672941.

[187] DJUROVIC I.,SEJDIC E.,JIANG J. Frequency-based window width optimization for S-transform[J].

AEU – Int. J. Electron. Commun. ,2008,62（4）:245 – 250.

［188］LI B,ZHANG P L,LIU D S,et al. Feature extraction for rolling element bearing fault diagnosis utilizing generalized S transform and two – dimensional non – negative matrix factorization［J］. Journal of Sound and Vibration,2011,330(10):2388 – 2399.

［189］杨大为,冯辅周,赵永东,等. VMD 样本熵特征提取方法及其在行星变速箱故障诊断中的应用［J］. 振动与冲击,2018,37（16）:198 – 205.

［190］HU A J,YAN X A,XIANG L. A new wind turbine fault diagnosis method based on ensemble intrinsic time – scale decomposition and WPT – fractal dimension［J］. Renewable Energy,2015,83:767 – 778.

［191］MOHANTY S,GUPTA K,RAJU K,Hurst based vibro – acoustic feature extraction of bearing using EMD and VMD［J］. Measurement,2018,117:200 – 220.

［192］WU Z H,HUANG N E. Ensemble empirical mode decomposition：a noise – assisted data analysis method［J］. Adv. Adapt. Data Anal. ,2009,1:1 – 41.

［193］WANG J M,PENG Y N,PENG X. Similarity searching based boundary effect processing method for empirical mode decomposition［J］. Electron. Lett. ,2007,43:58 – 59.

［194］CHEN H G,YAN Y J,JIANG J S. Vibration – based damage detection in composite wingbox structures by HHT［J］. Mechanical Systems and Signal Processing,2007,21(1):307 – 321.

［195］CHENG J S,YU D J,YANG Y. Application of support vector regression machines to the processing of end effectss of Hilbert – Huang transform［J］. Mechanical Systems and Signal Processing,2007,21(3):1197 – 1211.

［196］吴琛,项洪,杜喜朋. 基于数据/极值联合对称延拓的端点效应处理及其应用［J］. 振动与冲击,2017, 36（22）:178 – 184.

［197］LIN D C,GUO Z L,AN F P,et al. Elimination of end effects in empirical mode decomposition by mirror image coupled with support vector regression［J］. Mech. Syst. Signal Process. ,2012,31:13 – 28.

［198］XUN J,YAN S Z. A revised Hilbert – Huang transformation based on the neural networks and its application in vibration signal analysis of a deployable structure［J］. Mech. Syst. Signal Process. ,2008,22 （7）:1705 – 1723.

［199］GUO W,HUANG L J,CHEN C,et al. Elimination of end effects in local mean decomposition using spectral coherence and applications for rotating machinery［J］. Digital Signal Processing,2016,55:52 – 63.

［200］孟凡磊,崔伟成,李伟,等. LCD、k – means 与 ICA 相结合的滚动轴承故障诊断方法［J］. 机械科学与技术,2017,36(9):1402 – 1407.

［201］刘尚坤,唐贵基. 改进的 VMD 方法及其在转子故障诊断中的应用［J］. 动力工程学报,2016,36(6): 448 – 453.

［202］WANG Y X,HE Z J,XIANG J W,et al. Application of local mean decomposition to the surveillance and diagnostics of low – speed helical gearbox［J］. Mech. Mach. Theory,2012,47(1):62 – 73.

［203］秦襄培,郑贤中. MATLAB 数字图像处理宝典［M］. 北京:电子工业出版社,2011.

［204］张贤达. 现代信号处理［M］. 2 版. 北京:清华大学出版社,2002.

［205］张前图,房立清. 基于图像形状特征和 LLTSA 的故障诊断方法［J］. 振动与冲击,2016,35（9）:172 – 177.

［206］FENG Z P,LIANG M,CHU F L. Recent advances in time – frequency analysis methods for machinery fault diagnosis：A review with application examples［J］. Mechanical Systems and Signal Processing,2013,38 （1）:165 – 205.

[207] KAEWKONGKA T, AU Y H J, RAKOWSKI R T, et al. A comparative study of short time fourier transform and Continuous Wavelet Transform for bearing condtion monitoring[J]. International Journal of CO-MADEM,2003,6(1):41-48.

[208] 唐曦凌,梁霖,高慧中,等.结合连续小波变换和多约束非负矩阵分解的故障特征提取方法[J].振动与冲击,2013,32(19):7-11.

[209] 任金成,肖云魁,张玲玲,等.基于时频谱图和粗糙集的柴油机故障图像纹理特征自动提取[J].内燃机工程,2015,36(3):106-112.

[210] 刘建敏,刘远宏,江鹏程,等.基于包络S变换时频图像提取齿轮故障特征[J].振动与冲击,2014,33(1):165-169.

[211] 张云强,张培林,吴定海,等.基于最优广义S变换和脉冲耦合神经网络的轴承故障诊断[J].振动与冲击,2015,34(9):26-31.

[212] 李巍华,林龙,单外平.基于广义S变换与双向2DPCA的轴承故障诊断[J].振动、测试与诊断,2015,35(3):499-506,592.

[213] DAUBECHIES I, LU J F, WU H T. Synchrosqueezed wavelet transforms: An empirical mode decomposition-like tool[J]. Applied and Computational Harmonic Analysis,2011,30(2):243-261.

[214] 何俊,杨世锡,甘春标.一类滚动轴承振动信号特征提取与模式识别[J].振动、测试与诊断,2017,37(6):1181-1186,1281.

[215] 贾继德,吴春志,贾翔宇,等.一种适用于发动机振动信号的时频分析方法[J].汽车工程,2017,39(1):97-101.

[216] WANG Z C, REN W X, LIU J L. A synchrosqueezed wavelet transform enhanced by extended analytical mode decomposition method for dynamic signal reconstruction[J]. Journal of Sound and Vibration,2013,332(22):6016-6028.

[217] 黄忠来,张建中.同步挤压S变换[J].中国科学:信息科学,2016,46(5):643-650.

[218] DELVECHIO S, D'ELIA G, MUCCHI E, et al. Advanced signal processing tools for the vibratory surveillance of assembly faults in diesel engine cold tests[J]. ASME Journal of Vibration and Acoustics,2010,132(2):021008. DOI:10.1115/1.4000807.

[219] 张玲玲,任金成,封会娟,等.基于对称极坐标方法和图像识别的柴油机曲轴轴承故障诊断[J].内燃机工程,2015,36(4):144-149.

[220] 杨诚,李爽,冯恚,等.基于LMS和SDP的发动机异响诊断方法研究[J].汽车工程,2014,36(11):1410-1414.

[221] 许小刚,王松岭,刘海啸.基于SDP与图像匹配的离心风机失速实时检测[J].动力工程学报,2015,35(11):906-911.

[222] SAFIZADEH M S, LATIFI S K. Using multi-sensor data fusion for vibration fault diagnosis of rolling element bearings by accelerometer and load cell[J]. Information Fusion,2014,18:1-8.

[223] 付云骁,贾利民,秦勇,等.基于LMD-CM-PCA的滚动轴承故障诊断方法[J].振动、测试与诊断,2017,37(2):249-255,400-401.

[224] 韦祥,李本威,吴易明.GFD和核主元分析的机械振动特征提取[J].振动、测试与诊断,2019,39(1):32-38.

[225] CHEN J S, ZHANG X Y, GAO Y. Fault detection for turbine engine disk based on an adaptive kernel principal component analysis algorithm[J]. Proceedings of the institution of Mechanical Engineers, Part I:

Journal of Systems and Control Engineering,2016,230(7):651-660.

[226] 牟伟杰,石林锁,蔡艳平,等.基于振动时频图像全局和局部特征融合的柴油机故障诊断[J].振动与冲击,2018,37(10):14-19,49.

[227] REYHANI N,YLIPAAVALNIEMI J,VIGARIO R,et al. Consistency and asymptotic normality of FastICA and bootstrap FastICA[J]. Signal Processing,2012,92(8):1767-1778.

[228] GHARAVIAN M H,GANJ F A,OHADI A R,et al. Comparison of FDA-based and PCA-based features in fault diagnosis of automobile gearboxes[J]. Neurocomputing,2013,121:150-159.

[229] 那天,宋晓宁,於东军.基于主元分析和线性判别分析降维的稀疏表示分类[J].南京理工大学学报,2018,42(3):286-291.

[230] 谢欣芳,徐新,董浩,等.一种极化SAR影像分类中的半监督降维方法[J].光学学报,2018,38(4):344-354.

[231] 赵颖.基于改进的核判别分析的人脸识别算法研究[J].哈尔滨理工大学学报,2016,15(3):19-22.

[232] 周晓彦,郑文明,辛明海.基于多标签核判别分析的人脸身份与性别识别方法[J].东南大学学报(自然科学版),2014,44(5):912-916.

[233] 马靖华.基于流形学习的旋转机械早期故障融合诊断方法研究[D].重庆:重庆大学,2015.

[234] 杨望灿,张培林,张云强.基于邻域自适应局部保持投影的轴承故障诊断模型[J].振动与冲击,2014,33(1):39-44.

[235] 张志友,周佳燕,邵海见,等.基于自适应邻域选择的局部线性嵌入算法[J].南京理工大学学报,2017,41(6):748-752.

[236] 佘博,田福庆,汤健,等.基于自适应LLTSA算法的滚动轴承故障诊断[J].华中科技大学学报(自然科学版),2017,45(1):91-96.

[237] 范君,业巧林,业宁.基于改进的有监督无参局部保持投影算法的人脸识别[J].山东大学学报(工学版),2019,49(1):10-16.

[238] 杨望灿,张培林,吴定海,等.基于改进半监督局部保持投影算法的故障诊断[J].中南大学学报(自然科学版),2015,46(6):2059-2064.

[239] 任世锦,李新玉,徐桂云,等.半监督稀疏鉴别核局部线性嵌入的非线性过程故障检测[J].南京师大学报(自然科学版),2018,41(4):49-58.

[240] 佘博,田福庆,梁伟阁,等.增量式监督局部切空间排列算法及齿轮箱故障诊断实验验证[J].振动与冲击,2018,37(13):105-110.

[241] LIU R N,YANG B Y,ZIO E,et al. Artificial intelligence for fault diagnosis of rotating machinery:A review[J]. Mechanical Systems and Signal Processing,2018,108:33-47.

[242] 王修岩,李萃芳,高铭阳,等.基于SVM和SNN的航空发动机气路故障诊断[J].航空动力学报,2014,29(10):2493-2498.

[243] ZHANG D,JIAO L C,BAI X,et al. A robust semi-supervised SVM via ensemble learning[J]. Applied Soft Computing,2018,65:632-643.

[244] 何大伟,彭靖波,胡金海,等.基于改进FOA优化的CS-SVM轴承故障诊断研究[J].振动与冲击,2018,37(18):108-114.

[245] 周志成,杨志超,杨成顺,等.基于改进RADAG-SVM的电力变压器故障诊断[J].东南大学学报(自然科学版),2016,46(5):964-971.

[246] HUANG G B,ZHU Q Y,SIEW C K. Extreme Learning Machine:A New Learning Scheme of Feedforward Neural Networks[C]//Proceedings of the 2004 International Joint Conference on Neural Networks (IJCNN 2004),Budapest,Hungary,2004:985-990.

[247] MINHAS R,MOHAMMED A,JONATHAN WU Q. A fast recognition framework based on extreme learning machine using hybrid object information [J]. Neurocomputing,2010,73:1831-1839.

[248] TANG X L,HAN M. Partial Lanczos extreme learning machine for single-output regression problems[J]. Neurocomputing,2009,72:3066-3076.

[249] 徐圆,黄兵明,贺彦林. 基于改进 ELM 的递归最小二乘时序差分强化学习算法及其应用[J]. 化工学报,2017,68(3):916-924.

[250] 夏全国,汤健,吴永建,等. 选择性集成核极限学习机建模及其应用研究[J]. 控制工程,2014,21(3):399-402.

[251] HUANG G B,ZHOU H M,DING X J,et al. Extreme learning machine for regression and multiclass classification[J]. IEEE Transactions on Systems Man and Cybernetics,Part B:Cybernetics,2012,42(2):513-529.

[252] MEI Y G,CHENG S S,HAO Z Q,et al. Quantitative analysis of steel and iron by laser-induced breakdown spectroscopy using GA-KELM[J]. Plasma Science and Technology,2019,21(3). DOI:10.1088/2058-6272/aaf6f3.

[253] 裴飞,陈雪振,朱永利,等. 粒子群优化核极限学习机的变压器故障诊断[J]. 计算机工程与设计,2015,36(5):1327-1331.

[254] 王卓,赵文军,马涛,等. KTA-KELM 在滚动轴承故障诊断中的应用[J]. 机械传动,2019,43(6):165-171.

[255] ZHU S H,SUN X,JIN D L. Multi-view semi-supervised learning for image classification[J]. Neurocomputing,2016,208:136-142.

[256] 张伟,许爱强,高明哲. 基于稀疏核增量超限学习机的机载设备在线状态预测[J]. 北京航空航天大学学报,2017,43(10):2089-2098.

[257] ZHANG X,WANG H L. Dynamic regression extreme learning machine and its application to small-sample time series prediction[J]. Inf. Control.,2011,40(5):704-709.

[258] GAN H T,SANG N,HUANG R,et al. Using clustering analysis to improve semi-supervised classification[J]. Neurocomputing,2013,101:290-298.

[259] ZHU F,YANG J,GAO J B,et al. Extended nearest neighbor chain induced instance-weights for SVMs[J]. Pattern Recognition,2016,60:863-874.

[260] GAO W,CHEN J,RICHARD C,et al. Online dictionary learning for kernel LMS[J]. IEEE Transactions on Signal Processing,2014,62(11):2765-2777.

[261] ENGEL Y,MANNOR S,MEIR R. The kernel recursive least-squares algorithm[J]. IEEE Transactions on Signal Processing,2004,52(8):2275-2285.

[262] LIU Y,XU Z,LI C G. Online semi-supervised support vector machine[J]. Information Sciences,2018,439/440:125-141.

[263] DILMEN E,BEYHAN S. A Novel Online LS-SVM Approach for Regression and Classification [J]. IFAC-Papers On Line,2017,50(1):8642-8647.

[264] 张弦,王宏力. 具有选择与遗忘机制的极端学习机在时间序列预测中的应用[J]. 物理学报,2011,60

(8):080504. DOI:10.7498/aps.60.080504.

[265] ZHOU X R, WANG C S. Cholesky factorization based on line regularized and kernelized extreme learning machines with forgetting mechanism[J]. Neurocomputing, 2016, 174:1147-1155.

[266] 姚雪梅. 多源数据融合的设备状态监测与智能诊断研究[D]. 贵阳:贵州大学,2018.

[267] 杨昌昊. 基于不确定性理论的机械故障智能诊断方法研究[D]. 合肥:中国科学技术大学,2008.

[268] 陈东超. 基于贝叶斯网络的汽轮发电机组故障诊断方法及应用研究[D]. 北京:华北电力大学(北京),2018.

[269] 曾谊晖,鄂加强,朱浩,等. 基于贝叶斯网络分类器的船舶柴油机冷却系统故障诊断[J]. 中南大学学报(自然科学版),2010,41(4):1379-1384.

[270] 周真,周浩,马德仲,等. 风电机组故障诊断中不确定性信息处理的贝叶斯网络方法[J]. 哈尔滨理工大学学报,2014,19(1):64-68.

[271] 赵月南,林峰,金通. 采用布谷鸟算法的贝叶斯网络在异步机故障诊断中的应用[J]. 机电工程,2016,33(2):226-231.

[272] 刘浩然,张力悦,范瑞星,等. 基于改进鲸鱼优化策略的贝叶斯网络结构学习算法[J]. 电子与信息学报,2019,41(6):1434-1441.

[273] PINTO P C, NAGELE A, DEJORI M, et al. Using a local discovery ant algorithm for bayesian network structure learning[J]. IEEE transactions on evolutionary computation, 2009, 13(4):767-779.

[274] ZHANG Y M, JI Q. Active and Dynamic Information Fusion for Multisensor Systems With Dynamic Bayesian Networks[J]. IEEE Transactions on Systems, 2006, 36(2):467-472.

[275] 王禾军. 基于支持向量机与模糊推理的智能信息融合方法研究[D]. 广州:华南理工大学,2011.

[276] 勾铁. 基于免疫算法和多传感器信息融合的电机故障综合诊断方法研究[D]. 沈阳:沈阳工业大学,2010.

[277] Jackson D R. The application of fuzzy logic in the gas path diagnostics of a low by-pass ratio military turbofan[D]. 2006.

[278] 王古常,成坚,鲍传美,等. 模糊推理和证据理论融合的航空发动机故障诊断[J]. 航空动力学报,2011,26(9):2101-2106.

[279] 董炜,陈卫定,徐晓滨,等. 基于模糊区间优化的模糊推理故障诊断方法[J]. 北京工业大学学报,2012,38(12):1905-1912.

[280] 刘应吉,张天侠,闻邦椿,等. 基于自适应模糊推理系统的柴油机故障诊断[J]. 系统仿真学报,2008,20(21):5836-5839.

[281] 徐晓滨,吉吟东,文成林. 基于不完备模糊规则库的信息融合故障诊断方法[J]. 南京航空航天大学学报,2011,43(增刊1):55-59.

[282] 李月,徐余法,陈国初,等. D-S证据理论在多传感器故障诊断中的改进及应用[J]. 东南大学学报(自然科学版),2011,41(增刊1):102-106.

[283] 管争荣. 基于D-S证据理论的多模型融合齿轮早期故障智能诊断方法研究[D]. 西安:西安建筑科技大学,2014.

[284] 胡金海,余治国,翟旭升,等. 基于改进D-S证据理论的航空发动机转子故障决策融合诊断研究[J]. 航空学报,2014,35(2):436-443.

[285] KHAZAEE M, AHMADI H, OMID M, et al. Classifier fusion of vibration and acoustic signals for fault diagnosis and classification of planetary gears based on Dempster-Shafer evidence theory[J]. Proceedings

of IMechE Part E:Journal of Process Mechanical Engineering,2014,228(1):21-32.

[286] DEZERT J,SMARANDACHE F. Advances and Applications of DSmT for Information Fusion Vol.1.[M]. Rehoboth:American Research Press,2004.

[287] 李向军,庄晓翔,于霞,等.基于分层 DSmT 的多故障诊断方法[J].控制与决策,2016,31(5):875-881.

[288] SUN Y,BENTABET L. A particle filtering and DSmT based approach for conflict resolving in case of target tracking with multiple cues[J]. Journal of Mathematical Imaging and Vision,2010,36(2):159-167.

[289] 高玉芹.电机转速的高精度快速测量[J].自动化与仪表,2000,15(6):41-44.

[290] 贾兴泉.连续波雷达数据处理[M].北京:国防工业出版社,2005.

[291] 胡广书.数字信号处理导论[M].北京:清华大学出版社,2005.

[292] 孙延奎.小波分析及其应用[M].北京:机械工业出版社,2005.

[293] 葛哲学,沙威.小波分析理论与 MATLABR2007 实现[M].北京:电子工业出版社,2007.

[294] 佟德纯,姚宝恒.工程信号处理与设备诊断[M].北京:科学出版社,2008.

[295] BOASHASH B. Estimating and interpreting the instantaneous frequency of a Signal-Part I:Fundamentals[J]. Proc. IEEE,1992,80(4):520-538.

[296] 张贤达,保铮.非平稳信号分析与处理[M].北京:国防工业出版社,1998:84-92.

[297] 周健,赵力,陶亮,等.基于实值离散 Gabor 变换的联合时频域语音增强[J].信号处理,2010,26(12):1870-1876.

[298] BRACEWELL R M. The fast Hartley transform[J]. Proc. IEEE,1984,72(8):1010-1018.

[299] TAO L,KWAN H K,Block time-recursive real-valued discrete gabor transform implemented by unified parallel lattice structures[J]. IEICE Trans. Systems,2005,E88-D(7):1472-1478.

[300] 孔庆鹏.发动机变速阶段振动信号阶比跟踪研究[D].杭州:浙江大学,2006:60-61.

[301] 孔庆鹏,刘敬彪,章雪挺,等.多转轴机械自适应滤波交叉阶比跟踪[J].农业机械学报,2009,40(1):213-216.

[302] VOLD H,LEURIDAN J. High resolution order tracking at extreme slew rates,using kalman tracking filters[C]. SAE Technical Paper No.931288,1993.

[303] VOLD H,MAINS M,BLOUGH J. Theoretical Foundations for High Performance Order Tracking With the Vold-Kalman Tracking Filter[C]. SAE Technical Paper No.972007,1997.

[304] FELDAUER C,HOLDRICH R. Realisation of a vold-kalman tracking filter-a least square problem [C]//Proceedings of The COST G-6 Conference on Digital Audio Effects(DAFX-410800),Verona Italy,2000:241-244.

[305] VOLD H,HERLUFSON H,MAINS M. Multi axle order tracking with the vold-kalman Tracking Filter [J]. Sound and Vibration Magazine,1997,13(5):30-34.

[306] 傅炜娜.基于 Vold-Kalman 跟踪滤波的旋转机械阶比分析方法研究[D].重庆:重庆大学,2010.

[307] 夏天,王新晴,肖云魁,等.应用 EMD-AR 谱提取柴油机曲轴轴承故障特征[J].振动、测试与诊断,2010,30(3):318-321,343.

[308] 康海英,栾军英,田燕,等.阶次跟踪在齿轮磨损中的应用[J].振动与冲击,2006,25(4):112-113,118.

[309] 张静秋,李育学,张剑平,等.柴油机连杆轴瓦间隙不拆卸测量方法仿真研究[J].内燃机工程,2005,26(1):71-73.

[310] 庄严. 矿用柴油机异响故障的诊断[J]. 煤矿机械, 2007, 28(5): 185 – 186.

[311] 唐秋杭. 嵌入式轴承故障诊断算法的研究[D]. 杭州: 浙江大学, 2006: 26 – 27.

[312] 朱晓光, 韩庆瑶, 陶洛文, 等. 信号包络在 DSP 系统中的实现[J]. 华北电力大学学报, 2004, 31(2): 91 – 94.

[313] 王虹. 基于遥测技术的自行火炮发动机性能检测与故障诊断研究[D]. 石家庄: 军械工程学院, 2003.

[314] LAN Y, SOH Y C, HUANG G B. Ensemble of online Sequential Extreme Learning Machine[J]. Neurocomputing, 2009, 72(13 – 15): 3391 – 3395.

[315] BARTLETT P L. The sample complexity of pattern classification with neural networks: the size of the weights is more important than the size of the network[J]. Neurocomputing, 1998, 44(2): 525 – 536.

[316] ANTONI J. Cyclic spectral analysis in practice[J]. Mechanical Systems and Signal Processing, 2007, 21(2): 597 – 630.

[317] YU G, YU M J, XU C Y. Synchroextracting transform[J]. IEEE Transections on Industrial Electronics, 2017, 64 (10): 8042 – 8054.